北京市高等教育精品教材
高等职业院校精品教材系列

实用电路分析与测试
（第2版）

王慧玲　主编

胡逸凡　参编

电子工业出版社
Publishing House of Electronics Industry
北京·BEIJING

内 容 简 介

本书反映了电路课程教学模式的实质性的突破，采用真正的理论与实践相融合的教学方法，降低了学习难度，提高了教学效率。本书第 1 版出版后令读者耳目一新，已受到广大师生的喜爱和课程专家的赞誉，被评为北京市高等教育精品教材、中国电子教育学会优秀教材一等奖等。为反映行业技术变化和课程改革新成果，对本书原有内容进行修订与完善。全书安排 7 个教学项目，涵盖电路基础课程所有内容：简单直流电路的分析与测试、复杂直流电路的分析与测试、动态电路的分析与测试、正弦交流电路的分析与测试、串并联电路分析与功率问题探究、滤波与谐振电路的分析与测试、三相交流电路的分析与测试。在教学项目中还包含相应的产品试制任务，强化了职业能力培养，是目前电路课程教学最具特色的教材。

本书为高等职业本专科院校电子信息类、通信类、电气类、机电类、控制类等专业的教材，也可作为开放大学、成人教育、自学考试、中职学校及培训班的教材，以及电子工程技术人员的案头参考书。

本书配有免费的电子教学课件和练习题参考答案，详见前言。

未经许可，不得以任何方式复制或抄袭本书之部分或全部内容。
版权所有，侵权必究。

图书在版编目（CIP）数据

实用电路分析与测试/王慧玲主编. —2 版. —北京：电子工业出版社，2018.9（2024. 8 重印）
全国高等院校规划教材.精品与示范系列
ISBN 978-7-121-34885-3

Ⅰ. ①实… Ⅱ. ①王… Ⅲ. ①电路分析－高等学校－教材 ②电路测试－高等学校－教材 Ⅳ. ①TM13

中国版本图书馆 CIP 数据核字（2018）第 185822 号

策划编辑：陈健德（E-mail：chenjd@phei.com.cn）
责任编辑：陈健德
印　　刷：北京七彩京通数码快印有限公司
装　　订：北京七彩京通数码快印有限公司
出版发行：电子工业出版社
　　　　　北京市海淀区万寿路 173 信箱　邮编　100036
开　　本：787×1 092　1/16　印张：13.5　字数：345.6 千字
版　　次：2012 年 9 月第 1 版
　　　　　2018 年 9 月第 2 版
印　　次：2024 年 8 月第 10 次印刷
定　　价：39.00 元

凡所购买电子工业出版社图书有缺损问题，请向购买书店调换。若书店售缺，请与本社发行部联系，联系及邮购电话：（010）88254888，88258888。

质量投诉请发邮件至 zlts@phei.com.cn，盗版侵权举报请发邮件至 dbqq@phei.com.cn。
本书咨询联系方式：chenjd@phei.com.cn。

第 2 版前言

根据教育部最新的高等职业教育教学改革精神，课程组对电路课程进行了深入的教学改革，并借鉴了国际职业教育的先进理念和成功经验，对教学内容的组织和重构，非常适合于高端技能型人才专业能力的培养，同时注重学生的社会能力、方法能力和职业综合能力的培养。本书突破了电路基础课程传统的教学模式，通过对所讲授的电路内容的分析与测试，使抽象的概念形象化，从而降低了课程理论学习的难度，并在电路测试的过程中提高了学生的实践操作能力，其教学组织显著地提升教学效率。

本书第 1 版出版后令读者耳目一新，已受到广大师生的喜爱和课程专家的赞誉，被评为北京市高等教育精品教材、中国电子学会优秀教材一等奖等。为了反映行业技术变化和课程改革新成果，本书在保留第 1 版教材主要特点的基础上，对原有内容进行修订与完善。本课程的教学内容主线为：简单直流电路→复杂直流电路→动态电路→交流电路→特殊交流电路及实用电路等；教学项目载体为：简单功能的 LED 手电筒的试制、具有延时功能的 LED 手电筒的试制、音箱二分频器的试制、音箱三分频器的试制和家庭配电线路设计与安装。为使书中的项目任务更易实现，本次修订补充了面包板实现方案；同时对每个项目的测试与练习题做了调整和补充，以求概念覆盖全面，题目难度适当。本版教材的主要特点如下：

1. 明确课程的专业能力培养目标

依据电类专业职业能力分析，确定本课程的专业能力培养目标：

（1）能运用电路基本定律分析和计算简单直流、交流电路参数；

（2）能读懂一般直流、交流电路原理图；

（3）会使用常用电工仪表测量电压、电流等基本参数；

（4）能对照实际电路绘制简单直流、交流电路原理图；

（5）会按照原理图进行实用电路的分析与安装；

（6）能对实用电路检查分析并排除简单故障。

通过本课程的学习，使学生对电路具有读图与绘图能力、分析与计算能力、搭接与测试能力、试制与排障能力等。每个项目任务安排有产品试制任务，强化了职业能力培养，使本教材独具特色。

2. 重视社会能力和方法能力的培养

在教学设计方案主导的教学活动中，融入社会能力和方法能力培养元素，如组建项目测试小组，培养学生与人沟通、与人合作的能力；布置项目任务，让学生自订计划，自行安排时间实施工作，完成任务，提高学生自我管理和自我发展的能力等。

3. 体现学生的素质教育

在课程学习中培养学生的基本素质，如对待测试数据要有严谨求实的科学态度，遇到困难要有坚韧不拔的意志品格，解决问题要有灵活智慧的思路与方法，以及树立安全意识、质量意识、环境意识和创新意识等。

4. 架构新颖的课程内容体系

本课程内容安排 7 个项目：简单直流电路的分析与测试、复杂直流电路的分析与测试、动态电路的分析与测试、正弦交流电路的分析与测试、串并联电路分析与功率问题探究、滤波与谐振电路的分析与测试、三相交流电路的分析与测试。在这 7 个项目中，根据所学核心知识专门设置了 39 个"实践探究"，将理论与实践有机融合，并将读者引入所要分析和解决的问题；用"探究迁移"延展学习内容；用"想一想"引发同学思考，并给出"要点提示"和"注意"等提示，使读者在繁复的内容中不迷失自己；每个项目后都有知识梳理和总结、测试与练习题，方便学生复习和检测自己的学习成绩。通过修订使本书版面生动、语句流畅、概念准确、内容易读。

5．选择合适的教学载体

基于项目任务的教学思路和理实一体化的教学模式，以实现本课程教学目标。在选择教学载体时，着重考虑：一是能将电路的基本理论包含进去；二是不超越课程内容范畴；三是在制作过程的低压环境中能保证初学者的安全；四是制作的产品要贴近学生的生活，以激发学生的兴趣。经过多次论证，我们采用企业专家谢兴宝提供的 LED 手电筒和音箱分频器等作为教学载体的方案。该方案充分调动人眼、耳、手的活动，LED 电流的大小表现为灯的亮暗，使电流的概念不再抽象，又因为 LED 小巧，低电压操作较为安全，应用广泛，加上 LED 符合节能减排、绿色经济的社会潮流，可以对学生进行素质教育。而音箱是大家最熟悉的电子产品之一，用音箱声音的大小反映信号的幅度、频率、相位的变化规律，使某些概念更容易被学生理解。音箱试制和家庭配电线路安装过程既有理论的应用也训练了专业技能。通过产品电路进行分析与测试，在探究过程中学习，激发学生的兴趣，认识电路现象和规律，达到能力培养的目的。值得说明的是：教材中的项目任务，强调其分析与测试过程，不是产品制造。

6．备有配套的教学资源，易于实施教学

本书按项目任务教学模式架构课程内容体系，教学方案考虑各院校的教学条件，同时提供配套的多媒体课件和其他教学资源。

本书第 2 版由北京信息职业技术学院王慧玲主编并统稿，胡逸凡参加编写。本书第 1 版参加编写的老师还有褚丽歆、张漫、谢兴宝、白光宇、张黄河等。在修订编写过程中，听取和采纳了多位职教专家和一线代课老师的意见和建议，在这里一并表示真挚的谢意！

为了方便教师教学，本书配有免费的电子教学课件、练习题参考答案等，请有需要的教师登录华信教育资源网（http://www.hxedu.com.cn）免费注册后再进行下载，有问题时请在网站留言或与电子工业出版社联系（E-mail:hxedu@phei.com.cn）。

课程改革是一种探索，本书难免有不周或疏漏，敬请各位读者批评指教，我们非常感谢！

编　者

目　录

项目 1

简单直流电路的分析与测试

教学导引：首先从生产生活中认识电的作用，建立电路的概念，学习理解电路的物理量：电流、电压、功率和能量；指导学生用面包板和 LED 搭接并测试电路；一边测试、一边分析探究欧姆定律；学习识别和选用电阻；通过测试电阻串联、并联和混联电路，探究电阻串联分压、并联分流等规律；学习电路的基本分析方法；熟悉电压源、电流源和万用表等基本仪器仪表的使用方法。教学载体为"任务 1　简单功能的 LED 手电筒的试制"。本项目的教学目标如下。

知识目标：

　　掌握电压、电位、电流、功率、能量的概念；

　　掌握欧姆定律及简单电路的计算；

　　会计算串联、并联及混联电阻电路的等效电阻；

　　掌握分压、分流公式及应用。

技能目标：

　　会使用直流稳压源和恒流源输出所需电压和电流；

　　熟练使用万用表、电压表、电流表测量电路电流、电压和电位；

　　能够正确识别、检测和选用电阻、二极管等元器件；

　　会搭接简单电阻电路，分析测试数据，根据数据研究欧姆定律和电阻串联分压、并联分流的规律；

　　能试制 LED 手电筒。

素质目标：

　　培养细致严谨的工作作风；

　　培养分析和解决问题的能力；

　　增强安全生产意识；

　　增强产品质量意识。

1.1　电路

　　"电"是人们熟悉而抽象的字眼，熟悉是因为生活、生产中到处可见用电的场景，抽象是因为人无法直接感知电的存在，例如，人眼看不见导线中的电流流动，也摸不得电压的高低，但借助于电气设备，我们却可以感觉到电的存在，如图1-1所示。

图1-1　生活与电

　　在现代的电气化、信息化的社会里，电得到了极其广泛的应用，在冰箱、洗衣机、空调、收音机、电视机、录像机、音响设备、计算机、手机、通信系统、工业自动化设备和电力网中可以看到各种各样的电路。这些电路的特性和作用各不相同，例如，进行电能的转换、传输与分配的电力电路，控制各种家用电器和生产设备的控制电路，传送与处理信息的通信电路，存储信息的存储电路等。但根据其作用可分为两大类：一是实现电能的转换和传输，如电力网；二是实现信号的传递、处理和存储，如计算机通信电路等。

1.1.1　电路的组成与作用

　　电路是电流的通路，由一些电路元器件按照一定方式连接而成。电路一般由三部分组成：一是向电路提供电能或信号的元器件，称为电源或信号源；二是用电设备，称为负载；三是中间环节，如导线、开关、控制器等。图1-2所示为手电筒实际电路图。它是由电源（干电池，提供能量）、负载（小灯泡，使用能量）和中间环节（导线和开关，连接和控制电路）组成的最简单电路。

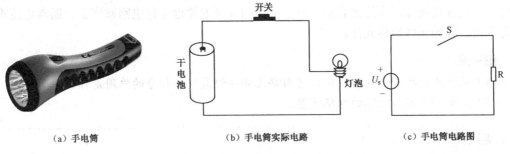

（a）手电筒　　　　　　　　（b）手电筒实际电路　　　　　　　（c）手电筒电路图

图 1-2　手电筒实际电路图

现实中的电路种类繁多，但一般来说，**电路的作用一是实现能量的转换和传输，二是实现信号的传递和处理。**

1.1.2　电路模型与电路图

1. 电路模型

实际电路由电磁特性复杂的元器件组成，为了便于对电路进行分析和计算，常用能够表征元器件的主要电磁性质的**理想元件**来代替实际元器件，而对它的实际结构、材料、形状及其他非电磁特性不予考虑，这样所得的结果与实际情况相近，是工程上通常的做法。

常用的理想元件有消耗电能的**电阻元件**，用符号 R 表示；储存磁场能量的**电感元件**，用符号 L 表示；储存电场能量的**电容元件**，用符号 C 表示；输出恒定电压的**理想电压源**，用符号 U_S 表示；输出恒定电流的**理想电流源**，用符号 I_S 表示。国家标准规定的部分电路元器件的图形符号见表 1-1。

表 1-1　部分电路元器件的图形符号

名称	图形符号	名称	图形符号	名称	图形符号
电阻	▭	接地或接机壳	⏚ 或 ⊥	电流表	(A)
电位器		开关		电压表	(V)
电容	⊣⊢	导线	──	电池	
电感	⌇⌇⌇	连接的导线		电压源	U_S
熔断器	▭	灯泡	⊗	电流源	I_S

由理想元件构成的电路称为实际电路的**电路模型**。

2. 电路图

根据国家标准绘制的电路模型图称为**电路图**，如图 1-2（c）所示为手电筒电路图。U_S 是电压源，这里将干电池的内阻忽略不计；S 表示开关；R 是电阻，表示小灯泡。各个理想元件之间的导线连接用连线来表示。有了电路图就可方便地进行电路研究了。通常电路模型简称电路，理想元件简称元件。

想一想：

（1）从生活中找一个电路实例，它由哪几部分组成？各部分的作用是什么？

（2）绘出一个实际电路的电路模型。

> ⚠ **要点提示：**
>
> （1）电路由电源、负载和中间环节三部分组成。其作用是：能量的转换和传输或信号的传递和处理。
>
> （2）电路模型是用理想元件构成的。常用电路元、器件的图形符号见表 1-1，绘制电路时可选用。

1.1.3　电流、电压和功率

1. 电流

带电粒子定向移动形成**电流**。如导体中的自由电子、电解液和电离后气体中的自由离子、半导体中的电子和空穴等都属于带电粒子，电子、负离子带负电，正离子带正电。

电流的大小等于通过导体横截面的电荷量与通过这些电荷量所用时间的比值，用 I 表示。即

$$I = \frac{q}{t} \qquad\qquad (1\text{-}1)$$

式中，I 为电流，单位是 A（安[培]）；q 为通过导体横截面的电荷量，单位是 C（库[仑]）；t 为通过电荷量所用的时间，单位是 s（秒）。

在国际单位制（SI）中，电流的单位是 A（安培），如果需要使用较大或较小的单位，可以在基本单位前加上词头，如 mA（毫安）、μA（微安）。

表 1-2 是部分常用的国际单位制词头。这样，可以进行单位换算，如 $1\,\text{mA} = 10^{-3}\,\text{A}$，$1\,\mu\text{A} = 10^{-6}\,\text{A}$。

表 1-2　常用的国际单位制词头

表示的因数	词头	符号	表示的因数	词头	符号
10^{12}	太	T	10^{-12}	皮	p
10^{9}	吉	G	10^{-9}	纳	n
10^{6}	兆	M	10^{-6}	微	μ
10^{3}	千	k	10^{-3}	毫	m

实例 1-1　某种导体在 2 min 内通过该导体横截面的电荷量是 240 C，求导体中的电流是多少？

解　$t = 2\,\text{min} = 2 \times 60 = 120\,\text{s}$

$$I = \frac{q}{t} = \frac{240}{120} = 2\,\text{A}$$

1）电流的方向

电流的实际方向习惯上规定为正电荷移动的方向。因此，在金属导体中，电流的方向与电子流动的方向相反。在分析电路时，复杂电路中电流的实际方向很难判定。为了解决这一问题，引入了参考方向这个概念。

具体做法如下：在分析电路之前，先设定电流的参考方向。然后，按选定的参考方向计算电流，若计算结果为正，电流的参考方向与实际方向一致；若计算结果为负，电流的参考方向与实际方向相反，如图1-3所示。

若不设定参考方向，电流的正、负就没有意义了。

图1-3　电流参考方向与实际方向的关系

2）电流的类型

电流既有大小又有方向，电流的大小和方向都不随时间变化的电流称为直流电流，如图1-4（a）所示。电流的大小随时间变化，但方向不随时间变化的电流称为脉动电流，如图1-4（b）所示。电流的大小和方向都随时间变化的电流称为交流电流，如图1-4（c）所示。直流用符号"DC"表示，交流用符号"AC"表示。

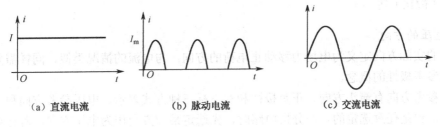

图1-4　电流的类型

3）电流的测量

测量直流电流的大小一般用直流电流表或用万用表的直流电流挡进行测量。测量直流电流时电流表应当串接在被测电路中，如图1-5所示。

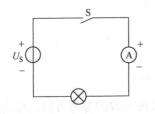

使用电流表时应注意：
①电流表应串接在待测支路；
②测直流电流时，被测电流从电流表"+"接线柱流入，"−"接线柱流出；
③选择合适的量程；
④防止电流表未经过用电器直接连接在电源两端造成短路。

图1-5　电流的测量

2．电压与电动势

电流为什么能够流动？电流的流动是因为电路存在电压。

电源电动势为电源提供电压，电路如图 1-6 所示，电源正极标为 a 端，电源负极标为 b 端，电源 a、b 两端存在着电压 U_{ab}。接通电路后，正电荷（为了好理解，以正电荷的移动为例进行说明）就会在电场力的作用下，从高电位 a 端通过负载移向低电位 b 端，从而形成电路中的电流 I，在这个过程中，电场力做功。但是，如果没有电源力在电源内部克服电场力做功将正电荷从低电位 b 端移向高电位 a 端，电路中的电流就不能持续。因此，电路中电压与电动势的关系为：

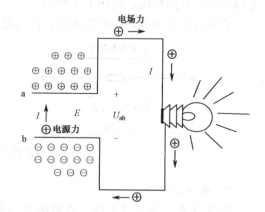

$$E = U_{ab} \qquad (1-2)$$

电压是衡量电场力做功本领大小的物理量。

电压的大小为电场力将电荷 Q 从 a 点移动到 b 点所做的功 W_{ab} 与电荷量 Q 的比值，用 U_{ab} 表示，即

$$U_{ab} = \frac{W_{ab}}{Q} \qquad (1-3)$$

图 1-6　电场力与电源力做功示意图

式中，U_{ab} 为 a、b 两点间的电压，单位是 V（伏[特]）；W_{ab} 为电场力将电荷由 a 点移动到 b 点所做的功，单位是 J（焦[耳]）；Q 为电荷量，单位是 C（库[仑]）。

在国际单位制（SI）中，电压的单位为 V（伏特），常用的单位还有 kV（千伏）、mV（毫伏）、μV（微伏）等。

1）电压的方向

电压的实际方向定义为电场力移动正电荷的方向。与电流的情况类似，同样需要引入参考方向或参考极性的概念。

电压参考方向有箭头方向、正负极性和双下标三种方式表示。电压参考方向和电流参考方向一样，也是任意选定的。在分析电路时，先选定某一方向作为电压方向，若计算结果为正值，电压参考方向与实际方向一致；若计算结果为负值，电压参考方向与实际方向相反，如图 1-7 所示。

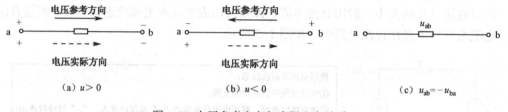

图 1-7　电压参考方向与实际方向关系

电路中某一支路或某一元件上的电压与电流的参考方向可以选一致的参考方向，称为**关联参考方向**；也可选择不一致的参考方向，称为**非关联参考方向**。

> **注意**：在分析电压、电流和电阻的关系或电压、电流和功率的关系时，元器件上的电压与电流是否是关联参考方向，决定了列写关系式时带不带"–"号，非关联参考方向时关系式应带"–"号，如后面要讲到的欧姆定律和功率表达式。

2）电位

在电路中任选一点为参考点，又称零电位点，用接地符号"⊥"表示，则某一点 a 到参考点的电压就称为 a 点的**电位**，用 V_a 表示。电位实质上就是电压，其单位也是 V（伏[特]）。

在调试和检修电气设备时，经常要测量某个点的电位，看其是否符合要求。一般在电子线路中常选择很多元器件的汇集处；在工程技术中则选择大地、机壳，若把电气设备的外壳"接地"，那么外壳的电位就为零。

根据电位的定义，有：

$$V_a = U_{a0} \tag{1-4}$$

如图 1-8 所示，以电路中的 0 点为参考点，则有 $V_a = U_{a0}$，$V_b = U_{b0}$。

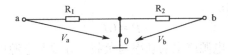

图 1-8　电位表示图

$$U_{ab} = U_{a0} + U_{0b} = U_{a0} - U_{b0} = V_a - V_b \tag{1-5}$$

式（1-5）说明，电路中 a 点到 b 点的电压等于 a 点电位与 b 点电位之差。当 a 点电位高于 b 点电位时，$U_{ab} > 0$；反之，当 a 点电位低于 b 点电位时，$U_{ab} < 0$。一般规定电压的实际方向由高电位点指向低电位点。

> **注意**：参考点是可以任意选定的，一经选定，电路中的各点电位也就确定了。参考点选择不同，电路中各点电位将随参考点的变化而变化，但任意两点间的电压是不变的。

想一想：

（1）指出图 1-9 所示电路中电流、电压的实际方向。

（2）已知某电路中 $U_{ab} = -3$ V，说明 a、b 两点中哪点电位高。

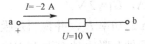

图 1-9　判断电流、电压的实际方向

3）电压的测量

测量直流电压的大小一般用直流电压表或用万用表的直流电压挡进行测量。测量直流电压时电压表应当并联在被测电路中，如图 1-10 所示。

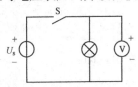

使用电压表时应注意：
①电压表应并联在待测支路两端；
②测直流电压时，直流电压表"+"接线柱接电源的正极，"–"接线柱接电源的负极；
③选择合适的量程。

图 1-10　电压的测量

3. 电功率与电能

1) 电功率

电功率为单位时间内元件吸收或发出的电能，用 P 表示。设 dt 时间内元件转换的电能为 dW，则

$$P = \frac{dW}{dt} \tag{1-6}$$

在国际单位制（SI）中，功率的单位为 W（瓦特），常用的单位还有 kW（千瓦）、mW（毫瓦）等。

对式（1-6）进一步推导得：

$$P = \frac{dW}{dt} = \frac{dW}{dQ} \times \frac{dQ}{dt} = ui \tag{1-7}$$

式（1-7）说明电路的功率等于该电路的电压与电流的乘积。

在直流电路中，功率为：

$$P = UI \tag{1-8}$$

应当指出：在电路中，电源产生的功率与负载、导线及电源内阻上消耗的功率总是平衡的，遵循能量守衡和转换定律。电路分析时，不但需要计算功率的大小，有时还需要判断功率的性质，即该元件是产生能量还是消耗能量。根据电压和电流的实际方向可以确定电路元件的性质。例如，当 u 和 i 的实际方向相同，即电流从元件高电位端流入，低电位端流出，则该元件**消耗或吸收能量**；当 u 和 i 的实际方向相反，即电流从元件低电位端流入，高电位端流出，则该**元件产生或发出能量**。

当电压和电流为关联参考方向时，用公式 $P = ui$ 或 $P = UI$ 计算；当电压和电流为非关联参考方向时，用公式 $P = -ui$ 或 $P = -UI$ 计算。当算出的功率 $P > 0$ 时，表示元件吸收功率；当计算出的功率 $P < 0$ 时，表示元件发出功率。

实例 1-2 某电路中的一部分如图 1-11 所示，三个元件中流过相同电流 $I = 1\,A$，$U_1 = 2\,V$。

（1）求元件 a 的功率 P_1，并说明是吸收还是发出功率；

（2）若已知元件 b 吸收功率为 12 W，元件 c 发出功率为 10 W，求 U_2、U_3。

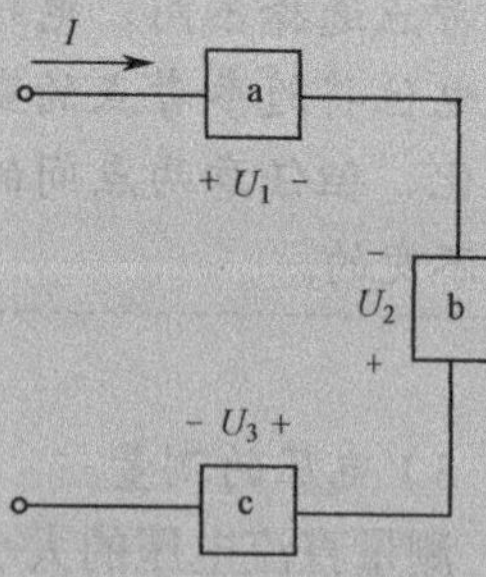

解 （1）对于元件 a，U_1、I 为关联参考方向 $P_1 = U_1 I = 2 \times 1 = 2\,W > 0$，说明元件 a 吸收功率 2 W（是负载）。

（2）① 对于元件 b，U_2、I 为非关联参考方向，且吸收功率，则 P_2 为正值，即

$$P_2 = -U_2 I = 12\,W$$

所以 $U_2 = -12/1 = -12\,V$。

② 对于元件 c，U_3、I 为关联参考方向，且发出功率，则 P_3 为负值，即

$$P_3 = U_3 I = -10\,W$$

所以 $U_3 = -10\,V$。

图 1-11 例 1-2 电路图

2）电能

电能为功率与时间的乘积，即

$$W = Pt \qquad (1\text{-}9)$$

在国际单位制中，功率的单位为 W（瓦[特]），时间的单位为 s（秒），电能量的单位为 J（焦[耳]）。在实际应用中电能的另一个常用单位是 kW·h（千瓦小时），1 kW·h 就是 1 度。

$$1 \text{ 度} = 1 \text{ kW·h} = 3.6 \times 10^6 \text{ J}$$

实例 1-3 张姊熨烫衣服用的是 220 V、50 Hz、1450 W 的电熨斗，她熨了 7 件衣服花了 3 h，请问，张姊熨烫衣服用了多少度电？若每度电为 0.4883 元，张姊这次熨烫衣服花了多少电钱？

解 1450 W = 1.450 kW

1.450×3k W·h = 4.350 kW·h

4.350×0.4883 元 = 2.124 元 ≈ 2.12 元

这天张姊熨烫衣服用了 4.350 度电，花了 2.12 元电钱。

想一想：

（1）其实习室有 100 W、220 V 的电烙铁 45 把，每天使用 6 h，问 24 天用电多少度？

（2）查看一下你家的电器的功率，计算一下这些电器一般一天耗多少度电？花多少电钱？有没有节电的方法？

⚠ **要点提示：**

（1）在电路中常用电压、电流、电位、功率等物理量。在分析电路时，必须首先标定电压、电流的参考方向，才能对电路进行计算，电压、电流的正、负号才有意义。当元件上的电压与电流取相同方向时，称为关联参考方向。

（2）电流表串联到待测支路，电压表并联到待测支路两端。

（3）电路中任一点的电位就是该点到参考点之间的电压。电压是两点间的电位差。电位的高低与参考点的选择有关，电压的高低与参考点的选择无关。

（4）当为关联参考方向时，$P = UI$；为非关联参考方向时，$P = -UI$；计算后 $P > 0$ 时，表示元件吸收功率，$P < 0$ 时，表示元件发出功率。

1.1.4 电路的三种状态

电路有开路、短路和有载工作三种状态，如图 1-12 所示。

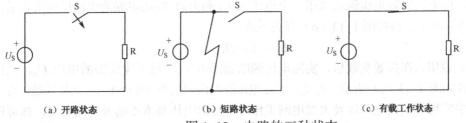

（a）开路状态 （b）短路状态 （c）有载工作状态

图 1-12 电路的三种状态

1. 开路或断路

电源与负载未构成闭合电路，电路中无电流称开路（或断路），如图 1-12（a）所示。电路开路时，整个电路的负载电阻可视为无穷大，由此，电路中电流为零。

2．短路

电路（或电路中的一部分）被导线短接在一起称短路，如图 1-12（b）所示。电路短路时，整个电路的负载电阻可视为零，流过电源的电流极大。此时，短路端的电压为零。

在电路故障中，最严重的故障是电压源短路，由于短路电流过大，使电压源温度迅速上升，从而使其烧毁。所以，在实际工作中应经常检查电气设备和线路的绝缘情况，尽量防止短路事故的发生。通常还在电路中接入熔断器等保护装置，以便在发生短路时能迅速消除故障达到保护电源及电路元器件的目的。

3．有载工作状态

电源与负载连通构成闭合回路，有电流通过称有载工作状态，如图 1-12（c）所示。在实际工作中，电路元器件和电气设备均标注有额定值。额定值是指其在电路正常运行状态下，所能承受的电压、允许通过的电流，以及它们吸收或产生功率的限度。一般来说，电气设备在额定工作状态时是最经济合理和安全可靠的，并能保证电气设备达到规定的使用寿命，额定值往往标注在电气设备铭牌上。

> **⚠ 要点提示：**
> 　电路有开路、短路和有载工作三种状态。

想一想：
电路通常的三种状态是什么？
各有什么特点？

1.1.5 电压源和电流源

常用电源中有各类电池、发电机、稳压电源和各种信号源。能够独立向外提供电能的电源，称为独立电源，它包括电压源和电流源；不能独立向外电路提供电能的电源称为非独立电源，又称受控源，关于受控源将在 2.6.3 中讨论。

1．电压源

能为电路提供恒定的电压且输出电压与其电流无关的电源，称为**理想电压源**，符号如图 1-13（a）所示。

实际上，电源内部总存在一定的内阻，内阻具有分压作用。例如，干电池是一个实际的直流电压源，当接上负载有电流流过时，内阻就会有能量损耗，电流越大，损耗也越大，电压就越低。因此，**实际电压源**可以用一个电压源 U_S 和内阻 R_S 相串联的电路模型来表示，如图 1-13（b）所示。根据图 1-13（b）有关系式

$$U = U_S - IR_S \tag{1-10}$$

式（1-10）说明，在接通负载后，实际电压源的输出电压 U 低于电压源的电压 U_S，电压源的伏安特性如图 1-13（c）所示。可见，实际电压源的内阻越小（$R_S \ll R_L$），其特性越接近于理想。工程中常用的稳压电源以及大型电网工作时的输出电压基本不随外电路变化，都可近似地看成理想电压源。

2．电流源

当负载电阻在一定范围内变化时，电源的端电压随之变化，而输出电流恒定，这类电源

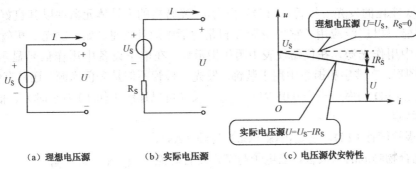

（a）理想电压源　　　（b）实际电压源　　　（c）电压源伏安特性

图1-13　电压源及其伏安特性

称为**理想电流源**，也称恒流源，其符号如图1-14（a）所示。

太阳能电池与干电池不同，其电流是与入射太阳光照强度成正比的，基本上不受外电路影响，可以用理想电流源模型来表示。在实际电路中，由于内电导的存在，电流源中的电流并不能全部输出，有一部分将从内部分流掉。因此，**实际电流源**可用一个理想电流源 I_S 与内电阻 R_S 相并联的电路模型来表示，如图1-14（b）所示。根据图1-14（b）有关系式：

$$I = I_S - \frac{U}{R_S} \tag{1-11}$$

电流源的伏安特性如图1-14（c）所示。可见，实际电流源的内阻越大（$R_S \gg R_L$），其特性越接近于理想电流源。实际应用中的晶体管输出特性比较接近理想电流源。

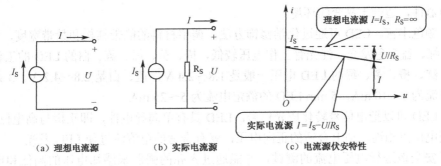

（a）理想电流源　　　（b）实际电流源　　　（c）电流源伏安特性

图1-14　电流源及其伏安特性

> ❶ 要点提示：
> （1）理想电压源的电压恒定，电流随外电路而变化，内阻为0。
> （2）理想电流源的电流恒定，电压随外电路而变化，内阻为∞。

1.2　发光二极管与欧姆定律

1.2.1　发光二极管的特性与测试

随着现代社会的发展，人类的生活对能源更加依赖，这种依赖使巨大的能源需求和有限资源供给的矛盾愈加突出，为了解决这一问题，大力推广和应用节能技术得到了更多有识之士的重视。低能耗的发光二极管（LED）作为电-光转换的半导体元器件以其良好的电气特性和机械性能得以广泛应用，它的身影在日常生活中随处可见。如：发光二极管在一些光电控制设备中用作光源，在仪器仪表中用作指示灯，在电子设备中用作信号显示器显示文字、数字或图形，在楼宇和街景中用于装饰。发光二极管不但是多色光源，还具有低碳高效、耗电低（普通 LED 功率一般为 0.05 W）、寿命长（可以连续工作 10 万小时）、低压安全、使用方便等特点。

发光二极管简称 LED，它是由镓（Ga）与砷（As）、磷（P）的化合物制成的二极管，当电子与空穴复合时能辐射出可见光，因而可以用来制作发光二极管。应用无机半导体材料做出的发光二极管可以发出五颜六色的光。例如，磷砷化镓（GaAsP）二极管发红色光、橙色光、黄色光，磷化镓（GaP）二极管发红色光、黄色光、绿色光，氮化镓（GaN）二极管发绿色光、翠绿色光、蓝色光等，如图 1-15 所示。

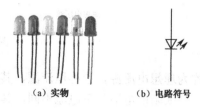

(a) 实物　　　　(b) 电路符号

图 1-15　发光二极管及其电路符号

1. LED 的特性

（1）电流小、电压低。LED 具备小电流（约 3～20 mA）、低电压（约 2～3 V）驱动的特性，使用低压电源，供电电压在 6～24 V 之间，比高压电源安全。

（2）效能高，省电。与同光效的白炽灯相比可减少 80% 能量消耗。

（3）适用性好。体积很小，每个单元 LED 小片是 3～5 mm 的正方形，所以可以制成各种形状的器件，适合于易变的环境。

（4）颜色丰富。LED 可通过化学修饰方法，调整材料的能带结构和禁带宽度，实现红、橙、黄、绿、蓝多色发光。红光管工作电压较低，橙、黄、绿、蓝、白的 LED 的工作电压依次升高。红、橙、黄、绿的 LED 电压一般是 1.8～2.4 V，蓝、白是 2.8～4.2 V。3 mm LED 的额定电流为 1～10 mA，5 mm LED 的额定电流为 5～25 mA。

（5）LED 可以把电信号转化成光信号。LED 具有单向导电性，即正极与高电位点相连，负极与低电位点相连，加上合适的正向电压，就有合适的电流流过使 LED 发光。

为了安全地进行电压电流的测试，并能通过光亮的强弱来感知电压的高低和电流的大小，我们选用发光二极管搭接电路。

2. LED 的极性测试

为了正确连接 LED，需要正确判别其极性，判别极性的方法可以根据其外形，也可以用万用表测定。

（1）根据外形判断：可看其引脚，长脚为正，短脚为负。有的 LED 的两只引脚一样长，但管壳上有一凸起的小舌，靠近小舌的引脚为正。还可将 LED 拿到明亮处，透过其管体的透明塑料外壳，观察引线在管体内的形状，形状小的是正极，形状大的是负极。

（2）用万用表测定：万用表欧姆挡选择 $R×1k$ 量程，用万用表的红、黑表笔碰触 LED 的引脚测 LED 阻值，调换引脚再测一次。在两次测量中，电阻小的那次，黑表笔所接触的引脚是正极，红表笔所接触的引脚是负极。

> ❗ 提示：指针式万用表的红表笔接表内电池的负极，黑表笔接表内电池的正极。与之相反，数字式万用表的红表笔接表内电池的正极，黑表笔接表内电池的负极。

实践探究 1　LED 的电压电流测试

1. 面包板的结构

面包板又称万用电路板，在面包板上搭接电路不需要焊接，并且装拆方便。搭接电路时，将元器件引脚插入孔中，元器件引脚与孔下面的金属条接触，从而达到导电的目的。图 1-16 所示面包板的结构是：上下两排电源插孔是横通，竖不通；中间接线部分以中间横槽为界，上下不通，每一部分竖通，横不通。使用面包板搭接电路时要注意：接线要横平竖直，走直角。插入插孔部分导线应有 7~8 mm，否则会造成虚接，电路不能正常工作。

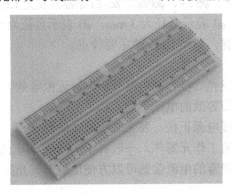

图 1-16　某型号面包板外形

2. 测试电路与步骤

图 1-17（a）为发光二极管的测试电路，U_S 为直流电源，R 是限流电阻，LED 为发光二极管，通过如下测试可探究发光二极管的特性。

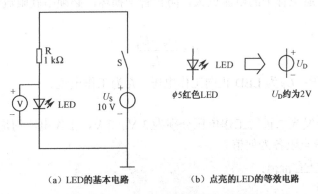

（a）LED 的基本电路　　　　（b）点亮的 LED 的等效电路

图 1-17　发光二极管的测试电路

（1）在面包板上搭接图 1-17（a）所示电路，闭合开关，LED 正向导通发光，测试电压，并记录读数于表 1-3 中。计算流过 LED 的电流值（也可以用电流表进行测试，注意电流表量限要有裕量），观察灯的亮度。

表 1-3 ∮5 LED 电压、电流的测试

电阻 R/Ω	总电压 U_S/V	LED 管压降 U_D/V	电阻电压 U_R/V	电路电流 $I = U_R/R$（mA）	LED 的亮度
500 Ω	10	2	8	15	亮
1 kΩ	10	2	8	7.5	稍暗
2 kΩ	10	2	8	3.75	更暗
LED 反接	–10	–10	0	0	不亮

（2）将 R 换成 500 Ω、2 kΩ 重复上述实验，了解 LED 正向压降约为常数的特性。

（3）将 LED 反接，闭合开关，LED 反向截止，测试电压，计算电流，观察灯的亮暗。

（4）将 LED 换成 ∮3 红、∮5 绿、∮3 绿、∮5 白等各种发光 LED，再设计表格，记录 U_D 的值（所测值不同）。注：∮3 表示直径为 3 mm，∮5 表示直径为 5 mm。

（5）分析整理测试数据，总结 LED 的主要特点。

现象：

（1）正向导通发光的发光二极管在电路分析中可近似等效为电压源，如图 1-17（b）所示。但不同的发光二极管等效的电压不同。

（2）发光二极管正极接电源正极，发光二极管才能发光。

（3）发光二极管是电流工作元器件，一般有 1～5 mA 的电流就可以发光。

（4）通过调节发光二极管的电流强弱可以方便地调节其光亮的强弱。

3. 限流电阻的选择

我们注意到图 1-17（a）中，发光二极管并不直接接电源，而是串接电阻后再与电源相连。这个电阻起什么作用呢？它起限流作用，称为限流电阻。为什么要限流？因为发光二极管的正向伏安特性曲线很陡，电压达到某一值时，电流很容易超过其极限参数——最大正向直流电流 I_{Fm}，为了避免管子的电流过大，防止管子损坏，必须串联限流电阻，限流电阻 R 的值可用下式计算：

$$R = \frac{U_S - U_F}{I_F}$$

（1-12）

式中，U_S 为电源电压；U_F 为 LED 正向工作电压；I_F 为工作电流。

实例 1-4 两个发光二极管工作电压分别为 3 V、2 V，工作电流均是 20 mA，接于 5 V 的电源，它们的限流电阻各为何值？

解 由 $R = \dfrac{U_S - U_F}{I_F}$ 可得：

$$R_1 = \frac{5-3}{0.02} = 100\,\Omega, \quad R_2 = \frac{5-2}{0.02} = 150\,\Omega$$

所以，两个发光二极管的限流电阻分别为 100 Ω、150 Ω。

实际工作中，工作电流不一定正好是 20 mA，可能大点或小点。限流电阻可以用整流二

极管代替，即用整流二极管分压，1只二极管的压降是0.7 V，用3只串联分掉的电压就是2.1 V，剩下2.9 V，或者用4只串联分掉电压2.8 V，剩下2.2 V。

实例1-5 假设单个红光LED的工作电压为1.55 V，工作电流为18 mA，用6只红光LED串联做装饰灯，使用直流12 V的电源，如图1-18所示。试问：该电路需要串接多大的限流电阻？

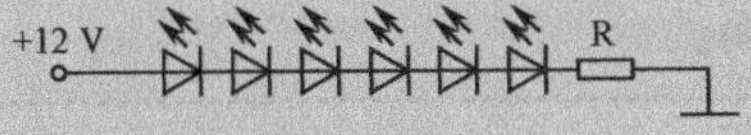

+12 V ▷|▷|▷|▷|▷|▷| R

图1-18 LED串联

想一想： 电动车的电压是48 V，串联10只LED做尾灯，假设每只LED的工作电压是3.3 V，电流是0.02 A，应串接多大的限流电阻？

解 $U_F = 1.55 \times 6 = 9.3$ V

需要电阻分掉的电压：

$$U_R = U_S - U_F = 12 - 9.3 = 2.7 \text{ V}$$

限流电阻：

$$R = U_R / I_F = 2.7/0.018 = 150 \ \Omega$$

电阻的功率：

$$P = U_R \times I_F = 2.7 \times 0.018 = 0.0486 \text{ W}$$

此限流电阻可选择150 Ω、1/4 W（因为0.25 W＞0.0486 W）。

应当说明的是：使用二极管时还应注意发光二极管的其他极限参数，如最大反向击穿电压U_{Rm}（约5 V）、功耗P_m、环境温度范围等。发光二极管正常发光时，其正向工作电流I_F最好在$0.6I_{Fm}$以下，正向工作电压U_F在1.4～4.2 V，在外界温度升高时，U_F将下降。

1.2.2 欧姆定律

欧姆定律是最著名的电路法则，其内容是：在电路中，流过电阻的电流与电阻两端的电压成正比，和电阻的阻值成反比。实际上，在测试发光二极管电路时，我们已经应用了欧姆定律计算电路的电流，这里通过测量电阻的电压和电流值计算电阻。提高测试电路的能力的同时，研究学习欧姆定律。

实践探究2 欧姆定律实验

实验参考电路如图1-19所示，电源电压为10 V，电阻为500 Ω，分别接φ5白光LED和φ5红光LED，在面包板上搭出电路，测试电流和各元器件上的电压，将测试的数据填入表1-4，分析电阻上的电压、电流和电阻三者之间的关系。

表1-4 φ5 LED电压、电流的测试

LED	电阻 R/Ω	总电压 U_S/V	LED管压降 U_D/V	电阻电压 U_R/V	电路电流（计算） $I = U_R/R$ (mA)
φ5 白光 LED	500	10	3.2	6.8	13.6
φ5 红光 LED	500	10	2	8	16

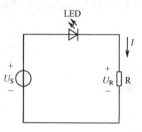

图 1-19 探究 U_R、I、R 的关系

注意：

（1）将电流表串入电路，注意电流表的量限要有裕量，如估不准电流值的范围，则电流表的量限应从高往低调。

（2）测量电压、电流时要注意电压的极性和电流的方向。

现象：

从表 1-4 中可得 $R = \dfrac{U_R}{I}$，通常将其写为：

$$I = \dfrac{U}{R} \qquad (1-13)$$

式（1-13）是欧姆定律，欧姆定律表明：在电路中，流过电阻的电流与电阻两端的电压成正比，和电阻的阻值成反比。

探究迁移

这里要谈两个问题：一是导体的电阻与什么有关？二是什么是线性电阻？

导体的电阻与什么有关？实验证明：在温度一定的条件下，截面均匀的导体电阻与导体的长度成正比，与导体的横截面积成反比，还与导电材料有关，即

$$R = \rho \dfrac{l}{S} \qquad (1-14)$$

式中，ρ 为导体的电阻率，单位为 $\Omega \cdot m$（欧米）；l 为导体的长度，单位为 m（米）；S 为导体的横截面积，单位为 m^2（平方米）；电阻的单位为 Ω（欧姆）。

电阻率与导体材料的性质和所处温度有关，而与导体的几何尺寸无关。在常温下，几乎所有金属导体的电阻值 R 与温度 t 之间都有近似关系，即

$$R_2 = R_1[1 + \alpha(t_2 - t_1)] \qquad (1-15)$$

式中，α 为电阻温度系数，它等于温度升高 1℃时，导体电阻值的变化量与原阻值的比值，单位是 1/℃。金属材料的 α 可查找有关手册。

通常情况下，几乎所有的金属材料的电阻值都随温度升高而增大，如银、铜、铝、铁、钨等材料。但有些材料的电阻值随温度升高而减小，如碳、石墨、电解液等。利用电阻随温度的变化特性将其制成热敏电阻，用于电气设备中可以起自动调节和补偿的作用。还有某些合金材料，如康铜、锰铜等，温度变化时，电阻值变化极少，所以常用来制作标准电阻。

什么是线性电阻？电阻两端的电压与通过它的电流成正比，其伏安特性曲线为直线的电阻称为线性电阻，其电阻值为常数；反之，电阻两端的电压与通过它的电流不是线性关系的称为非线性电阻，其电阻值不是常数。在常温下金属导体的电阻是线性电阻，在其额定功率内，其伏安特性曲线为直线。而热敏电阻、光敏电阻等，在不同的电压、电流情况下，电阻值不同，伏安特性曲线为非线性。

> **要点提示：**
>
> （1）欧姆定律为 $I = \dfrac{U}{R}$，其中电阻 $R = \rho \dfrac{l}{S}$，而电阻率 ρ 除了与导体材料的性质有关，还与其所处温度有关。
>
> （2）电阻描述的是导体对电流的阻碍作用，而从另一个角度看，电导描述的是导体对电流的传导作用，电导与电阻的关系为 $G = \dfrac{1}{R}$，电导的单位是 S（西门子）。

1.3　电阻器的类别与选用

电阻器是组成电路的基本元件之一，广泛应用于各种电子产品和设备中，主要用来稳定和调节电路的电流和电压，起限流、降压、分流、分压、阻抗匹配等作用。电阻器常简称为电阻。

1.3.1　电阻的类别与主要参数

1. 电阻的分类及特点

电阻的种类繁多，按应用特点分为固定电阻、可变电阻和特种电阻，如图 1-20 所示。可变电阻分为电位器和滑线式变阻器，常用于调节电路的电流或电压。特种电阻有保险电阻、光敏电阻、热敏电阻、压敏电阻、气敏电阻、湿敏电阻等，它们均利用材料电阻率随物理量变化而变化的特性制成，常用于控制电路。例如，保险电阻会因电路达到超负荷时间限制而熔断开路，从而起到保护电路的作用。光敏电阻的电阻值与光照强度有关，光照越强，阻值越小。一般无光照射时阻值达几十千欧姆以上，受光照射时阻值降为几百欧姆乃至几十欧姆，主要用于光控开关计数电路及各种光控自动控制系统中。

|（a）普通电阻|（b）电位器|（c）滑线式变阻器|（d）光敏电阻|
|（e）热敏电阻|（f）压敏电阻|（g）气敏电阻|（h）湿敏电阻|

图 1-20　电阻的分类

普通固定电阻按材料和工艺分为碳膜电阻、金属膜电阻、水泥电阻、线绕电阻和贴片电阻等，如图 1-21（a）、（b）、（c）、（d）、（e）所示。碳膜电阻是用有机黏合剂将碳墨、石墨和填充料配成悬浮液涂覆于绝缘基体上，经加热聚合而成，碳膜电阻成本较低，性能一般，应用于一般的电子线路，没有特殊要求，以降低成本，如小家电、玩具等。金属膜电阻在瓷管上镀上一层金属而成，用真空蒸发的方法将合金材料蒸镀于陶瓷棒骨架表面，金属膜电阻比碳膜电阻的精度高，稳定性好，噪声，温度系数小，但成本较高，常常作为精密和高稳定性的电阻器而广泛应用，同时也常用于各种无线电电子设备中。水泥电阻是用水泥灌封的电阻，具有外形尺寸较大、耐震、耐湿、耐热及良好散热、低价格等特性，广泛应用于电源适配器、音响设备、音响分频器、仪器、仪表、电视机、汽车等设备中。线绕电阻用高阻合金线绕在绝缘骨架上制成，外面涂有耐热的釉绝缘层或绝缘漆，绕线电阻具有较低的温度系数，阻值精度高，稳定性好，耐热耐腐蚀，主要做精密大功率电阻使用。

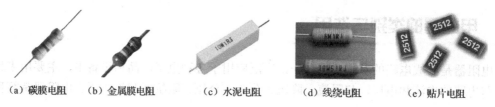

|（a）碳膜电阻|（b）金属膜电阻|（c）水泥电阻|（d）线绕电阻|（e）贴片电阻|

图 1-21　普通固定电阻与贴片电阻

电阻按功率分为 1/16、1/8、1/4、1/2、1、2 W 等额定功率。大功率的电阻上面通常会直接标注功率，比如水泥电阻。小功率的色环电阻，通常不标注功率，它与电阻体积的大小有一定的关系，一般来说体积越大，功率就越大，常用的色环电阻是 0.25 W，即 1/4 W。

电阻按精确度分为 ±5%、±10%、±20% 等的普通电阻，还有精确度为 ±0.1%、±0.2%、±0.5%、±1% 和 ±2% 等的精密电阻。色环电阻的最后一环表示精度，贴片电阻用字母表示，如 J 表示精度为 5%、F 表示精度为 1%。

电阻按贴装方式可分为直插式和贴片电阻，直插电阻［如图 1-21（a）、（b）、（c）、（d）所示］对散热、结露等有较好的适应性，一般功率可做的很大，但是相对占用空间较大，不利于集成化，在大功率设计上如开关电源等上应用普遍。贴片电阻［如图 1-21（e）所示］、封装小，占用 PCB 空间小，利于集成化，可以根据不同功率选择不同封装，功率越大价格越高，但是功率大时散热不太好。

2. 电阻的主要参数

电阻的主要参数有标称阻值、阻值误差、额定功率等。

1）标称阻值

为电阻器上所标的阻值，其值是按国家标准标注的，有多个系列，需要时可查阅手册。

2）阻值误差

也称允许误差，电阻的实际值与标称值的差值除以标称阻值所得的百分数为阻值误差。它表示电阻的精度。如阻值误差 ≤ ±5%，或阻值误差 ≤ ±1%，误差越小，表明电阻的精度越高。

3）额定功率

指电阻在规定的环境温度和湿度下长期连续工作，电阻所允许消耗的最大功率。为保证安全工作，一般使额定功率大于其在电路中消耗功率的 2～3 倍。

对有特殊要求的电阻器，需要考虑电阻器的其他指标。

! 提示：电阻的标称值按国标分 E6、E12、E24、E48、E96 和 E192 六大系列，各系列允许误差依次为 ±20%、±10%、±5%、±2%、±1% 和 ±0.5%、±0.2%、±0.1%。其中，E24 为电路实验电阻常用数系（规定了 24 个基本数），E48、E96、E192 为高精密电阻数系。使用时，可查阅各系列电阻规格表。如 E6 有 1.0、1.5、2.2、3.3、4.7、6.8 六个基本数，若这个系列的基本数再乘以 10^n（其中 n 为整数），则为某电阻的阻值。若基本数为 4.7，$n=3$，则该电阻的标称阻值为 $4.7 \times 10^3 = 4.7$ kΩ，误差为 ±20%。

3. 电阻的型号含义

为了更多地了解电阻，可以从其型号得到更多的信息，一般情况下，电阻的型号由四个部分组成，表 1-5 给出了电阻型号的各组成部分的代号和含义。

表 1-5 电阻型号的组成部分的代号和含义

第 一 部 分		第 二 部 分		第 三 部 分		第 四 部 分
主　称		材　料		特　征		序　号
符号	含义	符号	含义	符号	含义	
		T	碳膜	1、2	普通	对主称、材料特征相同，仅尺寸、性能指标略有差别，但基本上不影响互换的产品给同一序号，否则在序号后面用大写字母作为区别代号予以区别
		P	硼碳膜	3	超高频	
		U	硅碳膜	4	高阻	
		C	沉积膜	5	高温	
		H	合成膜	7	精密	
		I	玻璃釉膜	8	电阻器——高压	
R	电阻器	J	金属膜		电位器——特殊函数	
W	电位器	Y	氧化膜	9	特殊	
		S	有机实芯	G	高功率	
		N	无机实芯	T	可调	
		X	线绕	X	小型	
		R	热敏	L	测量用	
		C	光敏	W	微调	
		M	压敏	D	多圈	

1.3.2 电阻的识别和选用

前面我们对电阻有了一些基本认识，这里我们将学习识别和选用电阻的方法。

1. 电阻阻值的识读

电阻最重要的参数就是阻值。实际应用中，标注电阻阻值和误差的方法有四种：一是直标法，二是数码法，三是代码标注，四是色标法。

直标法是用数字直接标注在大功率电阻上，一般电阻的体积比较大，图 1-22 所示的电阻功率为 5 W，阻值为 0.5 Ω，J 表示 ±5% 的精确度。数码法用 3 位或 4 位数字表示，3 位数精度为 5%，4 位数的精度为 1%，若 3 位数字则前两位表示有效数值，第三位则表示 10 的倍率，若 4 位数字则前三位表示有效数字，主要用于贴片等小体积的电阻上，如图 1-23 中（a）图的阻值为 10×10^3 Ω 即 10 kΩ，（b）图的阻值为 150×10^2 Ω 即 15 kΩ，（c）图的 R 代表单位为欧姆的电阻小数点，所以阻值为 8.2 Ω。代码标注是贴片精密电阻的表示法，通常也是用 3 位标示。一般是 2 位数字和 1 位字母表示，两个数字是有效数字，字母表示 10 的倍率，其代码所表示的阻值要在"电阻标准阻值表"中查出，如图 1-24 中代码 01B 表示 1.00 kΩ。

图 1-22　直标法

（a）

（b）

（c）

图 1-23　数码法

图 1-24　代码标注

色标法使用最多，是用不同颜色来表示电阻的阻值和误差，分为色环法和色点法，其中常用的是色环法，色环法表示的单位是欧姆。表 1-6 为色环颜色所代表的含义。

表 1-6　色环颜色所代表的含义

颜色	棕	红	橙	黄	绿	蓝	紫	灰	白	黑	金	银	无色
数值	1	2	3	4	5	6	7	8	9	0	—	—	—
乘数	10^1	10^2	10^3	10^4	10^5	10^6	10^7				10^{-1}	10^{-2}	
允许误差	±1%	±2%	—	—	±0.5%	±0.25%	±0.1%				±5%	±10%	±20%

普通电阻用四环表示，靠近端头最近的第 1 条色环及第 2 条色环表示标称阻值的第 1 位及第 2 位有效数字，第 3 条色环表示标称阻值的倍率，第 4 条色环表示阻值允许误差。精密电阻用五环表示，第 1、2、3 条色环分别表示标称阻值的 3 位有效数字，第 4 条色环表示标称阻值的倍率，第 5 条色环表示阻值允许误差。由图 1-25 举例说明。

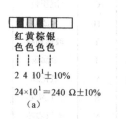

红黄棕银
色色色色
| | | |
2 4 10^1 ±10%
$24×10^1$=240 Ω±10%
（a）

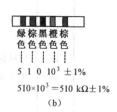

绿棕黑橙棕
色色色色色
| | | | |
5 1 0 10^3 ±1%
$510×10^3$=510 kΩ±1%
（b）

图 1-25　色环电阻

练一练

（1）读出图 1-26 电阻的阻值。

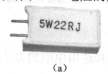
（a）

（b）

（c）

（d）

图 1-26　各种电阻

（2）根据色环读出下列电阻的阻值及误差。

　　黄紫橙银、棕红黑金、绿蓝黑银棕、棕灰黑黄绿。

（3）根据阻值及误差，写出下列电阻的色环。

　　① 用四色环表示电阻：39 MΩ、±5%；6.8 kΩ、±5%。

　　② 用五色环表示电阻：390 Ω、±1%；910 kΩ、±0.1%。

2．电阻的选用方法

1）类型选择

对于一般的电子电路，若没有特殊要求，可选用普通的碳膜电阻，以降低成本；对于高品质的收录机、电视机等，应选用较好的碳膜电阻、金属膜电阻或线绕电阻；对于测量电路或仪表、仪器电路，应选用精密电阻；在高频电路中，应选用表面型电阻或无感电阻，不宜使用合成电阻或普通的线绕电阻；对于工作频率低，功率大，且对耐热性能要求较高的电路，可选用线绕电阻。

2）阻值及误差选择

阻值应按标称系列选取。有时需要的阻值不在标称系列，此时可以选择最接近这个阻值的标称值电阻，当然也可以用两个或两个以上的电阻的串并联来代替所需的电阻。误差选择应根据电阻在电路中所起的作用，除一些对精度特别要求的电路（如仪器仪表、测量电路等）外，一般电子电路中所需电阻的误差选用 I、II、III 级误差（依次对应±5%、±10%、±20%）即可。

3）额定功率的选取

电阻在电路中实际消耗的功率不得超过其额定功率。为保证电阻长期使用不会损坏，通常要求选用的电阻的额定功率高于实际消耗功率的 2 倍以上。

1.4　电阻的连接

如果电路的两个端子的电压、电流关系与另一个电路的两个端子的电压、电流关系相同时，则这两个电路对外部是相互等效的，称为**等效电路**。等效电路的内部结构虽然不同，但对外部而言，电路影响完全相同。因此，可以用一个简单的等效电路代替原来较复杂的电路，将电路简化。

在电路中最简单的电路就是纯电阻电路，电阻的连接形式是多种多样的，其中最简单和最常用的是串联和并联。

1.4.1　电阻的串联、特点及应用

1．电阻的串联

把两个或多个电阻依次连接起来，组成中间无分支的电路，称为**电阻串联**电路。图 1-27（a）为三个电阻组成的串联电路，其等效电路如图 1-27（b）所示。a、b 两端外加电压为 U，电阻内通过电流为 I，电压与电流参考方向如图 1-27（b）所示。

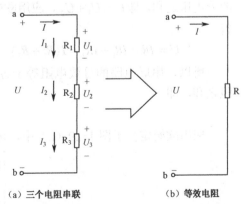

（a）三个电阻串联　　　（b）等效电阻

图 1-27　电阻串联

实践探究3　电阻串联测试

　　由若干个电阻串联而成的简单电路往往可以用某些方法进行化简，本测试项目通过测试得到数据，然后对数据进行分析，探究电阻串联的特点和规律。测试参考电路如图1-28所示。

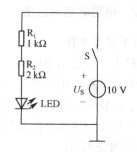

图1-28　探究电阻串联的特点

　　（1）在面包板上搭接出图1-28所示电路。

　　（2）用电流表或万用表电流挡分别测量通过 R_1、R_2 和 LED 的电流，记录在表1-7中。

　　（3）用电压表或万用表电压挡分别测量 R_1、R_2 和 LED 的电压，记录在表1-7中。

表1-7　探究串联电路的特点

元件	R_1	R_2	LED	电源 U_S
电压/V	2.7	5.4	1.9	10
电流/mA	2.7	2.7	2.7	2.7

现象：

（1）串联电路中所有元件的电流相等。

（2）电阻串联的等效电阻 $R = (10-1.9)/2.7 = 3$ k$\Omega = R_1 + R_2$。

（3）$U_S = U_{R1} + U_{R2} + U_{LED}$，串联电路的总电压等于各个元件电压之和。

（4）$U_{R1}/U_{R2} = 2.7/5.4 = R_1/R_2$，串联电阻分的电压与电阻的阻值成正比。

2. 电阻串联的特点

　　如图1-29（a）所示为两个电阻组成的串联电路，其等效电路如图1-29（b）所示。

　　因为串联电阻流过同一个电流 I，即 $I = I_1 = I_2$，而电路中的总电压等于各电阻两端的分电压之和，即 $U = U_1 + U_2$，应用欧姆定律，得

$$U = IR = IR_1 + IR_2 = I(R_1 + R_2)$$

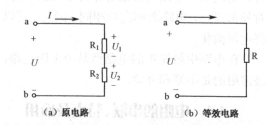

（a）原电路　　（b）等效电路

图1-29　两个电阻串联

　　所以，串联电路的等效电阻等于各串联电阻之和，即

$$R = R_1 + R_2 \tag{1-16}$$

　　应用欧姆定律于图1-29（a）中，可得两个电阻串联时，各电阻上的电压，即

$$\begin{cases} U_1 = IR_1 = \dfrac{R_1}{R}U \\ U_2 = IR_2 = \dfrac{R_2}{R}U \end{cases} \tag{1-17}$$

式（1-17）称为串联电阻的分压公式。分压公式表明，在串联电路中，当外加电压一定时，各电阻端电压的大小与电阻值成正比。

3．串联电阻电路的应用

生产、生活中，我们经常遇到用电器（或负载）的额定电压低于电源电压的情况，为了使负载工作在额定电压条件下，通常采用串联电阻分去一部分电压，或为了避免用电器超载，而采用电阻限流。这种情况类似于实例1-4和实例1-5。

为了调节电路中的电流，通常可在电路中串联一个变阻器。

除了用串联电阻分压外，电阻串联的应用还有很多，例如，圣诞节期间挂在圣诞树上忽灭忽亮的小灯泡，采用的就是串联电路。将小灯泡一个接一个地串联起来，在其中一个灯泡内装有双金属片结构的自动开关（用热膨胀系数高低不同的两种金属黏合成一体）。当双金属片因灯丝发热而弯曲时，双金属片脱开，灯泡就全部熄灭；冷却后双金属片复原，电路重新接通。所以圣诞树的灯泡就一会儿灭，一会儿亮。

再如，为了扩大电压表的量程，可以通过将电压表与电阻串联来实现。

实例1-6 如图1-30所示，要将一个满刻度偏转电流 $I_g = 50\ \mu A$、内阻 $R_g = 2\ k\Omega$ 的电流表，制成量程为 50 V/100 V 的直流电压表，应串联多大的附加电阻？

解 满刻度时，表头所承受电压为：

$$U_g = I_g R_g = 50 \times 10^{-6} \times 2 \times 10^3 = 0.1\ V$$

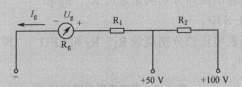

图1-30 例1-6电路图

为了扩大量程，必须串联附加电阻来分压，根据串联电阻电压关系，可列出以下方程：

$$\begin{cases} 50 = I_g(R_g + R_1) \\ 100 - 50 = I_g R_2 \end{cases}$$

即

$$\begin{cases} 50 = 50 \times 10^{-6}(2000 + R_1) \\ 50 = 50 \times 10^{-6} R_2 \end{cases}$$

解得附加电阻为：

$$\begin{cases} R_1 = 998\ k\Omega \\ R_2 = 10^6\ \Omega \end{cases}$$

1.4.2 电阻的并联、特点及应用

1．电阻的并联

把两个或多个电阻接到电路中的两点之间，各电阻承受的是同一电压，称为**电阻并联电路**。图1-31（a）为三个电阻组成的并联电路，其等效电路如图1-31（b）所示。a、b两端

外加电压为 U，电路的电流为 I，电压与电流参考方向如图 1-31 所示。

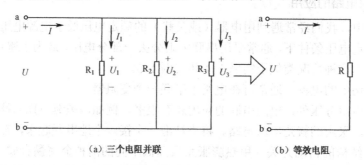

（a）三个电阻并联　　　　　（b）等效电阻

图 1-31　电阻的并联

实践探究 4　电阻并联测试

由若干个电阻并联而成的简单电路往往可以进行化简，本测试项目通过测试得到数据，然后对数据进行分析，探究电阻并联的特点和规律。测试参考电路如图 1-32 所示。

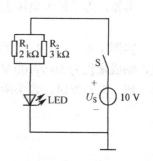

（1）在面包板上搭接出图 1-32 所示电路。

（2）用电流表或万用表电流挡分别测量通过 R_1、R_2 和 LED 的电流，记录在表 1-8 中。

（3）用电压表或万用表电压挡分别测量 R_1、R_2 和 LED 的电压，记录在表 1-8 中。

图 1-32　探究电阻并联的特点

表 1-8　探究串联电路的特点

元件	R_1	R_2	LED	电源 U_S
电压/V	8	8	2	10
电流/mA	4	2.7	6.7	6.7

现象：

（1）并联电阻两端的电压相等。

（2）电阻并联等效电阻的倒数 $\dfrac{1}{R} = \dfrac{1}{R_1} + \dfrac{1}{R_2}$。

（3）$I_{LED} = I_{R1} + I_{R2}$，并联电路中的总电流等于各分支电流之和。

（4）$I_{R1} / I_{R2} = 4/2.7 = R_2/R_1$，电阻大的分得的电流小，电阻小的分得的电流大。

2. 电阻并联的特点

如图 1-33（a）所示为两个电阻组成的并联电路，其等效电路如图 1-33（b）所示。

因为并联电阻两端加同一个电压 U，即 $U = U_1 = U_2$，而电路中的总电流等于各电阻

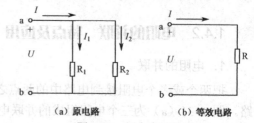

（a）原电路　　　　（b）等效电路

图 1-33　两个电阻并联

分支的分电流之和，即 $I = I_1 + I_2$，应用欧姆定律，得：

$$I = \frac{U}{R} = \frac{U}{R_1} + \frac{U}{R_2} = U\left(\frac{1}{R_1} + \frac{1}{R_2}\right)$$

所以，并联电路的等效电阻的倒数等于各并联电阻的倒数之和，即

$$\frac{1}{R} = \frac{1}{R_1} + \frac{1}{R_2} \tag{1-18}$$

将式（1-18）通分，有：

$$\frac{1}{R} = \frac{R_2}{R_1 R_2} + \frac{R_1}{R_1 R_2} = \frac{R_1 + R_2}{R_1 R_2}$$

整理上式，得**两个电阻并联时的等效电阻**为：

$$R = \frac{R_1 R_2}{R_1 + R_2} \tag{1-19}$$

两个电阻并联也可以简记为 $R_1 // R_2$。

应用欧姆定律于图 1-33（a）中，可得两个电阻并联时，各电阻分支的电流，即

$$\begin{cases} I_1 = \frac{U}{R_1} = \frac{RI}{R_1} = \frac{R_2}{R_1 + R_2} I \\ I_2 = \frac{U}{R_2} = \frac{RI}{R_2} = \frac{R_1}{R_1 + R_2} I \end{cases} \tag{1-20}$$

式（1-20）称为并联电阻的**分流公式**。分流公式表明，两电阻并联时，某电路分支分得的电流与对边电阻成正比，与两电阻之和成反比，再乘以总电流。

由于 $I_1 R_1 = I_2 R_2$，可见两个电阻并联，阻值小的电阻分得的电流大，阻值大的电阻分得的电流小。

3. 并联电阻电路的应用

电阻并联电路的应用很多，一般负载都是并联接入电路的。由于并联的负载处于同一电压之下，任何一个负载的工作情况基本不受其他负载的影响。并联的负载越多，等效电阻越小，总电流越大，电源提供的功率也越大，但是每个负载上的电流和功率基本不变。例如，日常生活中的家庭照明电路就采用并联连接方式，这样的方式灯与灯之间互不影响，一灯亮、暗（通、断）并不影响其他灯的亮、暗（通、断）。

并联电路分流作用的典型应用之一是电流表扩大量程。

实例 1-7　如图 1-34 所示，要将一个满刻度偏转电流 $I_g = 50\ \mu A$、内阻 $R_g = 2\ k\Omega$ 的表头制成量程为 50 mA 的直流电流表，并联的分流电阻应多大？

解　依题意，已知 $I_g = 50\ \mu A$，$R_g = 2\ k\Omega$，由式（1-20）得：

$$I_g = \frac{R_s}{R_s + R_g} I$$

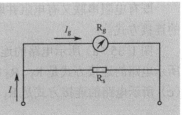

图 1-34　例 1-7 电路图

$$R_s = \frac{I_g R_g}{I - I_g}$$

$$R_s = \frac{5 \times 10^{-6} \times 2 \times 10^3}{50 \times 10^{-3} - 50 \times 10^{-6}} \approx 2.00\,\Omega$$

分流电阻 R_s 为 2.00 Ω。

综上所述，电阻的串联电路、并联电路的特点如表 1-9 所示，这些特点均能从实验中得以证明，也可以用电路理论推证。

表 1-9　电阻的串联电路、并联电路的特点

关注点	电阻串联电路		电阻并联电路	
电流	串联电阻流过同一个电流	$I = I_1 = I_2 = I_3$	总电流等于各并联分支电流之和	$I = I_1 + I_2 + I_3$
电压	总电压等于各电阻两端的分电压之和	$U = U_1 + U_2 + U_3$	并联电阻两端所加同一电压	$U = U_1 = U_2 = U_3$
电阻	等效电阻等于各串联电阻之和	$R = R_1 + R_2 + R_3$	等效电阻的倒数等于各并联电阻的倒数之和	$\frac{1}{R} = \frac{1}{R_1} + \frac{1}{R_2} + \frac{1}{R_3}$ $G = G_1 + G_2 + G_3$
分压或分流	各电阻所分的电压与其阻值成正比	$\begin{cases} U_1 = IR_1 = \dfrac{R_1}{R}U \\ U_2 = IR_2 = \dfrac{R_2}{R}U \\ U_3 = IR_3 = \dfrac{R_3}{R}U \end{cases}$	各并联分支的电流与其阻值成反比	$\begin{cases} I_1 = \dfrac{U}{R_1} = \dfrac{R}{R_1}I \\ I_2 = \dfrac{U}{R_2} = \dfrac{R}{R_2}I \\ I_3 = \dfrac{U}{R_3} = \dfrac{R}{R_3}I \end{cases}$
功率	电阻的功率与电阻值成正比	$P_1 : P_2 : P_3 = R_1 : R_2 : R_3$	电阻的功率与电阻值成反比	$P_1 : P_2 : P_3 = \dfrac{1}{R_1} : \dfrac{1}{R_2} : \dfrac{1}{R_3}$
总功率	消耗在各串联电阻上的功率之和	$P = P_1 + P_2 + P_3$	消耗在各并联电阻上的功率之和	$P = P_1 + P_2 + P_3$

1.4.3　电阻的混联及计算

既有电阻串联又有电阻并联的电路叫**电阻混联**电路，如图 1-35 所示。下面分析各电路的连接方式。

图 1-35（a）所示电路的连接方式是 R_1、R_2、R_3 电阻串联再与 R_4 电阻并联。图 1-35（b）所示电路的连接方式是 R_1、R_2 电阻串联后被短路，R_3、R_4 电阻串联，接于 a、b 之间。图 1-35（c）所示电路的连接方式是 R_1、R_2 电阻并联，再与 R_3 电阻串联。

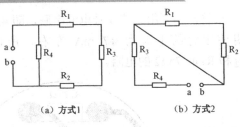

(a) 方式1   (b) 方式2   (c) 方式3

图 1-35　电阻的混联

混联电路等效电阻的计算用下面的实例说明。

实例 1-8　求图 1-36 所示电路中 a、b 两点之间的等效电阻 R_{ab}。

解　分析图 1-36 可知，a、b 两点之间的等效电阻是：
R_3 与 R_4 串联后，再与 R_2 并联，最后与 R_1 串联，即

$$R_{ab} = R_1 + R_2 // (R_3 + R_4) = 4 + \frac{3 \times (4+2)}{3+(4+2)} = 4 + \frac{3 \times 6}{3+6}$$

$$= 4 + 2 = 6 \ \Omega$$

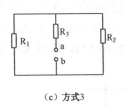

图 1-36　电路图

实例 1-9　图 1-37（a）所示电路是一个电阻混联电路，各参数如图所示，求 a、b 两端的等效电阻 R_{ab}。

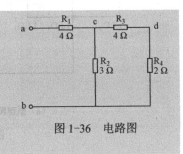

(a) 电路1   (b) 电路2

图 1-37　例 1-9 电路图

解　由于电路连接关系不是一目了然，分析这样的电路，可以按照如下步骤进行：

（1）将电路中有分支的连接点依次用字母或数字编排顺序，如图中的 a、b、c。

（2）短路线两端的点可画在同一点上，若有多个接地点，可用短路线相连，即把短路线无穷缩短或伸长。

（3）依次把电路元器件画在各点之间，再观察元器件之间的连接关系。

图 1-37（a）可画成图 1-37（b）的形式，其电路结构并没有改变。则

$$R_{ab} = 4 // 4 // (1 + 2 // 2) = 1 \ \Omega$$

任务 1　简单功能的 LED 手电筒的试制

LED 手电筒是利用多只 LED 并联来实现照明功能的。

1. 简单功能的 LED 手电筒电路分析

如图 1-38（a）所示电路是 LED 手电筒的原理图，图 1-38（b）是印制电路板图。其中

LED$_1$、LED$_2$、LED$_3$ 采用 ϕ5 白光发光二极管，电源用 3 节 5 号电池串联，即 4.5 V，因二极管管压降 U_D 约为 3.2 V，作为照明使用时的电流为 17 mA 左右，所以限流电阻 R =(4.5-3.2)/0.017=76.5 Ω，所有 R$_1$、R$_2$ 和 R$_3$ 取 75 Ω 的电阻。

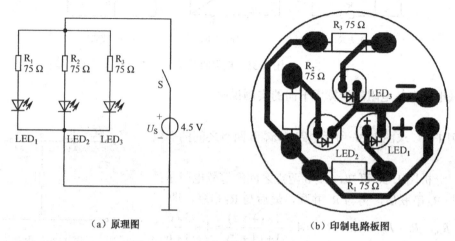

（a）原理图　　　　　　　　　　　　（b）印制电路板图

图 1-38　LED 手电筒原理图及印制板

2. 试制与测试

制作：在电路板上焊接电路，并自行制作外壳，完成 LED 手电筒的试制工作。此电路比较简单，也可以在面包板直接搭建。

测试：闭合开关，LED 立即亮，断开开关，LED 立即灭。

> **注意**：在选择 LED 的时候，注意其电压值，在焊接 LED 时注意正负极。

探究迁移

图 1-39 是 6 只 LED 手电筒的电路原理图。开关 S$_1$、S$_2$ 均在"2"的位置时，LED$_1$～LED$_6$ 6 只全亮；开关 S$_1$、S$_2$ 均在"1"的位置时，中间位置 LED$_4$～LED$_6$ 3 只亮；开关 S$_1$ 在"0"的位置时，LED$_1$～LED$_6$ 6 只全灭。LED 手电筒的实物如图 1-40 所示。

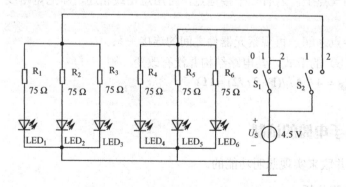

图 1-39　6 只 LED 手电筒电路原理图　　　　　　图 1-40　LED 手电筒实物

知识梳理与总结

（1）电路由电源、负载和中间环节三部分组成。其作用是：能量的转换和传输或信号的传递和处理。

（2）电路模型由理想元件构成。常用元件的图形符号见表1-1，绘制电路时可选用。

（3）在电路中常用物理量是电压、电流、电位、功率等。在分析电路时，只有首先标定电压、电流的参考方向，才能对电路进行计算，算得的电压电流的正、负号才有意义。

（4）电路的三种状态是开路、短路和有载工作状态。

（5）电路中任一点的电位就是该点到参考点（也称零电位点）之间的电压。

（6）独立电源包括电压源和电流源，理想电压源的电压恒定，电流随外电路而变化，内阻为0。理想电流源的电流恒定，电压随外电路而变化，内阻为∞。

（7）电流表串联接入待测支路，电压表并联接入待测支路两端。

（8）LED是高效、低耗、可控的电光转换元件。正向导通时可等效成电压源，由于其陡峭的正向伏安特性，为防止管子损坏，使用时须接限流电阻。

（9）欧姆定律 $R = \dfrac{U}{I}$（或功率表达式 $P = UI$）均是在关联参考方向时得到的，非关联参考方向时须加负号。

（10）电阻的不同的分类和应用，标注电阻器的阻值和误差的方法有直标法、数码法、代码标注和色标法。

（11）电阻串联可以分压，电阻并联可以分流。

测试与练习题 1

一、填空题

1. 任何一个完整的电路都必须由_____、_____和_____三个基本部分组成。

2. 电路的状态一般分为_____、_____、_____。

3. 流过元件的电流实际方向与其参考方向_____时，电流为正值；实际方向与参考方向_____时，电流为负值。

4. 某元件上电压和电流的参考方向一致时，称为_____方向。

5. 计算某元件的功率得到 $P > 0$ 的结果，可知该元件_____功率，反之，$P < 0$，则该元件_____功率。

6. 电位和电压是两个不同的概念，电路中的电位值是_____的，与参考点的选择有关；但电压是绝对的，与参考点的选择_____。

7. 电路中两点间的电压就是两点间的_____之差，电压的实际方向是从_____点指向_____点。

8. 当参考点改变时，电路中各点的电位值将_____，任意两点间的电压值将_____。

9. 已知 $U_{AB} = 10$ V，若选 A 点为参考点，则 $V_A = $_____V，$V_B = $_____V；若选 B 点为参考点，则 $V_A = $_____V，$V_B = $_____V。

10. 实际应用中，电压源不能_____路，电流源不能_____路。

11. 理想电压源输出_____恒定，理想电流源输出_____恒定。

12. 实际电压源可以用一个_____和一个电阻_____的模型来表示，实际电流源可以用一个_____和一个电阻_____的模型来表示。

13. 电压源的内阻越_____越好，电流源的内阻越_____越好；理想电压源的内阻为_____，理想电流源的内阻为_____。

14. 若电压源的开路电压是 12 V，其短路电流为 30A，则该电压源的电源电压为_____，内阻应是_____。

15. 某直流电源开路时的端电压为 12 V，短路电流为 3A，则外接一只阻值为 6 Ω的电阻时，回路电流为_____。

16. 已知指示灯的额定电压为 6 V，额定功率为 0.3 W，电源电压为 18 V，限流电阻为_____。

17. 串联电路的特点_____、_____和_____，并联电路的特点_____、_____和_____。

18. 已知 $R_1 = 6\,\Omega$，$R_2 = 3\,\Omega$，$R_3 = 2\,\Omega$，它们串联起来后的总电阻 $R =$ _____，它们并联起来后的总电阻 $R =$ _____。

19. 有两个电阻 R_1，R_2，已知 $R_1 = 2R_2$，把它们并联起来的总电阻为 4 Ω，则 $R_1 =$ _____，$R_2 =$ _____。

20. 一只 220 V/100 W 的灯泡正常发光 20h 消耗的电能为_____度电。

21. 一度电可供 220 V/100 W 的灯泡正常发光_____h。

22. 有两个白炽灯，分别为 220 V/40 W 和 110 V/60 W，则两灯的额定电流之比是_____，灯丝电阻之比是_____。

23. 在 220 V 的电压上串联额定值为 220 V/60 W 和 220 V/40 W 的两只灯泡，较亮的是_____；若将它们并联，较亮的是_____。

24. 某教室有 40 W 荧光灯 6 盏，若大家不注意节电，每天从早八点到晚上十点一直开灯，全月（30 天）共耗电_____度。

25. 有一个表头，满量程电流 $I_g = 100\ \mu A$，内阻 $R_g = 1\ k\Omega$。若要将其改装成量程为 1A 的电流表，需要并联_____分流电阻。

26. 有一个表头，满量程电流 $I_g = 100\ \mu A$，内阻 $R_g = 1\ k\Omega$。若要将其改装成量程为 1 V 的电压表，需要串联_____分压电阻。

二、判断题

1. 电路图上标注出的电压、电流方向是实际方向。 （   ）

2. 一个有源支路，当其端电压为零时，该支路电流必定为零。 （   ）

3. 在一段电路中，没有电压就没有电流，没有电流也就没有电压。 （   ）

4. 电路中电位参考点变动后，各点电位值随之而变，两点间电位差也要发生变化。 （   ）

5. 电路中电位参考点变动后，各点电位值随之而变，而两点间电位差将不发生变化。 （   ）

6. 当一个元件两端电压的实际方向与通过它的电流实际方向一致时，该元件吸收功率。
（　　）

7. 在一个电路中，如果只有一处用导线和地相连，则这根导线中没有电流。（　　）

8. 理想电流源的内阻等于零。（　　）

9. 实际电压源不论它是否外接负载，其电源电压恒定。（　　）

10. 如果电池被短路，输出的电流将最大，此时电池输出的功率也最大。（　　）

11. 由理想电压源与电阻 R_S 串联构成的实际电压源模型中，若电阻 R_S 越大，则该模型的开路电压就越小。（　　）

12. 两个电阻并联，其并联后的等效电阻小于其中任何一个电阻。（　　）

13. 在并联电路中，功率大的负载，电阻值小；功率小的负载，电阻值大。（　　）

14. 在串联电路中，功率大的负载，电阻值小；功率小的负载，电阻值大。（　　）

15. 在电流一定的条件下，线性电阻元件的电阻值越大，消耗的功率越大。（　　）

16. 在电压一定的条件下，电阻值越大，消耗的功率越大。（　　）

三、选择题

1. 常用的理想电路元件中，耗能元件是（　　）。
   A. 开关　　　　　　B. 电阻　　　　　　C. 电容　　　　　　D. 电感

2. 常用的理想电路元件中，储存电场能量的元件是（　　）。
   A. 开关　　　　　　B. 电阻　　　　　　C. 电容　　　　　　D. 电感

3. 如图 1-41 所示的电路中，电压 $U=$（　　）。
   A. 6 V　　　　　　B. −6 V　　　　　　C. −4 V　　　　　　D. 4 V

4. 如图 1-42 所示的电路中，电压 $U=$（　　）。
   A. 8 V　　　　　　B. −8 V　　　　　　C. −4 V　　　　　　D. 4 V

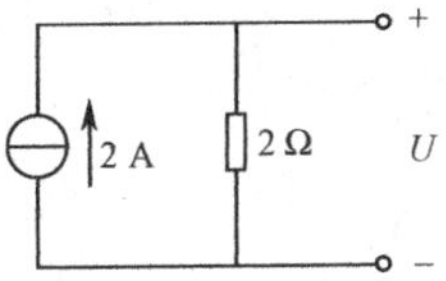

图 1-41　选择题 3 图 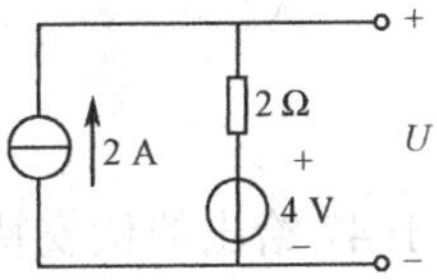　　　　　　　　　　　　图 1-42　选择题 4 图

5. 如图 1-43 所示的电路中，通过 2 Ω 电阻的电流 I 等于（　　）。
   A. 4 A　　　　　　B. 2 A　　　　　　C. 0　　　　　　D. −2 A

6. 如图 1-44 所示的电路中，通过 2 Ω 电阻的电流 I 等于（　　）。
   A. 4 A　　　　　　B. 2 A　　　　　　C. 0　　　　　　D. −2 A

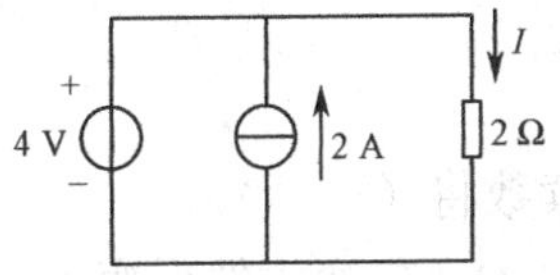

图 1-43　选择题 5 图 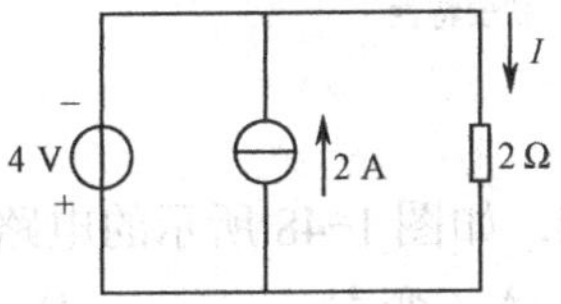　　　　　　　　　　　　图 1-44　选择题 6 图

7. 如图 1-45 所示电路中，各元件发出和吸收功率的情况是（　　）。

A. 元件 A、B 吸收功率，C 发出功率

B. 元件 A 吸收功率，B、C 发出功率

C. 元件 A、C 发出功率，B 吸收功率

D. 元件 B、C 吸收功率，A 发出功率

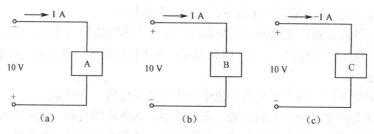

图 1-45　选择题 7 图

8. 实际电压源在供电时，它的端电压（　　　）它的电源电压。

A. 高于　　　　　　B. 低于　　　　　　C. 等于　　　　　　D. 不确定

9. 如图 1-46 所示的电路模型中，（　　　）为理想电压源模型。

10. 如图 1-46 所示的电路模型中，（　　　）为实际电压源模型。

11. 如图 1-46 所示的电路模型中，（　　　）为理想电流源模型。

12. 如图 1-46 所示的电路模型中，（　　　）为实际电流源模型。

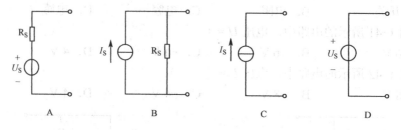

图 1-46　选择题 9～12 图

13. 据图 1-47 给出的伏安特性，其电源模型图为（　　　）。

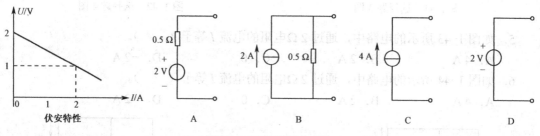

图 1-47　选择题 13 图

14. 如图 1-48 所示的电路中，将开关 S 闭合后，电压表读数将（　　　）。

A. 变大　　　　　　B. 变小　　　　　　C. 不变　　　　　　D. 先变大然后变小

15. 如图 1-49 所示的电路中，等效电阻 R_{ab} 为（　　　）。

A. 6.2 Ω　　　　　　B. 8 Ω　　　　　　C. 14.5 Ω　　　　　　D. 22.5 Ω

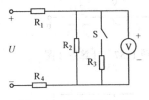

图 1-48　选择题 14 图

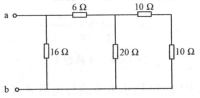

项目 1　简单直流电路的分析与测试

图 1-49　选择题 15 图

16. 如图 1-50 所示的电路中，等效电阻 R_{ab} 为（　　）。

    A. 39.4 Ω   B. 20 Ω   C. 40 Ω   D. 25 Ω

17. 如图 1-51 所示的分压器电路中，U_2 等于（　　）。

    A. 22 V   B. −22 V   C. 100 V   D. −100 V

18. 如图 1-52 所示的电路中，电流 I 等于（　　）。

    A. 6 A   B. 4 A   C. 2 A   D. 3 A

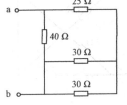

图 1-50　选择题 16 图

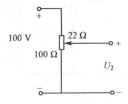

图 1-51　选择题 17 图

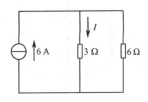

图 1-52　选择题 18 图

19. 如图 1-53 所示的电路中，电压 U 等于（　　）。

    A. 18 V   B. −36 V   C. 12 V   D. −12 V

20. 如图 1-54 所示的电路中，电流 I 等于（　　）。

    A. 2 A   B. −2 A   C. 3 A   D. −3 A

21. 如图 1-55 所示的电路中，电压 U 等于（　　）。

    A. 4 V   B. −4 V   C. 6 V   D. −6 V

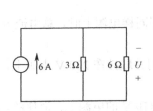

图 1-53　选择题 19 图

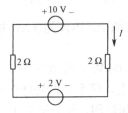

图 1-54　选择题 20 图

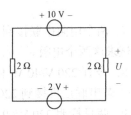

图 1-55　选择题 21 图

四、计算题

1. 写出图 1-56 欧姆定律的表达式，并计算图中 I 的电流，写出计算过程。

2. 如图 1-57 所示的电路，计算电压 U_{ab}。

3. 如图 1-58 所示的某二端元件，$U = 50$ V，$I = -1$ A，计算此元件的功率，并判断此元件是吸收功率还是发出功率。

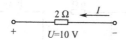

图 1-56　计算题 1 图

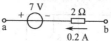

图 1-57　计算题 2 图

4.计算图 1-59 所示电路的总电阻 R 及 I_1、I_2。

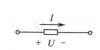

图 1-58　计算题 3 图

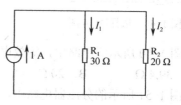

图 1-59　计算题 4 图

5．求图 1-60 所示各电路的等效电阻 R_{ab}。

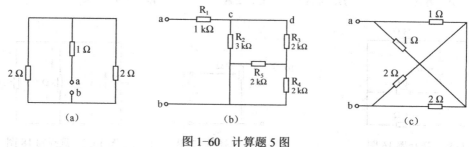

图 1-60　计算题 5 图

6．试计算图 1-61 所示各电路中的 U 或 I。

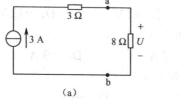

(a)

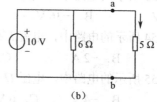

(b)

图 1-61　计算题 6 图

7．两个电阻串联接到 120 V 电源上，电流为 3 A；并联接到同样电源上时，总电流为 16 A。试求这两个电阻。

8．今有 220 V/40 W 和 220 V/100 W 电灯泡各一只，将它们并联接在 220 V 电源上，哪个亮？若串联后再接到 220 V 电源上，哪个亮？为什么？

9．两只标明 220 V/60 W 的白炽灯泡，若分别接在 380 V、110 V 的电源上，消耗的功率各是多少？

项目 2

复杂直流电路的分析与测试

教学导引：无法直接用串联和并联电路的规律求出整个电路的电阻时，该电路称为复杂电路。这里主要讨论复杂电路的分析方法。通过测试实践，探究电路基尔霍夫定律和叠加定理，并导出计算公式和计算方法；学习等效电源定理；学习最大功率传输定理；学习直流电路的分析与计算方法；进一步熟悉电压源、电流源、万用表等基本仪器仪表的使用方法。本项目的教学目标如下。

知识目标：

掌握基尔霍夫定律及支路电流法；

理解叠加定理、等效电源定理和最大功率传输定理；

掌握受控源的概念及电路计算；

会分析复杂电阻电路。

技能目标：

熟练使用直流稳压源、恒流源，以及万用表、电压表、电流表；

较熟练的搭接电阻电路，分析测试数据，根据数据研究基尔霍夫定律；

通过电路测试数据分析，研究线性电路的叠加性和比例性；

通过电路测试数据分析，研究等效电源定理、最大功率传输定理。

素质目标：

培养努力、钻研的学习精神；

培养分析和解决问题的能力；

提高沟通交流的能力；

增强安全生产意识；

增强产品质量意识。

2.1 基尔霍夫定律

基尔霍夫定律包含两个内容：基尔霍夫电流定律用来确定连接在同一节点上的各支路电流间的关系，基尔霍夫电压定律用来确定回路中各段电压间的关系。它们是分析和计算电路的理论基础。

在探究基尔霍夫定律之前，首先认识电路结构的名词：流过同一电流的电路分支为**支路**，由支路构成的闭合路径称为**回路**，内部不含支路的回路称为**网孔**，三条和三条以上支路的连接点为节点。

想一想：

某电路结构如图 2-1 所示，试找出该电路的支路、回路、网孔和节点。

图 2-1 中 abc、adc、aec 均为支路（3 条），但 ae 不是支路，因为其上无元件。adcba、aecda、aecba 都是回路（3 个），其中 adcba、aecda 是网孔（2 个）。a 点和 c 点是节点（2 个）。

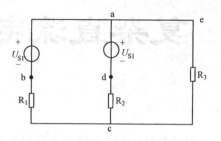

图 2-1 某电路结构

实践探究 5　基尔霍夫定律实验

（1）在面包板上搭接出图 2-2（a）所示电路。

（2）用电流表或万用表电流挡分别测量通过 R_1、R_2、R_3 的电流，记录在表 2-1 中。

（3）用电压表或万用表电压挡分别测量 R_1、R_2、R_3 和 LED 的电压，记录在表 2-1 中。

（4）计算三个电流代数和、回路所有元件电压代数和，由此总结出电流间、电压间的关系。

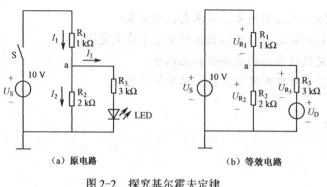

（a）原电路　　　　（b）等效电路

图 2-2　探究基尔霍夫定律

> ⚠ **注意：** 用指针式万用表测量直流电流和电压时，应先确定电流的方向和电压的极性，再估值选挡，然后测量。测量支路电流时，万用表的红表笔为电流流入，黑表笔为电流流出。测量端电压时，万用表的红表笔接"正"，黑表笔接"负"。为了便于分析，画出图 2-2（a）的等效电路，如图 2-2（b）所示。

表 2-1　测量电路的电压、电流，探究基尔霍夫定律

U_S/V	U_{R_1}/V	U_{R_2}/V	U_{R_3}/V	U_D/V	I_1/mA	I_2/mA	I_3/mA
10	4.2	5.8	3.95	1.85	3.9	2.66	1.24
U_S	$U_{R_1}+U_{R_2}$		$U_{R_1}+U_{R_3}+U_D$		I_1	I_2+I_3	
10	10		10		3.9	3.9	

现象：（1）$I_1 = I_2 + I_3$，流入节点 a 的电流等于流出节点 a 的电流。

（2）$U_S = U_{R_1} + U_{R_2}$，$U_S = U_{R_1} + U_{R_3} + U_D$，$U_{R_2} = U_{R_3} + U_D$，闭合回路电压降的代数和为零。

注：表 2-1 中的数据是实际测量所得，但是由于电流表内阻的存在，所测支路电流比理论计算值小。

2.1.1　基尔霍夫电流定律

基尔霍夫电流定律简称 KCL，其内容叙述为：在任一瞬间通过电路中任一节点的电流代数和恒等于零，即

$$\sum i = 0 \quad 或 \quad \sum I = 0 \qquad （2-1）$$

式（2-1）中，若规定流入节点的电流前面取"+"号，则流出节点的电流前面取"–"号；或反之。而电流是流入节点还是流出节点，均按其参考方向来判断。如图 2-3 所示，对节点 a 有

$$I_1 - I_2 + I_3 + I_4 - I_5 = 0$$

可以整理为：

$$I_1 + I_3 + I_4 = I_2 + I_5$$

表明在任一时刻，流入任一节点的电流之和等于流出该节点的电流之和。

KCL 实际上是电流连续性原理在电路节点上的体现，也是电荷守恒定律在电路中的体现。

KCL 不仅适用于电路中的任一节点，而且适用于包围电路任一部分的封闭面。如图 2-4（a）所示为电子电路中常用的三极管的电路符号，其 b、c、e 三极的电流分别为 i_b、i_c、i_e。用假想的封闭面把三极管包围起来，根据 KCL，存在

$$i_e = i_b + i_c$$

图 2-4（b）所示电路表示两个网络之间只有一根导线相连。用假想的封闭面把其中一个网络包围起来，根据 KCL 可得 $i = 0$。说明该导线中无电流。同理，若某电路只有一个接地点，则该接地线中没有电流。

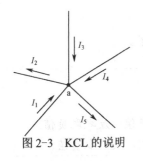

图 2-3　KCL 的说明

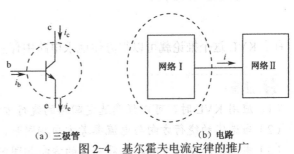

（a）三极管　　　（b）电路

图 2-4　基尔霍夫电流定律的推广

2.1.2 基尔霍夫电压定律

基尔霍夫电压定律简称 KVL，其内容叙述为：任何时刻，在电路中任一闭合回路内各段电压的代数和恒等于零，即

$$\sum u = 0 \quad 或 \quad \sum U = 0 \tag{2-2}$$

应用基尔霍夫电压定律列电压关系时，首先需要选定回路的绕行方向。当回路内每段电压的参考方向与回路绕行方向一致时，该电压取"+"号，反之取"–"号。例如，图 2-5 所示电路中的 abcda 回路，若选定顺时针方向绕行，根据式（2-2）可列出该回路电压方程为：

$$U_{ab} + U_{bc} + U_{cd} + U_{da} = 0$$

由于

$$U_{ab} = I_1 R_1, \quad U_{bc} = I_2 R_2 + U_{S1}, \quad U_{cd} = -I_3 R_3, \quad U_{da} = U_{S2} - U_{S3} - I_4 R_4$$

所以

$$I_1 R_1 + I_2 R_2 + U_{S1} - I_3 R_3 + U_{S2} - U_{S3} - I_4 R_4 = 0$$

或

$$I_1 R_1 + I_2 R_2 - I_3 R_3 - I_4 R_4 = -U_{S1} - U_{S2} + U_{S3}$$

KVL 定律不仅适用于闭合回路，而且还可以推广到任意未闭合的回路，但列电压方程时，必须将开口处的电压也列入方程。如图 2-6 所示，由于 ad 处开路，abcda 不构成闭合回路。如果添上开路电压 U_{ad}，就可形成一个闭合回路。此时，沿 abcda 绕行一周，列出回路电压方程为：

$$U_1 - U_2 + U_3 - U_{ad} = 0$$

整理得

$$U_{ad} = U_1 - U_2 + U_3$$

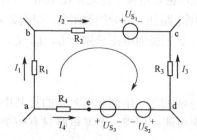

图 2-5 KVL 图示与应用

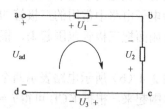

图 2-6 KVL 的推广与应用

有了 KVL 这个推论就可以很方便地求电路中任意两点间电压了。

> ⚠ **注意：**
> （1）应用 KVL 时，可以任意选定回路的绕行方向。
> （2）当选定的绕行方向与电流参考方向相同时，电阻电压取正值，反之取负值。
> （3）当选定的绕行方向与电源电压的方向相同时，电压取正值，反之取负值。

实例 2-1　电路如图 2-7 所示，试求电流 I_1、I_2、I_3。

解　根据 KCL 定律，因为两电路有一线相连，连线上没有电流，所以 $I_2 = 0$。

根据 KVL，得

$$I_1 \cdot (3+2) = 5\text{ V}$$

所以

$$I_1 = \frac{5}{3+2} = 1\text{ A}$$

应用欧姆定律得

$$I_3 = -\frac{6}{2} = -3\text{ A}$$

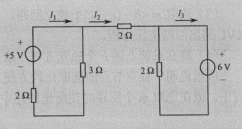

图 2-7　例 2-1 电路图

实例 2-2　电路如图 2-8 所示，试求电阻值 R_1、R_2。

解　因为 $U_{R_1} = 18 - 2 = 16\text{ V}$，所以

$$R_1 = \frac{16}{4} = 4\ \Omega$$

因为

$$U_{R_2} = 2 - (-8) = 10\text{ V}$$

所以

$$R_2 = \frac{10}{4+1} = 2\ \Omega$$

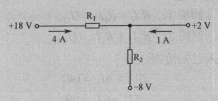

图 2-8　例 2-2 电路图

实例 2-3　图 2-9 所示是某电路的一部分，试求电路中的 I 和 U_{ab}。

解　对 d 节点，应用 KCL，即 $\sum I = 0$。

则

$$I + 5 - 1 = 0 \Rightarrow I = -4\text{ A}$$

$$U_{ab} = U_{ac} + U_{cd} + U_{db}$$

$$= 6 + (-4) \times 1 + 1 \times 3 = 5\text{ V}$$

所以

$$\begin{cases} I = -4\text{ A} \\ U_{ab} = 5\text{ V} \end{cases}$$

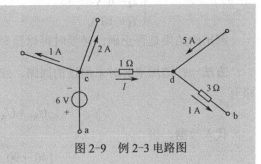

图 2-9　例 2-3 电路图

2.1.3　支路电流法

支路电流法是以支路电流为未知量，通过列写节点的 KCL 方程和回路的 KVL 方程构成方程组，从而求解得出各支路的电流。

支路电流法的一般步骤如下：

（1）设定 b 条支路电流的参考方向，标明在电路图上。

（2）应用 KCL 列出 $n-1$ 个独立节点电流方程。

（3）选取 $m=b-(n-1)$ 个独立回路，设定这些回路的绕行方向，标明在电路图上，应用 KVL 列出回路电压方程。

（4）联立求解上述 b 个独立方程，求得各支路电流。

应当说明，独立节点的选取比较方便，只要选取 $n-1$ 个便可。而独立回路通常可按网孔列出，或在选取 m 个回路时使所选回路中至少含有一条新支路，以使方程独立。

实例 2-4　如图 2-10 所示电路中，设 $U_{S1}=140$ V，$U_{S2}=90$ V，$R_1=20\ \Omega$，$R_2=5\ \Omega$，$R_3=6\ \Omega$，试求各支路电流。

解　（1）设定 3 条支路电流 I_1、I_2、I_3 的参考方向如图 2-10 所示。

（2）应用基尔霍夫电流定律列出节点 a 的电流方程。

$$I_1 + I_2 - I_3 = 0 \qquad\qquad ①$$

（3）选取独立回路，其绕行方向标明在电路图上，应用基尔霍夫电压定律列出回路电压方程。

回路 1：$R_1 I_1 + R_3 I_3 = U_{S1}$

回路 2：$R_2 I_2 + R_3 I_3 = U_{S2}$

代入已知数据，得

$$20 I_1 + 6 I_3 = 140 \qquad ②$$

$$5 I_2 + 6 I_3 = 90 \qquad ③$$

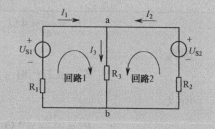

图 2-10　例 2-4 电路图

（4）联立求解上述 3 个方程，得

$$\begin{cases} I_1 = 4\ \text{A} \\ I_2 = 6\ \text{A} \\ I_3 = 10\ \text{A} \end{cases}$$

解出的结果是否正确，必要时可以验算。一般验算方法有如下两种。

方法一：选用求解时未用过的回路，应用基尔霍夫电压定律进行验算，如本例的外围回路有

$$U_{S1} - U_{S2} = I_1 R_1 - I_2 R_2$$

代入数据，得

$$140 - 90 = 4 \times 20 - 6 \times 5$$

即 50 V = 50 V，结果正确。

方法二：用电路中功率平衡关系进行验算：

$$U_{S1} I_1 + U_{S2} I_2 = I_1^2 R_1 + I_2^2 R_2 + I_3^2 R_3$$

$$140 \times 4 + 90 \times 6 = 4^2 \times 20 + 6^2 \times 5 + 10^2 \times 6$$

$$560 + 540 = 320 + 180 + 600$$

1100 W = 1100 W，即两个电源产生的功率等于各个电阻上消耗的功率，功率平衡。结果正确。

想一想：

图 2-10 所示电路中的支路数 b 为多少？为了求这些支路的电流要做哪些工作？图 2-10 所示电路中的节点数 n 为多少？为什么只列一个 KCL 方程？独立节点的概念是什么？图 2-10 所示电路中的回路数是 3 个，为什么只列了两个 KVL 方程？独立回路的概念是什么？

> **！要点提示：**
> （1）KCL 应用于节点，它反映了与某节点相连的各支路电流的代数和恒等于零。
> （2）KVL 应用于回路，它反映了闭合回路电压降的代数和恒等于零。
> （3）支路电流法是基尔霍夫定律的直接应用，列节点电流方程和回路电压方程后，再解方程求得支路电流。

2.2 电源等效变换

不知读者注意到没有，我们在应用基尔霍夫电压定律时，遇到过两个电压源串联并进行叠加运算的情况。如图 2-5 中 da 支路的 de 段中的 U_{S2} 与 U_{S3} 串联，则 $U_{de}=U_{S2}-U_{S3}$。实际上我们还会遇到电流源并联的情况，这就引出关于电源问题的讨论。

在 1.1.5 小节中介绍了电压源和电流源的模型，在实际电路中，经常需要多个电源以串联或并联方式供电。这种以多个电源供电的电路，可以利用等效的概念进行化简，使电路仅含一个电源以简化电路的分析和计算。

2.2.1 理想电源的连接与等效

理想电压源简称电压源。根据基尔霍夫电压定律，当有 n 个电压源串联时，可以用一个电压源等效替代，这时其等效电压源的端电压等于各串联电压源端电压的代数和，如式 2-3 所示。但数值不同的理想电压源不能并联，否则会违背基尔霍夫电压定律。

$$U_S = U_{S1}+U_{S2} + \cdots\cdots + U_{Sn} \tag{2-3}$$

理想电流源简称电流源。根据基尔霍夫电流定律，当有 n 个电流源并联时，可以用一个电流源等效替代，这时其等效电流源的电流等于各并联电流源电流的代数和，如式 2-4 所示。但数值不同的理想电流源不能串联，否则会违背基尔霍夫电流定律。

$$I_S = I_{S1}+I_{S2} + \cdots\cdots + I_{Sn} \tag{2-4}$$

应用基尔霍夫电压定律，很容易理解电压源串联可以叠加；应用基尔霍夫电流定律，很容易理解电流源并联可以叠加。并联的端电压相同，所以，不同数值的理想电压源并联就成了悖论；串联支路的电流相同，所以，不同数值的理想电流源串联就成了悖论。

那么，任意电路元件与理想电压源并联或与理想电流源串联会出现什么情况？

根据理想电压源输出电压恒定的特性，理想电压源与任何元件并联，其等效电路可以用理想电压源来替代。因为理想电压源并联的电路电压将受电压源的约束，所以，整个并联电路组合对外可等效为一个理想电压源。这样，在分析电路时可以把理想电压源并联的任何元件（或电路）断开或取走，对外电路没有影响，如图 2-11 所示。

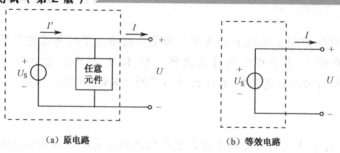

（a）原电路　　　　　　　　　（b）等效电路

图 2-11　任意元件与理想电压源并联等效

应当指出，等效是对虚线框起来的二端网络外部等效，对虚线框内的电路并不等效。如图 2-11（b）中电压源输出的电流 I 不等于图 2-11（a）中电压源输出的电流 I'。

根据理想电流源输出电流恒定的特性，理想电流源与任何元件串联，其等效电路可以用理想电流源来替代。因为理想电流源串联的电路电流将受电流源的约束，所以，整个串联电路组合对外可等效为一个理想电流源。这样，在分析电路时可以把理想电流源串联的任何元件（或电路）用短路线替代，对外电路没有影响，如图 2-12 所示。

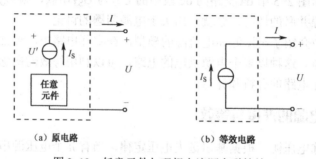

（a）原电路　　　　　　　　　（b）等效电路

图 2-12　任意元件与理想电流源串联等效

应当指出，等效是对虚线框起来的二端网络外部等效，对虚线框内的电路并不等效。如图 2-12（b）中电流源两端的电压 U 不等于图 2-12（a）中电流源两端的电压 U'。

2.2.2　实际电源模型的等效变换

实际电压源模型和实际电流源模型之间可以等效变换。这里我们通过图 2-13 所示电路来分析这两种模型等效变换的关系。

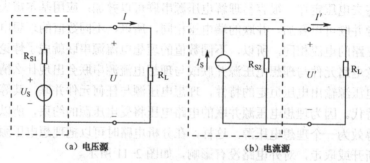

（a）电压源　　　　　　　　　（b）电流源

图 2-13　两种实际电源模型的等效变换

据前述分析，图 2-13（a）所示电路和图 2-13（b）所示电路的电压、电流关系式分别为：

$$U = U_S - IR_{S1} \tag{2-5}$$

$$I' = I_S - \frac{U'}{R_{S2}} \quad （或 U' = I_S R_{S2} - I'R_{S2}） \tag{2-6}$$

若使两个电源对外电路等效，必须满足

$$U = U' , \quad I = I'$$

由此可得

$$\begin{cases} R_{S1} = R_{S2} \\ I_S = \dfrac{U_S}{R_S} \end{cases} \tag{2-7}$$

式（2-7）就是两种实际电源模型等效变换的条件。可见，在满足等效变换条件下，实际电压源模型与实际电流源模型是等效的。

> **注意** 在进行电源模型等效变换时，要注意以下几点：
> （1）U_S 和 I_S 的方向应该一致，即电压源的正极应是电流源电流的流出端。
> （2）两种电源中的内阻值相同，但连接方式不同。
> （3）理想电压源（$R_S = 0$）与理想电流源（$R_S = \infty$）之间不能等效变换。
> （4）电源的等效变换只是对外电路等效，对电源内部则不等效。
> 电源的等效变换是一种很实用的电路分析方法，它可以使一些复杂电路得到简化。

实例 2-5 将图 2-14（a）所示电路化简为一个实际电压源模型。

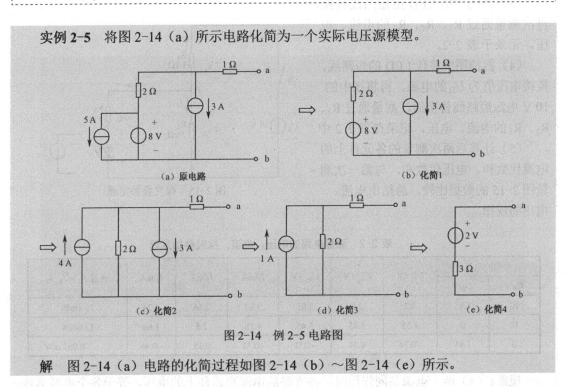

图 2-14 例 2-5 电路图

解 图 2-14（a）电路的化简过程如图 2-14（b）～图 2-14（e）所示。

想一想：

当实际电压源内阻为零时，表示该电源没有损耗，所以，该电压源是理想的。因此，当实际电流源内阻为零时，也表示该电源没有损耗，所以该电流源也是理想的。这种说法对吗？说明理由。

！ 要点提示：

（1）电压源串联可以叠加，只有数值相同的理想电压源才可并联。

（2）电流源并联可以叠加，只有数值相同的理想电流源才能串联。

（3）实际电源模型等效变换的条件：$\begin{cases} R_{S_1} = R_{S_2} \\ I_S = \dfrac{U_S}{R_S} \end{cases}$。

2.3 叠加定理

由线性元件组成的电路，称为线性电路。线性电路具有叠加性，下面举例说明。

实践探究 6 叠加定理实验

（1）在面包板上搭接出图 2-15 所示电路。

（2）用万用表分别测量通过 R_1、R_2、R_3 的电流、电压，记录在表 2-2 中。

（3）将图中的 LED 用短路线替换，再次测量通过 R_1、R_2、R_3 的电流、电压，记录于表 2-2。

（4）拆掉图中替代 LED 的短路线，换接电压值为 U_D 的电源，再将图中的 10 V 电源短路线替换后，测量通过 R_1、R_2、R_3 的电流、电压，记录在表 2-2 中。

（5）计算后两次测量的各元件上的电流代数和、电压代数和，与第一次测量图 2-15 的数据比较，总结出电流、电压的规律。

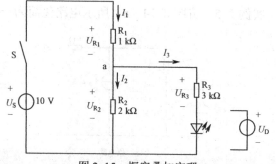

图 2-15 探究叠加定理

表 2-2 测量电路的电压、电流，探究叠加定理

作用的电源		U_{R_1}/V	U_{R_2}/V	U_{R_3}/V	I_1/mA	I_2/mA	I_3/mA	计算 $P_2 = U_{R_2} I_2$
U_S/V	U_D/V							
10	1.85	4.2	5.8	3.95	3.95	2.66	1.24	15.4mW
10	0	4.55	5.45	5.45	4.18	2.5	1.68	13.6mW
0	1.85	−0.34	0.34	−1.51	−0.31	0.15	−0.46	0.051 mW

现象：（1）两个电源共同作用时，各支路的电流和元件上的电压，等于各个电源单独

作用时，各支路的电流和元件上的电压的代数和。

（2）功率不能叠加。

注：表2-2中的数据是实际测量所得，但是由于电流表内阻的存在，所测支路电流比理论计算值略小。

实例2-6 用支路电流法求解图2-16（a）所示电路中的电压U_{ab}的表达式。

解 各支路电流的参考方向如图2-16（a）所示，列写节点a′的KCL电流方程和外围回路的KVL电压方程如下：

$$I_1 + I_{S_2} = I_2 \qquad ①$$

$$I_2 R_2 + I_1 R_1 - U_{S_1} = 0 \qquad ②$$

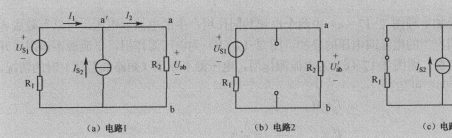

(a) 电路1　　　　　　　(b) 电路2　　　　　　　(c) 电路3

图2-16 叠加定理图例

将式①代入式②，得

$$I_2 R_2 + I_2 R_1 - I_{S_2} R_1 - U_{S_1} = 0 \qquad ③$$

式③两边同除以R_1，整理

$$I_2\left(\frac{R_2}{R_1} + 1\right) = I_{S_2} + \frac{U_{S_1}}{R_1} \qquad 即 \qquad I_2 R_2\left(\frac{1}{R_1} + \frac{1}{R_2}\right) = I_{S_2} + \frac{U_{S_1}}{R_1}$$

得

$$U_{ab} = I_2 R_2 = \frac{\dfrac{U_{S_1}}{R_1} + I_{S_2}}{\dfrac{1}{R_1} + \dfrac{1}{R_2}} = \frac{R_2}{R_1 + R_2}U_{S_1} + \frac{R_1 R_2}{R_1 + R_2}I_{S_2} \qquad (2\text{-}8)$$

可见，式（2-8）中U_{ab}由两项组成，其中第一项$U_{ab}' = \dfrac{R_2}{R_1 + R_2}U_{S1}$，是当$I_{S_2} = 0$时，电压源单独作用的结果，如图2-16（b）所示；第二项$U_{ab}'' = \dfrac{R_1 R_2}{R_1 + R_2}I_{S_2}$，是当$U_S = 0$时，电流源单独作用的结果，如图2-16（c）所示。这就是说，由图2-16（b）加图2-16（c）算出的结果与图2-16（a）直接算出的结果相同。将上述结论推广到一般情况就说明了线性电路的叠加性。

叠加定理表明，在任意一个线性电路中，多个电源共同作用时，各支路的电流或电压等于各电源单独作用时，在该支路产生的电流或电压的代数和。当电压源U_S不作用时，在U_S

处用短路线代替；当电流源 I_S 不作用时，在 I_S 处用开路代替。而电源的内阻连接不变。

实例 2-7 图 2-17（a）所示电路，用叠加定理求各支路电流。

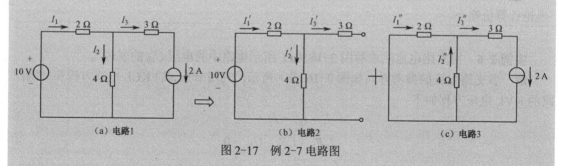

图 2-17　例 2-7 电路图

解　根据叠加定理图 2-17（a）中两个电源共同作用产生的电流或电压，可以等效成各个电源单独作用产生的电流或电压的叠加。图 2-17（b）为电压源作用，电流源不作用（开路替代）时的情况，而图 2-17（c）为电流源作用，电压源不作用（短路线替代）时的情况。

由图 2-17（b）可知

$$I'_3 = 0$$

$$I'_1 = I'_2 = \frac{10}{2+4} = \frac{5}{3} \text{ A}$$

由图 2-17（c）可知

$$I''_3 = 2 \text{ A}$$

$$I''_1 = \frac{4}{2+4} \times I''_3 = \frac{4}{6} \times 2 = \frac{4}{3} \text{ A}$$

$$I''_2 = \frac{2}{2+4} \times I''_3 = \frac{2}{6} \times 2 = \frac{2}{3} \text{ A}$$

由于图 2-17（b）中的电流 I'_1 和图 2-17（c）电流 I''_1 的参考方向均与图 2-17（a）中电流 I_1 相同，所以

$$I_1 = I'_1 + I''_1 = \frac{5}{3} + \frac{4}{3} = 3 \text{ A}$$

图 2-17（b）中的电流 I'_2 的参考方向与图 2-17（a）中电流 I_2 相同，图 2-17（c）电流 I''_2 与图 2-17（a）中电流 I_2 相反，所以

$$I_2 = I'_2 - I''_2 = \frac{5}{3} - \frac{2}{3} = 1 \text{ A}$$

由于图 2-17（b）中的电流 $I''_3 = 0$，图 2-17（c）电流 I''_3 的参考方向与图 2-17（a）中电流 I_3 相同，所以

$$I_3 = I''_3 = 2 \text{ A}$$

实例 2-8　电路如图 2-18（a）所示，已知 $U_S = 20 \text{ V}$，$I_S = 3 \text{ A}$，$R_1 = 20 \text{ Ω}$，$R_2 = 10 \text{ Ω}$，$R_3 = 30 \text{ Ω}$，$R_4 = 10 \text{ Ω}$，用叠加定理求 R_4 上的电压 U。

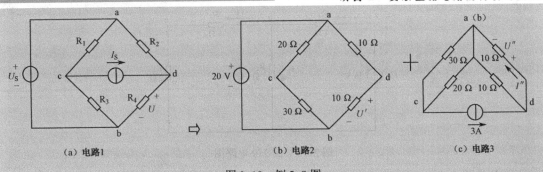

（a）电路1　　　　　（b）电路2　　　　　（c）电路3

图2-18 例2-8图

解 按叠加定理画出图2-18（b）和图2-18（c）。在图2-18（b）中将电流源I_S置零，代之以开路；在图2-18（c）中将电压源U_S置零，代之以短路。

在图2-18（b）中，根据分压关系得R_4上的电压为：

$$U' = \frac{R_4}{R_2 + R_4}U_S = \frac{10}{10+10} \times 20\,\text{V} = 10\,\text{V}$$

在图2-18（c）中，R_2与R_4并联，根据分流关系R_4的电流I_2''为：

$$I'' = \frac{R_2}{R_2 + R_4}I_S = \frac{10}{10+10} \times 3\,\text{A} = 1.5\,\text{A}$$

$$U'' = R_4 I'' = 10 \times 1.5\,\text{V} = 15\,\text{V}$$

$$U = U' + U'' = (10+15)\,\text{V} = 25\,\text{V}$$

叠加定理是分析线性电路的一个重要定理，其内容如下：

当线性电路中有几个电源共同作用时，各支路的电流（或电压）等于各个电源单独作用时在该支路产生的电流（或电压）的代数和（叠加）。

⚠️ **注意** 应用叠加定理时，要注意以下几点：

（1）叠加定理仅适用于线性电路，不适用于非线性电路。

（2）叠加时，电路的连接及所有电阻不变。所谓电压源不作用，就是用短路线代替该电压源；电流源不作用，就是在该电流源处用开路替代。

（3）叠加时要注意电流和电压的参考方向。若分电流（或电压）与原电路待求的电流（或电压）的参考方向一致时，取正号；相反时取负号。

（4）叠加定理只适用于电流、电压，对功率不适用，因为功率是电流或电压的二次函数。

📖 **探究迁移**

在线性电路中，当所有电压源和电流源同时增大或缩小K倍时，支路电流和电压也将同样增大或缩小K倍，此特性称为**齐性定理**。齐性定理说明了线性电路的比例性，线性电路的比例性是叠加性的特例，它不难从叠加定理推得。

实例2-9 梯形电路如图2-19所示，应用齐性定理求各支路电流。

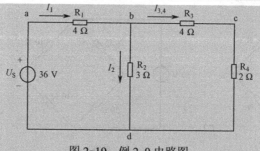

图2-19　例2-9电路图

解　设 $I'_{3,4} = 1\,\text{A}$，则

$$U'_{bd} = I'_{3,4}(R_3 + R_4)$$
$$= 1 \times (4+2)\,\text{V} = 6\,\text{V}$$

$$I'_2 = \frac{U'_{bd}}{R_2} = \frac{6}{3}\,\text{A} = 2\,\text{A}$$

$$I'_1 = I'_2 + I'_{3,4} = (2+1)\,\text{A} = 3\,\text{A}$$

$$U'_S = U'_{ad} = I'_1 R_1 + U'_{bd}$$
$$= (3 \times 4 + 6)\,\text{V} = 18\,\text{V}$$

因为 $U_S = 36\,\text{V}$，相当于将激励 U'_S 增加 $K = \dfrac{U_S}{U'_S} = \dfrac{36}{18} = 2$ 倍，故各支路电流应是虚设电流的2倍，即

$$\begin{cases} I_1 = KI'_1 = 2 \times 3\,\text{A} = 6\,\text{A} \\ I_2 = KI'_2 = 2 \times 2\,\text{A} = 4\,\text{A} \\ I_{3,4} = KI'_{3,4} = 2 \times 1\,\text{A} = 2\,\text{A} \end{cases}$$

因此，36 V电源作用于电路，与两个18 V电源作用于电路的效果相同。

想一想：

在应用叠加定理时，要对不作用的电源进行处理，比如，不作用的电压源用短路线替代，不作用的电流源用开路替代，请从电路理论的角度说明为什么这样处理？

> 🛈 **要点提示：**
>
> （1）线性电路中，多个电源共同作用可以看成各个电源单独作用结果的叠加。
>
> （2）不作用的电压源用短路线替代，不作用的电流源用开路替代。但是，实际应用中，电压源不能被短路，电流源不能被开路。

2.4　等效电源定理

一个有源二端网络，无论它的复杂程度如何，当与外电路相连时，就会像电源一样向外电路供给电能，因此，这个有源二端网络总可以等效为一个电压源或电流源，戴维南定理与诺顿定理讲述的就是这一内容。

2.4.1 戴维南定理

戴维南定理也称等效电压源定理。

戴维南定理的内容：任何一个线性有源二端网络，对其外部而言，总可以用一个理想电压源和电阻串联的电路模型来等效替代。其中，理想电压源的电压等于线性有源二端网络的开路电路 U_{oc}；电阻等于有源二端网络转化成无源二端网络后的等效电阻 R_{eq}。

图 2-20 对戴维南定理进行了说明。

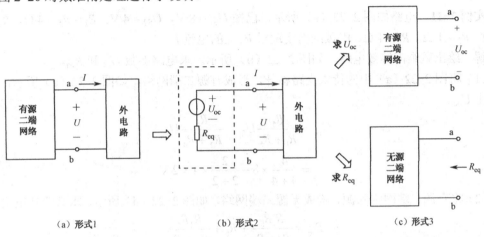

（a）形式1 （b）形式2 （c）形式3

图 2-20 戴维南定理

在分析一些复杂电路时，有时并不需要求出全部支路的电流或电压，而只需要求解其中某个支路的电流或某个元件上的电压，或者在电路其他参数不变的情况下，某支路的元件参数改变时，应用戴维南定理是比较简便的。

实例 2-10 电路如图 2-21（a）所示，已知 $U_{S_1} = 10\,\text{V}$，$I_{S_2} = 5\,\text{A}$，$R_1 = 6\,\Omega$，$R_2 = 4\,\Omega$，用戴维南定理求 R_2 上的电流 I。

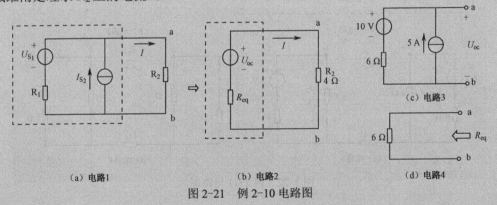

（a）电路1 （b）电路2 （c）电路3 （d）电路4

图 2-21 例 2-10 电路图

解 戴维南等效电路如图 2-21（b）所示。求电路参数 U_{oc} 和 R_{eq}。

（1）将图 2-21（a）中的待求支路移开，形成有源二端网络，如图 2-21（c）所示，求开路电压 U_{oc}。

$$U_{oc} = U_{S1} + R_1 I_{S2} = 10 + 6 \times 5 = 40\ \text{V}$$

（2）将有源二端网络除源，构成无源二端网络，如图 2-21（d）所示，求其等效电阻 R_{eq}。

$$R_{eq} = R_1 = 6\ \Omega$$

（3）将 U_{oc} 和 R_{eq} 代入戴维南等效电路如图 2-21（b）所示，求得

$$I = \frac{U_{oc}}{R_{eq} + R_3} = \frac{40}{6+4} = 4\ \text{A}$$

实例 2-11　电路如图 2-22（a）所示，已知 $U_{S1} = 8\ \text{V}$，$U_{S2} = 4\ \text{V}$，$R_1 = R_5 = 4\ \Omega$，$R_2 = R_4 = 2\ \Omega$，$R_3 = 1\ \Omega$，$R_6 = 1\ \Omega$，用戴维南定理求 R_3 上的电流 I。

解　绘出戴维南等效电路，如图 2-22（b）所示。求电路参数 U_{oc} 和 R_{eq}。

（1）将图 2-22（a）中的待求支路移开，形成有源二端网络，如图 2-22（c）所示，求开路电压 U_{oc}。

$$U_{oc} = \frac{R_5}{R_1 + R_5} U_{S1} - \frac{R_4}{R_2 + R_4} U_{S2}$$

$$= \frac{4}{4+4} \times 8 - \frac{2}{2+2} \times 4 = 2\ \text{V}$$

（2）将有源二端网络除源，构成无源二端网络，如图 2-22（d）所示，求其等效电阻 R_{eq}。

$$R_{eq} = \frac{R_1 R_5}{R_1 + R_5} + R_6 + \frac{R_2 R_4}{R_2 + R_4}$$

$$= 2 + 1 + 1 = 4\ \Omega$$

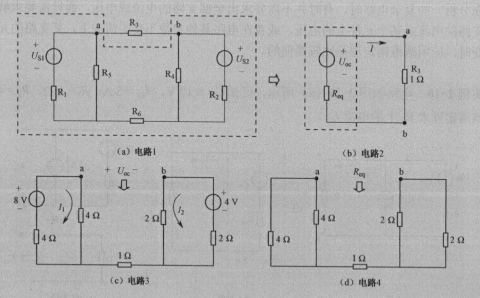

图 2-22　例 2-11 电路图

（3）将 U_{oc} 和 R_{eq} 代入戴维南等效电路，如图 2-22（b）所示，求得

$$I = \frac{U_{oc}}{R_{eq} + R_3} = \frac{2}{4+1} = 0.4\ \text{A}$$

在实际工作中，戴维南等效电路参数经常通过实验测定。测量有源二端网络开路电压 U_{oc} 最简单的方法是用电压表直接测量，如图2-23（a）所示。如果该有源二端网络允许短路，则再用电流表测量其端口的短路电流 I_{sc}，如图2-23（b）所示，应用公式

$$R_{eq} = \frac{U_{oc}}{I_{sc}} \qquad (2-9)$$

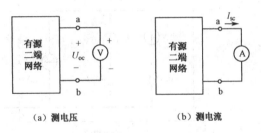

（a）测电压　　　　　（b）测电流

图 2-23 实验测定戴维南等效电路参数

计算出等效电阻。这种方法常称为"开路短路法"。如果该有源二端网络不允许短路，则可采用其他方法，如外接电阻法等。

应当指出，为了减少测量误差，应选择高内阻的电压表和低内阻的电流表进行测量。

2.4.2 诺顿定理

在戴维南定理中等效电源是用电压源来表示的，在 2.2.2 小节讨论过，两种电源模型是可以等效变换的。因此，有源二端网络也可以用等效电流源表示，诺顿定理就描述了这一内容。

诺顿定理也称等效电流源定理。

诺顿定理的内容是：任何一个线性有源二端网络，对外电路来说，都可以用一个理想电流源和电阻并联的模型来等效替代。理想电流源的电流等于线性有源二端网络的短路电流 I_{sc}，电阻等于将有源二端网络转化成无源二端网络的等效电阻 R_{eq}，该电路模型称为诺顿等效电路，如图 2-24 所示。

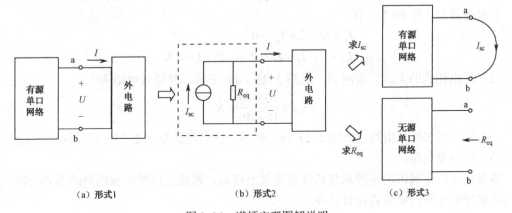

（a）形式1　　　　　　　　（b）形式2　　　　　　　　（c）形式3

图 2-24 诺顿定理图解说明

图 2-24（b）中虚线框内的等效电流源模型就是图 2-24（a）中有源二端网络的诺顿等效电路，I_{sc}、R_{eq} 在图 2-24（c）中求得。

实例 2-12 求图 2-25（a）所示的有源二端网络的诺顿等效电路。

解 （1）根据诺顿定理，将 a、b 两端短接，求得短路电流 I_{sc}，如图 2-25（c）所示。设电流 I_1，I_2 的参考方向如图所示。因为 $U_{ab} = 0$，有

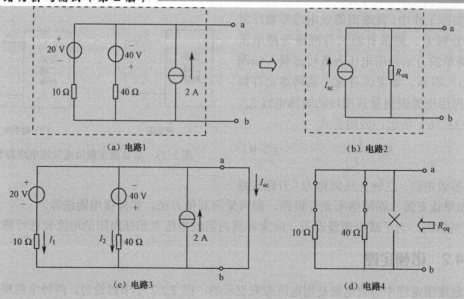

图 2-25　例 2-12 电路图

$$\begin{cases} 20 + 10I_1 = 0 \\ -40 + 40I_2 = 0 \end{cases}$$

得

$$\begin{cases} I_1 = -2\,\text{A} \\ I_2 = 1\,\text{A} \end{cases}$$

又根据节点 a 的 KCL，有

$$I_1 + I_2 - 2 + I_{sc} = 0$$

$$I_{sc} = 2 - I_1 - I_2 = 2 - (-2) - 1 = 3\,\text{A}$$

（2）画出相应的无源二端网络，如图 2-25（d）所示，其等效电阻为

$$R_{eq} = \frac{10 \times 40}{10 + 40} = 8\Omega$$

（3）画出诺顿等效电路，如图 2-25（b）所示，该电路就是图 2-25（a）所示的有源二端网络的诺顿等效电路。

本题也可以用戴维南定理求得戴维南等效电路后，再通过两种电源模型的等效变换，转化为诺顿等效电路，请读者自行计算。

想一想：

（1）线性无源二端网络的最简等效电路是什么？如何求得？

（2）测得一有源二端网络的开路电压为 20 V，短路电流为 1 A，试画出其戴维南等效电路。

🔔 **要点提示：**

等效电源定理中，戴维南定理求的是等效电压源，诺顿定理求的是等效电流源。

2.5　最大功率传输定理

实际电路通常设计来为负载提供功率。如在电子电路系统中，经常希望负载能获得最大功率，比如一台扩音机希望所接的喇叭能放出的声音最大。那么，负载应满足什么条件才能获得最大功率呢？这里给出负载获得最大功率的条件，即最大功率传输定理。

图 2-26（a）表示线性有源二端口网络向负载 R_L 传输功率，由戴维南定理可知其等效电阻如图 2-26（b）所示。

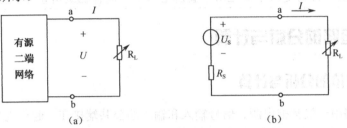

图 2-26　最大功率传输定理

显然，负载所获得的功率为 $P = I^2 R_L = \left(\dfrac{U_S}{R_S + R_L}\right)^2 R_L = f(R_L)$，由数学理论 $\dfrac{dP}{dR_L} = 0$ 时可求功率的极值，算出负载获得最大功率的条件为 $R_L = R_S$。

因此，负载获得的最大功率为：

$$P_{max} = \frac{U_S^2}{4R_S} \tag{2-10}$$

电源向负载传输功率时，若满足 $R_L = R_S$ 条件，负载获得最大功率 $P_{max} = \dfrac{U_S^2}{4R_S}$，这就是**最大功率传输定理**。

实例 2-13　电路如图 2-27（a）所示，负载 R_L 可调，当 R_L 为何值时，R_L 可获得最大功率，并求此最大功率 P_{max}。

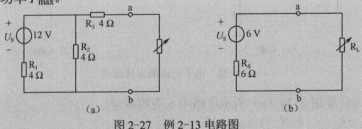

图 2-27　例 2-13 电路图

解　求出 a、b 左侧电路的戴维南等效电路，如图 2-27（b）所示，其中开路电压 $U_S = 6$ V，等效电阻 $R_S = 6$ Ω。

根据最大功率传输定理，当 $R_L = R_S = 6$ Ω 时，负载 R_L 获得最大功率，此最大功率为：

$$P_{max} = \frac{U_S^2}{4R_S} = 1.5 \text{ W}$$

想一想：

负载获得最大功率时电源功率的传输效率如何？电力系统要求高效率地传输电功率，可以应用最大功率传输定理吗？

⚠️ **要点提示：**

（1）当负载 $R_L = R_S$ 时，负载获得最大功率 $P_{max} = \dfrac{U_S^2}{4R_S}$。

（2）最大功率传输定理不仅适用于直流电路中，同样也适用于交流电路中。

2.6 直流电路的分析与计算

2.6.1 电位的分析与计算

在电子电路中一般都把电源、信号输入和输出的公共端接在一起作为参考点，因而电子电路中有一个习惯画法（即电源不再用符号表示，而改为标出其电位的极性和数值）。如图 2-28（a）可画成图 2-28（b）的形式，图 2-28（c）可画成图 2-28（d）的形式。

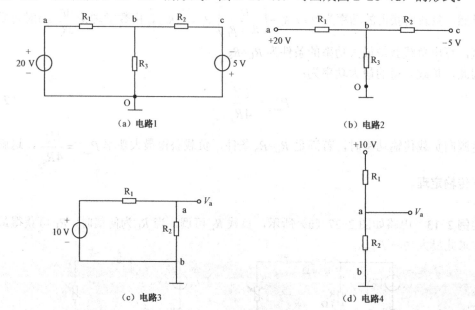

图 2-28 电子电路的习惯画法

实例 2-14 计算图 2-29（a）所示电路中 b 点的电位。

解 $I = \dfrac{V_a - V_c}{R_1 + R_2} = \dfrac{6 - (-9)}{(5+10) \times 10^3} = \dfrac{15}{15 \times 10^3} = 1$ mA

因为

$$U_{ab} = V_a - V_b = R_1 I$$

所以

$$V_b = V_a - R_1 I = 6 - (5 \times 10^3)(1 \times 10^{-3}) = 6 - 5 = 1 \text{ V}$$

也可以将图 2-29（a）所示的电路转化成图 2-29（b）所示的电路进行计算。

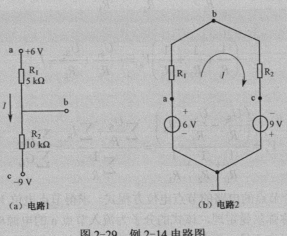

（a）电路1　　　　　　　　　　　　（b）电路2

图 2-29　例 2-14 电路图

2.6.2　弥尔曼定理

　　在电路实践中，经常用测量电位代替测量电压，做法是将电路底板或机壳作为测量基准点，把电压表的公共端或"–"端接到底板或机壳上，用电压表的另一端依次测量元器件接线端对基准点的电位，用测得的电位计算元器件接线端间的电压，进而计算支路电流或判断元器件的工作状态。如二极管是否导通，三极管是工作在放大状态还是截止状态等，由此可见，求电位很有意义。

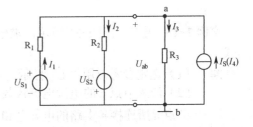

图 2-30　$n = 2$ 的电路示例

　　考虑到工程上极少用到多个节点的复杂电路的计算，因此，这里以 $n = 2$ 的电路中电位求解为例，给出弥尔曼定理。

　　在图 2-30 所示电路中共有 4 条支路、2 个节点 a 和 b，选其中的 b 点为参考节点，则 a 点的节点电位为 V_a，各支路电流 I_1、I_2、I_3、I_4（I_S）的参考方向如图所示。

　　根据基尔霍夫电流定律，节点 a 的 KCL 方程为：

$$I_1 - I_2 - I_3 + I_S = 0$$

由电路可以推知图中的电流为：

$$
\begin{cases}
I_1 = \dfrac{U_{S1} - V_a}{R_1} \\[2mm]
I_2 = \dfrac{V_a + U_{S2}}{R_2} \\[2mm]
I_3 = \dfrac{V_a}{R_3}
\end{cases}
$$

将上式中的各电流代入节点 a 的 KCL 方程，可得：

$$\frac{U_{S_1} - V_a}{R_1} - \frac{V_a + U_{S_2}}{R_2} - \frac{V_a}{R_3} + I_S = 0$$

整理后可写出：

$$-\left(\frac{1}{R_1} + \frac{1}{R_2} + \frac{1}{R_3}\right)V_a = -\frac{U_{S_1}}{R_1} + \frac{U_{S_2}}{R_2} - I_S$$

所以

$$V_a = \frac{\left(\dfrac{U_{S_1}}{R_1} - \dfrac{U_{S_2}}{R_2} + I_S\right)}{\dfrac{1}{R_1} + \dfrac{1}{R_2} + \dfrac{1}{R_3}} = \frac{\sum \dfrac{U_S}{R} + \sum I_S}{\sum \dfrac{1}{R}} = \frac{\sum I_{Saa}}{\sum G_{aa}} \tag{2-11}$$

式（2-11）是 2 个节点的电路的节点电位方程式。求得节点电位 V_a 后，可以再求各支路电流。式（2-11）也称弥尔曼定理，该式的分子为流入节点 a 的电源电流代数和（当电流源电流指向该节点时前面取正号，反之取负号；连接到节点的电压源与电阻串联支路，其中电压源的参考"+"极性指向节点时，前面取正号，反之取负号）；该式的分母为节点 a 所连接各支路的电导之和。

实例 2-15 电路如图 2-31 所示，求电位 V_a 的表达式。

解 （1）选定参考点用"⊥"标示。

（2）流入节点 a 的电源电流代数和 $\sum I_{Saa}$ 与节点 a 所连接各支路的电导之和 $\sum G_{aa}$ 分别为：

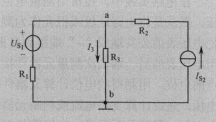

图 2-31 例 2-15 电路图

$$\sum I_{Saa} = \frac{U_{S_1}}{R_1} + I_{S_2}$$

$$\sum G_{aa} = \frac{1}{R_1} + \frac{1}{R_3}$$

则

$$V_a = \frac{\sum I_{Saa}}{\sum G_{aa}} = \frac{\dfrac{U_{S_1}}{R_1} + I_{S_2}}{\dfrac{1}{R_1} + \dfrac{1}{R_3}}$$

应当说明的是与节点 a 所连接各支路的电导没有包含 $\dfrac{1}{R_2}$，原因是 R_2 支路中的理想电流源 I_{S_2} 的电流与 R_2 的存在与否无关，而式（2-11）是由 KCL 导出的，因此，理想电流源 I_{S_2} 所在支路的电阻 R_2 对 V_a 的求解是没有用的。

实例 2-16 如图 2-32 所示电路中，应用弥尔曼定理求各支路电流。

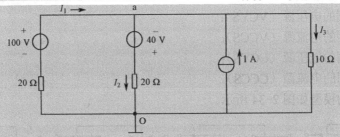

图 2-32　例 2-16 电路图

解　根据节点电位法，以 O 点为参考点，只有一个独立节点 a，有：

$$V_a = \frac{\dfrac{100}{20} - \dfrac{40}{20} + 1}{\dfrac{1}{20} + \dfrac{1}{20} + \dfrac{1}{10}} = 20\ \text{V}$$

根据节点电位与支路电流的关系式，求得各支路电流分别为：

$$I_1 = \frac{-V_a + 100}{20} = \frac{-20 + 100}{20} = 4\ \text{A}$$

$$I_2 = \frac{40 + V_a}{20} = \frac{40 + 20}{20} = 3\ \text{A}$$

$$I_3 = \frac{V_a}{10} = \frac{20}{10} = 2\ \text{A}$$

对节点 a 进行电流验证：

$$\sum I = I_1 - I_2 + 1 - I_3 = (4 - 3 + 1 - 2) = 0\ \text{A}$$

符合基尔霍夫电流定律，结果正确。

❗ 要点提示：

（1）电位的分析与计算是求解电路时常用的方法。

（2）当电路只有两个节点，却含多条支路时，应用弥尔曼定理 $V_a = \dfrac{\sum I_{Saa}}{\sum G_{aa}}$ 求解电路很方便。

*2.6.3　含受控源电路的分析

前面所述电路中出现的电压源和电流源统称为独立源，独立源的电压或电流均不受电源外部电路的控制而独立存在。随着电子技术的发展，在电子线路的分析中会出现电压源的电压或电流源的电流受到电源外部电路电压或电流控制的情况，这种受控制的电源称为**受控源**，为区别于独立源，受控源的符号用菱形表示，如图 2-33 所示。

受控源是四端元件，分为控制端（输入端）和受控端（输出端）两部分。受控端是电压源或电流源，控制端是电路中某电压或某电流。按照受控端的电压或电流与控制端的电压或电流这四个电量的不同组合，受控源有四种类型，即：

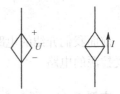

受控电压源　　受控电流源

图 2-33　受控电源电路符号

（1）电压控制的电压源（VCVS）；

（2）电压控制的电流源（VCCS）；

（3）电流控制的电压源（CCVS）；

（4）电流控制的电流源（CCCS）。

受控源电路的模型如图2-34所示。

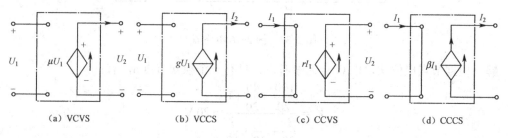

（a）VCVS   （b）VCCS   （c）CCVS   （d）CCCS

图2-34 四种受控源的模型

四种受控源端口输出与输入之间的关系如下：

①VCVS: $U_2 = \mu U_1$；　②VCCS：$I_2 = gU_1$；　③CCVS：$U_2 = rI_1$；　④CCCS：$I_2 = \beta I_1$。

其中，μ、β是无单位的常数，r是具有电阻单位（Ω）的常数，g是具有电导单位（S）的常数。

实例2-17 图2-35（a）是晶体管符号，图2-35（b）所示电路虚线框内的部分为其简化的电路模型。设$i_b = 40\ \mu A$，$\beta = 50$，$R_C = 3\ k\Omega$，$R_L = 3\ k\Omega$，求输出电压u_o。

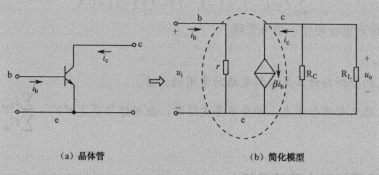

（a）晶体管   （b）简化模型

图2-35 例2-17电路图

解 图2-35（b）中含有一个电流控制电流源模型，控制电流是i_b，被控制的电流是i_c，即

$$i_c = \beta i_b = 50 \times 40 \times 10^{-6} = 2 \times 10^{-3} = 2\ mA$$
$$u_o = -i_c \times R_C // R_L = -3\ V$$

前面我们介绍的电路的基本概念、基本定律、基本分析方法和电路定理均可以用来分析含受控源的电路。

实例2-18 图2-36所示电路中，用支路电流法求各支路电流。

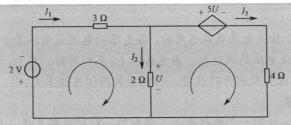

图2-36　例2-18电路图

解　根据支路电流法，选择两个回路绕行方向如图2-36所示，节点电流方程为：

$$I_1 - I_2 - I_3 = 0 \tag{①}$$

两个回路电压方程为：

$$2 + 3I_1 + 2I_2 = 0 \tag{②}$$

$$-2I_2 + 5U + 4I_3 = 0 \tag{③}$$

控制量 U 与所在支路的电流的关系作为辅助方程，列出

$$U = 2I_2$$

代入式③得

$$8I_2 + 4I_3 = 0 \tag{④}$$

联立式①、②、④组成方程组，解得

$$I_1 = -2\,\text{A}, \quad I_2 = 2\,\text{A}, \quad I_3 = -4\,\text{A}$$

应用支路电流法分析含有受控源电路时，可暂时将受控源视为独立电源，按正常方法列支路电流方程，再找出控制量与支路电流关系式，代入支路电流方程，解方程即得各支路电流。

> ⚠️ **注意：**应用叠加定理、戴维南定理分析含有受控源电路时，受控源应看成是一个电路元件保留在所在支路中，不能像独立源那样处理。

想一想：受控源与独立源有何不同？

知识梳理与总结

1. 基尔霍夫定律

（1）基尔霍夫电流定律（KCL）：$\sum I = 0$ 或 $\sum i = 0$，应用于节点。

（2）基尔霍夫电压定律（KVL）：$\sum U = 0$ 或 $\sum u = 0$，应用于闭合回路。

（3）支路电流法的基本步骤是：首先选定电流的参考方向；以 b 条支路电流为未知数，列 $n-1$ 个节点电流方程和 $m = b-(n-1)$ 个网孔电压方程；联立 $b = m+(n-1)$ 个方程求得支路电流。

2. 等效电源变换

（1）电压源串联可以叠加，电流源并联可以叠加。

（2）实际电压源模型和实际电流源模型可以相互等效变换，其等效变换条件为 $R_{S_1} = R_{S_2}$，$U_S = I_S R_S$。

3. 叠加定理

线性电路中，多个独立电源共同作用时，各支路的电流或电压等于各电源单独作用时，在该支路产生的电流或电压的代数和。当电压源 U_S 不作用时，在 U_S 处用短路线代替；当电流源 I_S 不作用时，在 I_S 处用开路代替，而电源的内阻连接不变。

4. 等效电源定理

戴维南定理指出，任何一个线性有源二端网络，对外电路来说，总可以用一个等效电压源模型来代替，该电压源的电压等于网络的开路电压 U_{oc}，其电阻等于网络除源后从端口处看进去的等效电阻 R_{eq}。

诺顿定理指出，任何一个线性有源二端网络，对外电路来说，总可以用一个等效电流源模型来代替，该电流源的电流等于网络的短路电流 I_{sc}，其电阻等于网络除源后从端口处看进去的等效电阻 R_{eq}。

5. 最大功率传输定理

最大功率传输定理指出，有源二端网络向负载 R_L 传输功率时，当 $R_L = R_S$ 时，负载获得最大功率，其功率 $P_{max} = \dfrac{U_S^2}{4R_S}$。

6. 直流电路的分析与计算

（1）电位的分析与计算：选定参考点，再计算各点的电位。

（2）弥尔曼定理应用于某节点的电位方程：

$$V_a = \frac{\sum I_{Saa}}{\sum G_{aa}}$$

式中，分子为流入节点 a 的电源电流的代数和，分母为节点 a 所连接各支路的电导代数和。

*（3）含受控源电路的分析：

① 应用电路方程法于含受控源电路时，可以暂时将受控源视为独立源，按常规方法列电路方程，再找出受控源控制量与未知量的关系式，代入电路方程，就可求解电路。

② 应用电路定理分析含受控源电路时，不可以将受控源视为独立电源，应将其保留在所在支路中进行分析。

测试与练习题 2

一、填空题

1. 基尔霍夫电流定律又称_____，它的数学表达式为_____。若流入节点 a 的电流为 5 A 和 −6 A，则流出节点的电流 $I =$ _____。

2. 基尔霍夫电压定律又称_____，它的数学表达式为_____。若电路某回路中，$U_{ad} = 20$ V，$U_{ab} = 5$ V，$U_{bc} = 6$ V，则 $U_{cd} =$ _____ V。

3. 对于有 n 个结点，b 条支路的电路，用支路电流法求各支路电流时，可列出_____个独立的 KCL 方程，列出_____个独立的 KVL 方程。

4. 所谓支路电流法就是以_____为未知量，依据_____列出方程式，然后解联立方程，得到_____的数值。

5. n 个电压源可以_____，n 个电流源可以_____。

6. 实际电压源模型和实际电流源模型等效互换的条件是_____和_____。

7. 叠加定理只适用于_____电路，_____和_____可以叠加，_____不能叠加。

8. 应用叠加定理，当某电源单独作用时，其余电压源用_____替代，其余电流源用_____替代。

9. 电源向负载传输功率时，要满足_____条件，负载才能获得最大功率，其最大功率为_____。

10. 戴维南定理指出，任意一个_____都可以用一个_____和_____等效代替。

11. 用戴维南定理计算有源二端网络的等效电源只对_____等效，对_____不等效。

12. 诺顿定理指出，任意一个_____都可以用一个_____和_____等效代替。

13. 弥尔曼定理特别适合求解两个节点，多条支路的电路。其表达式为_____，其中_____，_____。

14. 按照受控端的电压或电流与控制端的电压或电流这四个电量的不同组合，受控源有_____、_____、_____、_____。

二、判断题

1. 两个网络之间只有一根导线相连，该导线中无电流。　　　　　（　　）

2. 等效电路中，"等效"的含意是指：两电路不论在 U、I、P 方面，还是对外对内而言，都应是完全相等的。　　　　　（　　）

3. 在分析电路时，不能把理想电压源或理想电流源连接的任何元件（或电路）断开或取走。　　　　　（　　）

4. 叠加定理既可用于线性电路，也可用于非线性电路。　　　　　（　　）

5. 叠加定理可用来计算任意电路的电压和电流，而不能用来直接计算功率。（　　）

6. 对于有源二端网络，戴维南定理是求等效电压源；诺顿定理是求等效电流源。（　　）

7. 对于有源二端网络，负载电阻 R_L 越大，负载获得的功率越大。　　（　　）

8. 工作在匹配状态下的负载可获得最大功率，显然这时电路的效率最高。（　　）

三、选择题

1. 用支路电流法求解一个具有 b 条支路，n 个节点（$b>n$）的复杂电路时，可以列出的节点电流方程为（　　）。

　　A. b 个　　　　　B. n 个　　　　　C. $(n-1)$ 个　　　　　D. $(b-1)$ 个

2. 如图 2-37 所示电路中的 V_a 为（　　）。

　　A. 4 V　　　　　B. 8 V　　　　　C. 20 V　　　　　D. 26 V

3. 下面叙述正确的是（　　）。

　　A. 电压源与电流源不能等效变换。

　　B. 电压源与电流源变换前后对内电路不等效。

　　C. 电压源与电流源变换前后对外电路不等效。

　　D. 以上三种说法都不正确。

4. 图示 2-38 所示电路中的 U_{ab} 为（　　）。

　　A. 40 V　　　　　B. 60 V　　　　　C. −40 V　　　　　D. −60 V

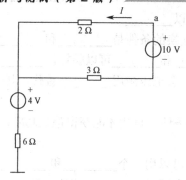

图 2-37 选择题 2 电路图

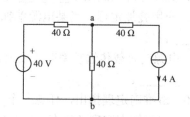

图 2-38 选择题 4 电路图

5．叠加定理适用于（   ）电路。

 A．直流   B．正弦交流   C．集中参数   D．线性

6．直流电路中应用叠加定理分析问题，各个电源单独作用时，其他电压源应用（   ）替代。

 A．短路线   B．开路   C．不进行   D．保留

7．直流电路中应用叠加定理分析问题，各个电源单独作用时，其他电流源应用（   ）替代。

 A．短路线   B．开路   C．不进行   D．保留

8．应用戴维南定理求有源二端网络的等效电路，网络应是（   ）。

 A．线性网络   B．非线性网络   C．集中参数网络   D．任何网络

9．用戴维南定理计算电路的等效电阻时，应将电路所有的电源（   ）处理。

 A．作为开路   B．作为短路   C．不进行   D．置零

四、计算题

1．电路如图 2-39 所示，计算电流 I_1，I_2。

2．电路如图 2-40 所示，求电压 U_{ab}。

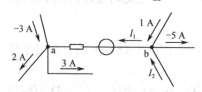

图 2-39 计算题 1 电路图

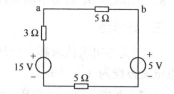

图 2-40 计算题 2 电路图

3．电路如图 2-41 所示，用支路电流法求电流 I_1 和 I_2。

4．电路如图 2-42 所示，用支路电流法求电流 I_1、I_2 和 I_3。

图 2-41 计算题 3 电路图

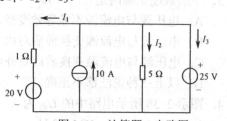

图 2-42 计算题 4 电路图

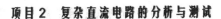

项目 2 复杂直流电路的分析与测试

5．将图 2-43 化简为电压源模型。

6．求图 2-44 所示各电路电压源模型和电流源模型。

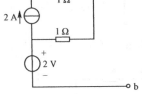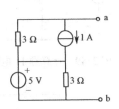

图 2-43　计算题 5 电路图　　　　图 2-44　计算题 6 电路图

7．电路如图 2-45 所示，已知 $U_S = 15\,V$，$I_S = 5\,A$，$R_1 = 3\,\Omega$，$R_2 = 12\,\Omega$，$R_3 = 5\,\Omega$，试用叠加定理求各支路电流。

8．电路如图 2-46 所示，已知 $U_S = 3\,V$，$I_S = 2\,A$，$R_1 = 6\,\Omega$，$R_2 = 9\,\Omega$，试用叠加定理求图中电流 I 及电阻 R_2 上的功率。

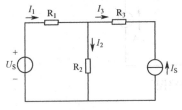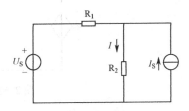

图 2-45　计算题 7 电路图　　　　图 2-46　计算题 8 电路图

9．电路如图 2-47 所示，已知 $U_S = 2\,V$，$I_S = 2\,A$，$R_1 = 2\,\Omega$，$R_2 = 2\,\Omega$，$R_3 = 3\,\Omega$，$R_4 = 7\,\Omega$，用戴维南定理求电流 I。

10．电路如图 2-48 所示，已知 $U_S = 12\,V$，$I_S = 2\,A$，$R_1 = 2\,\Omega$，$R_2 = 1\,\Omega$，$R_3 = 5\,\Omega$，试用戴维南定理求图示电路中的电流 I。

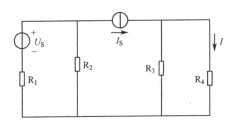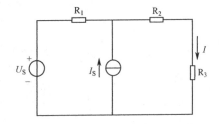

图 2-47　计算题 9 电路图　　　　图 2-48　计算题 10 电路图

11．电路如图 2-49 所示，试求 R_L 为何值时，负载可获得最大功率，并求此功率 P_{max}。

12．电路如图 2-50 所示，试求当 R_L 为何值时，负载能获得最大功率，并求此功率 P_{max}。

13．电路如图 2-51 所示，$R_1 = 10\,\Omega$，$R_2 = 2\,\Omega$，$R_3 = 4\,\Omega$，$U_S = 8\,V$，$I_S = 1\,A$，应用弥尔曼定理求 V_a。

14．如图 2-52 所示的电路中，g 点接地（选为参考电），计算 a、b、c 三点电位。

*15．电路如图 2-53 所示，试求电压 U 与电流 I。

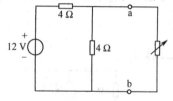

图 2-49　计算题 11 电路图

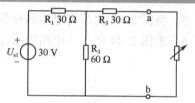

图 2-50　计算题 12 电路图

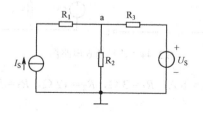

图 2-51　计算题 13 电路图

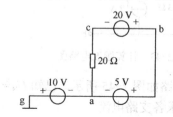

图 2-52　计算题 14 电路图

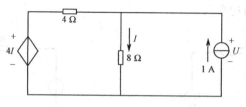

图 2-53　计算题 15 电路图

11．电路如图 2-49 所示，R 是可变电阻，当它的值分别是 0、2 Ω、∞（开路）时，求 a、b 端钟的输出电压 U_{ab}。

12．电路如图 2-50 所示，当负载 R_L 为何值时，电路的输出功率最大且最大功率为多少？

13．用叠加定理求图 2-51 所示电路中，$R_1 = 10 \Omega$，$R_2 = 2 \Omega$，$R_3 = 4 \Omega$，$U_S = 6 V$，$I_S = 1 A$，试求各支路电流。

14．如图 2-52 所示电路中，g 点接地（电位参考点），计算 a、b、c 三点电位。

*15．电路如图 2-53 所示，试求电压 U 的数值。

项目 3

动态电路的分析与测试

教学导引：从电容、电感元件的识别与选用开始，通过电路测试，观察含有电容、电感的电路所发生的延时现象；理解电容充电、放电过程；理解电感与直流电源的接通储存磁场能量与断开释放磁场能量的现象；探究电容、电感的特性；同时学习电容、电感的相关知识。介绍动态过程、换路定律；讨论一阶电路的响应规律，最后介绍一阶电路的典型应用。教学载体为"任务 2 具有延时功能的 LED 手电筒的试制"。本项目的教学目标如下。

知识目标：

掌握电容、电感的基本知识；

理解电容、电感元件的特性；

能测试或计算一阶 RC 动态电路的时间常数；

了解电容滤波的作用和原理及 LED 断电后电感续流的原理；

掌握换路定律及一阶电路的响应规律。

技能目标：

会使用常用电工仪表测量电压、电流等基本参数；

会识别、选择和正确使用电容和电感；

会按照原理图在面包板上插接电路；

能进行电容、电感电路的分析与测试；

能根据观察的现象、测试的数据总结相关规律；

试制完成具有延时功能的手电筒。

素质目标：

安排自己的时间完成本任务；

培养踏实、严谨的工作作风；

提高沟通交流能力；

加强团队合作精神；

培养环境保护、节能意识；

增强安全生产意识。

3.1 电容器的类别与选用

电容器是电子设备中基本的电子元件，电容器的应用范围很广，它在耦合，旁路，滤波，调谐回路，能量转换，控制等电路中都是必不可少的。电容器常简称为电容。

3.1.1 电容的类别与主要参数

1. 电容的分类及特点

电容的种类有很多，根据介质的不同分为电解电容、瓷片电容、云母电容等。电解电容有铝电解电容和钽电解电容之分，它们具有极性，金属箔为正极，电解质为负极。其特点是容量大、但是漏电大、稳定性差，适于电源滤波或低频电路中。瓷片电容用陶瓷作介质，在陶瓷基体两面喷涂银层，然后烧成银质薄膜作极板。其特点是体积小、耐热性好、损耗小、绝缘电阻高，但容量小，适用于高频电路。云母电容用金属箔或在云母片上喷涂银层作电极板，极板和云母一层一层叠合后，再压铸制成。其特点是介质损耗小、温度系数小，适用于高频电路。还有其他材料制成的电容，如涤纶电容、云母电容和独石电容等，如图 3-1（a）～（e）所示。

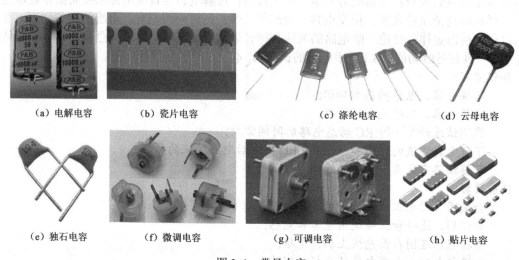

（a）电解电容　　　　（b）瓷片电容　　　　（c）涤纶电容　　　　（d）云母电容

（e）独石电容　　　　（f）微调电容　　　　（g）可调电容　　　　（h）贴片电容

图 3-1　常见电容

根据电容是否可调分为固定电容和可调电容。可调电容可在某一小范围内调整，并在调整后固定于某个电容值，如图 3-1（f）、（g）所示。

根据电容的贴装方式不同分为直插式和贴片式，贴片式电容的优点是节省空间，便于高集成电路，设计抗干扰能力增强，如图 3-1（h）所示。

2. 电容的主要参数

电容的参数主要有电容容量、额定电压、允许误差、温度系数、损耗等。

（1）电容容量：是电容器上所标的电容量，其值是按国家标准标注的，有多个系列，需要时可查阅手册。

（2）额定电压或称耐压：是指电容器的设计安全工作电压上限，超过耐压值，电容器就可能击穿或烧毁。因此，在实际应用中，电容器的工作电压要低于电容器的耐压。

（3）允许误差：电容器标称的电容量和它的实际电容量有一定误差。国家标准对不同的电容器规定了不同的误差范围，在此范围内的误差称为允许误差。允许误差按其精度一般分为 3 级：±5%（Ⅰ级）、±10%（Ⅱ级）、±20%（Ⅲ级）。在有些情况下，还有±1%（00 级）、±2%（0 级）。

误差的标示方法有三种，一是将容量的允许误差直接标在电容器上；二是用罗马数字Ⅰ、Ⅱ、Ⅲ标示在电容器上，分别表示±5%、±10%、±20%三个误差等级；三是用英文字母表示误差等级，如用 J、K、M、N 分别表示±5%、±10%、±20%、±30%的误差，用 D、F、C 分别表示±0.5%、±1%、±2%的误差等。

（4）温度系数：在一定温度范围内，温度每变化 1 ℃，电容量的相对变化值为温度系数。电容的温度系数越小越好。

（5）损耗：在电场的作用下，电容器在单位时间内发热而消耗的能量称为**损耗**。这些损耗主要来自介质损耗和金属损耗。通常用损耗角正切值来表示。

除上面提到的参数外，还有绝缘电阻、频率特性等参数。

3.1.2 电容的识别和选用

前面我们对电容有了一些基本认识，这里我们将学习识别和选用电容。

1. 电容的标称方法

电容的容量、误差及工作电压一般都直接标示在电容上。对于体积较小的电容，常用数码或文字符号来标志。

（1）直标法用字母和数字把型号、规格直接标在外壳上。如图 3-2（a）所示，电容值为 1.8 μF，额定电压为 300 V，误差±5%，AC 表示交流电。如图 3-2（b）所示，电容值为 1000 μF，额定电压为 80 V。图 3-2（c）所示贴片电解电容，电容值为 330 μF，额定电压为 6.3 V。

（a）无极性电容　　　　（b）电解电容　　　　（c）贴片的圆形铝电解电容

图 3-2　直标法

（2）采用数码标示电容容量时，标在电容器外壳上的是三位整数，其中第一、第二位数字表示容量的第一、第二位有效数字，第三位数字则表示倍率。用数码表示电容量时，单位一律是皮法（pF），如图 3-3（a）所示，电容值为 $10×10^4$ pF，即 0.1 μF，下面加一横线代表耐压为 50 V，不加横线的就是代表直流额定耐压 250 V 以下。如图 3-3（b）所示，电容值为 $22×10^6$ pF，即 22 μF。

（3）采用文字标示电容量时，将容量的整数部分写在容量单位标示符号的前面，小数部

分放在容量标志符号的后面，如图3-4所示，8p2表示8.2 pF。

(a) 瓷片电容　　　　　　　(b) 贴片钽电解电容

图3-3　数码法　　　　　　　　　　　图3-4　文字标注法

练一练

读出图3-5所示电容的电容值。

(a)　　　　　　　(b)　　　　　　　(c)　　　　　　　(d)

图3-5　各种电容

---

2. 电容极性的判断

在电路连接过程中，无极性电容的连接没有方向之分，但是有极性电容必须按照正确的极性来进行连接。对于直插式电解电容，观察外壳和引脚，外壳标有"–"号的为负极，引脚长的为正极，短的为负极，如图3-2（b）所示。对于贴片的圆形铝电解电容，电容上面有标志的黑块为负极，如图3-2（c）所示。对于贴片钽电解电容，有横杠的一端是正极，或底盘（金属）上有缺口的一端是正极，如图3-3（b）所示。也可以通过测试判断，用万用表的电阻挡测电容的电阻值，正反测两次。用数字表测量时，选择阻值大的一次红色表笔为正极，用指针表测量时选择阻值大的一次黑色表笔为正极。

3. 电容的选用

一般所选电容的额定电压要高于使用电压20%～30%，工作在高频电路中的电容应选用高频特性好的云母电容、高频瓷介电容、聚苯乙烯薄膜电容等，工作在低频电路中的电容应选用金属化纸介电容、涤纶薄膜电容、低频瓷介电容，工作在滤波、旁路、音频耦合等场合应选用体积小、容量大、价格低的电解电容。

🔵 **要点提示：**

（1）电容根据介质的不同分为电解电容、瓷片电容、云母电容等，据电容的贴装方式不同分为直插式和贴片式。

（2）电容主要参数：电容量、额定电压和允许误差。

（3）电容的标示方法有直标法、数码和文字标示法。

（4）电容极性的判断。

3.2 电容延时电路的分析与测试

在日常生活中，有些电路的变化过程不是瞬间完成的，需要一定的时间，这是由于电路内部存在储能元件的缘故，下面介绍一种重要的储能元件——电容。

3.2.1 电容的结构与特性

电容最基本的特性是能够存储电荷。电容存储电荷能力的量度称为电容容量。电容是一种能聚集电荷的元件，电荷聚集的过程必然伴之以电场建立的过程，所以电容具有储存电场能量的本领。如果忽略电容在实际工作时的漏电和磁场影响等次要因素，就可以用储存电场能量的电容元件表示电容的模型。图3-6为电容的结构、元件符号与特性曲线。

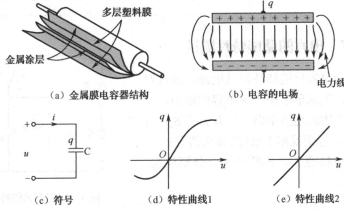

(a) 金属膜电容器结构   (b) 电容的电场

(c) 符号   (d) 特性曲线1   (e) 特性曲线2

图3-6 电容的结构、元件符号与特性曲线

图3-6（a）是金属膜电容的结构，绝缘膜上涂金属涂层形成导体间夹绝缘物质，图3-6（b）表示电容的导体间存在的电场。图3-6中还绘出两种特性的电容，图3-6（d）表现 u-q 的非线性关系，称为非线性电容元件；图3-6（e）表示了 u-q 是的线性关系，称为线性电容元件，本书讨论的是线性电容。

电容器、电容元件、电容量均简称电容，电容器可用一个理想电容元件 C 来表示，符号如图3-6（c）所示。电容 C 的另一层含义是电容容量，一般用斜体表示。电容器的电容容量是指单位电压接在电容两端时电容所能存储电荷的数量。一个电容在单位电压作用下所能存储的电荷越多，容量就越大，用公式表示为：

$$C = \frac{Q}{U} \tag{3-1}$$

其中，Q 的单位为库[仑]（C），U 的单位为伏[特]（V），C 的单位为法[拉]（F）。在实际应用中，由于法[拉]的单位太大，常用微法（μF）、皮法（pF）为单位。它们之间的互换关系为：

$$1 \text{ pF} = 10^{-6} \text{ μF} = 10^{-12} \text{ F}$$

实例3-1 （1）某电容存储0.0005 C的电量，两极板间加 10 V 电压，该电容是多少μF？（2）电容容量为2.2 μF，加100 V 电压，电容所能存储的电荷是多少？

解 （1）根据式（3-1）得：

$$C = \frac{Q}{U} = \frac{0.0005}{10} = 0.5 \times 10^{-4} \text{ F} = 50 \text{ μF}$$

（2）由 $C = \frac{Q}{U}$ 得：

$$Q = CU = 2.2 \text{ μF} \times 100 \text{ V} = 2.2 \times 10^{-4} \text{ C}$$

> ⓘ **注意：** 电容器电容量的大小与电容器的结构特点和电介质有关。以平板电容器为例，电容器的电容与平行板的面积 S 成正比，与两平行板间的距离 d 成反比，与电介质的介电常数 ε 成正比，即 $C = \dfrac{\varepsilon S}{d}$。

实践探究 7　电容的储能特性测试

图 3-7 所示为电容储能特性测试电路，通过对这个电路的测试，先简单了解一下电容的作用。

（1）按图 3-7 所示连接电路，断开开关 S_2。接通 S_1，再断开 S_1，分别观察 LED 的亮灭情况；

（2）接通 S_2，接通 S_1，再断开 S_1，分别观察 LED 的亮灭情况。

现象：

断开开关 S_2，接通 S_1，LED 立即亮；断开 S_1，LED 立即灭。

接通开关 S_2，接通 S_1，LED 立即亮，且亮度逐渐增大；断开 S_1，LED 继续亮，且亮度逐渐减小直至熄灭。

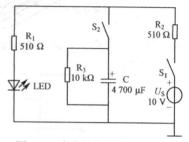

图 3-7　电容储能特性测试电路

通过上述实验现象可以看到，当开关 S_2 断开时，接通或断开开关 S_1，LED 立即亮或灭。但当接通开关 S_2 后，断开 S_1，LED 不是马上熄灭，而是要过一会儿才慢慢熄灭。这一现象与电容的储能特性有关。

因为电容是储能元件，而能量的积累或释放需要时间，不可能发生突变，因此电容器两端的电压不可能发生突变。

理论上电容器充电时所储存的**电场能量**为：

$$W_C = \frac{1}{2} Q U_C = \frac{1}{2} C U_C^2 \tag{3-2}$$

式中，W_C 为电场能量，单位为焦耳（J）；C 为电容容量，单位为法拉（F）；U_C 为电容电压，单位为伏特（V）。

> ⓘ **注意：** 在电压一定的条件下，电容容量越大，存储的能量就越大。

实例 3-2 一个 2000 μF 的电容器接到 100 kV 高压电路中，电容器中存储了多少电场能量？

解 由式（3-2）得

$$W_C = \frac{1}{2}CU_C^2 = \frac{1}{2} \times 2000 \times 10^{-6} \times (100 \times 10^3)^2 = 1 \times 10^7 \text{ J}$$

3.2.2 电容的充电与放电

实践探究 8 电容延时电路测试

图 3-8 为 LED 电容延时测试的电路原理图。其中电容为耐压 16 V、4700 μF 的电解电容；R_3 是辅助放电电阻，使电容充分放电到 0 V；R_2 是充电（限流）电阻；电流表采用指针居中式的电流表，量程选用+、−100 mA 或以上。图 3-8 中的发光二极管采用 φ5 红色；电压表用指针式电压表，量程选择直流 10 V 挡。

按图 3-8 搭接电路。接通开关 S，观察记录 LED 的状态、万用表的数值变化。电路稳定后再断开开关 S，观察 LED 的状态和电流表、电压表的数值变化。

现象：实验现象见表 3-1。

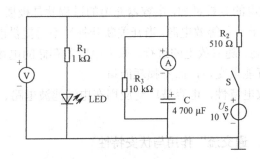

图 3-8 LED 电容延时电路原理

表 3-1 观测电容延时电路的现象

开关	LED	电流表	电压表
接通	立即亮，且亮度逐渐增大	指针迅速右偏，然后由最大逐渐降为 0	由 0 逐渐升至最大
断开	继续亮，亮度逐渐减小直至熄灭	指针左偏最大，最后回到 0	由最大逐渐减小直至为 0

下面通过表 3-1 的结果讨论电容的充电与放电过程。

1. 电容的充电

由表 3-1 可知，开始时开关断开，电容没有充电，电容电压为 0，电容的两个极板上带有相同数量的自由电子。开关接通的瞬间，由于电容器两个极板上带的自由电子数不能突变，仍然是相等的关系，故电容电压为 0，电容相当于短路，电流最大，电容开始充电。随着充电时间增加，电容极板上电荷增加，使电场增强，电容电压增大，电流减小。当电容电压达到最大值 7.0 V 时，电路中电流为 0，充电完毕。图 3-9（a）显示了电容、电阻、开关、电源组成的充电回路。

2. 电容的放电

在开关断开前，电容器已经充上了最大的电压。开关断开时，电容通过 R_1 和 LED 构成的低电阻回路开始放电，如图 3-9（b）所示。开始时，由于电容电压不能突变，仍为最大值 7.0 V，电流最大，但与充电电流方向相反。随着时间的推移，电容的电流和电压减小，当电容的电压降到发光二极管的最小导通电压 1.8 V 时，电容不再通过低电阻回路放电，而是通过 10 kΩ电阻构成的高电阻回路放电，这时放电速度明显变慢。当电流和电容电压为 0 时，电容放电结束。

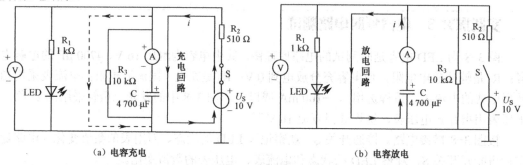

图 3-9　电容充放电

通过上面电容充、放电的分析可知，电容器充电的过程就是极板上电荷不断积累的过程，电容器充满电荷时，相当于一个等效电源。当开关断开外界不再提供能量时，电容开始为 LED 提供电能让 LED 继续点亮。随着放电的进行，原来电容存储的电场能量全部释放出来，即电容器本身只与电源进行能量交换，而不损耗能量。

由于电容的充电、放电特性，电容被广泛应用在电源滤波电路、波形产生、波形变换电路等实用电路中。

3. 电容的"隔直流，通交流"作用与伏安特性

从表 3-1 可见，当电容电路接通直流电源时，电容开始充电。当充电结束后，电容电压不变，电路中便没有电流，此时，电路相当于处在开路状态，即"隔直流"。当电容元件接交流电源时，由于交流电的大小、方向不断交替变化，使电容元件反复充电和放电，电路中就出现连续的电流，即"通交流"。

从表 3-1 还可见，在充电过程中，电容两端电压发生变化，电路中有电流，且电压变化越大，电流值越大；当充电结束后，电容电压不变，电路中便没有电流。放电过程也是如此，电容两端电压发生变化，电路中有电流，电压不变时，电流为 0。

由此分析得到，电容元件的伏安关系，即某一时刻电容元件的电流取决于该时刻电容电压的变化率，即

$$i = C\frac{du_C}{dt} \tag{3-3}$$

> ！**注意：**式（3-3）是在电容电压与电流为关联参考方向前提下得出的。如 u_C 与 i 的参考方向不一致，则 $i = -C\dfrac{du_C}{dt}$。

3.2.3 时间常数

实践探究9 元件参数对电容充放电过程的影响

（1）按图3-8搭接电路。接通开关S，观察并记录LED的状态、电流表和电压表的数值变化。

（2）依次将电阻R_2换成3 kΩ，电容C换成2200 μF，分别接通开关S，观察并记录LED的状态、电流表和电压表的数值变化。并将这两次观察的结果与（1）观察的结果进行比较。

（3）按图3-8搭接电路。接通开关S，电路稳定后再断开开关S，观察LED的状态和电流表、电压表的数值变化。

（4）依次将R_1换成2.2 kΩ，C换成2200 μF，接通开关S，LED亮，电路稳定后断开开关S，观察LED的状态、电流表和电压表的数值变化。并将这两次观察的结果与（3）观察的结果进行比较。

现象： 元件参数对电容充放电过程的影响见表3-2。

根据表3-2充放电现象分析可知，无论电容是充电还是放电，当电路中电容一定时，电阻越大，充（放）电电流就越小，因此充（放）电到同样的电荷量所需要的时间就长；若电路中电阻一定，电容越小，则达到同一电压所需的电荷量就越少，因此所需要的时间就越短。这说明电阻和电容值的大小影响着充、放电时间的长短。

表3-2 元件参数不同时，电容充放电的现象

充放电	步骤	开关	LED	电流表	电压表
充电	（1）	接通 $R_2=510\ \Omega$ $C=4700\ \mu F$	立即亮，且亮度逐渐增大	指针迅速右偏，然后由最大逐渐降为0	由0逐渐升至最大
	（2）	接通 $R_2=3\ k\Omega$ $C=4700\ \mu F$	不立即亮，且亮度逐渐增大，但间隔的时间比（1）长	指针迅速右偏，然后再由最大逐渐降为0，不再变化，但逐渐变化的时间比（1）长	由0逐渐升至最大，不再变化，但逐渐变化的时间比（1）长
		接通 $R_2=510\ \Omega$ $C=2200\ \mu F$	立即亮，变亮后LED的亮度逐渐增加，但间隔的时间比（1）短	指针迅速右偏，然后再由最大逐渐降为0不再变化，但逐渐变化的时间比（1）短	由0逐渐升至最大，不再变化，但逐渐变化的时间比（1）短
放电	（3）	断开 $R_1=1\ k\Omega$ $C=4700\ \mu F$	继续亮，亮度逐渐减小直至熄灭	指针左偏最大，最后回到0	由最大逐渐减小直至为0
	（4）	断开 $R_1=2.2\ k\Omega$ $C=4700\ \mu F$	继续亮，亮度逐渐减小直至熄灭，但LED亮的延时时间比（3）长，亮度比（3）小	指针左偏，逐渐回到0，但时间比（3）长	指针由最大逐渐减小直至为0，但时间比（3）长
		断开 $R_1=1\ k\Omega$ $C=2200\ \mu F$	继续亮，亮度逐渐减小直至熄灭，但LED亮的延时时间比（3）短，亮度与（3）相同	指针左偏，逐渐回到0，但时间比（3）短	指针由最大逐渐减小直至为0，但时间比（3）短

为了描述充放电时间的长短，定义电阻和电容的乘积称为 RC 电路的**时间常数**，用 τ 表示，即

$$\tau = RC \tag{3-4}$$

式（3-4）中，时间常数 τ 的单位为秒（s）。

因此，电容充放电的快慢取决于电路的时间常数。τ 越小，充电和放电时间越短，充放电速度越快；反之，τ 越大，充电和放电时间越长，充放电速度越慢。

> ⚠ **注意：**同一个电路中充（放）电回路不同，充（放）电时间常数也不同。

实例 3-3　电路如图 3-10 所示，试计算开关 S 打开后放电电路的时间常数。

解　开关 S 打开后，从电容两端看进去的等效电阻

$$R = R_1 // R_2 = \frac{2}{3} \text{ k}\Omega$$

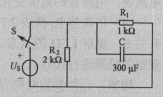

图 3-10　例 3-3 电路图

$$\tau = RC = \frac{2}{3} \times 10^3 \times 300 \times 10^{-6} \text{ s} = 0.2 \text{ s}$$

探究迁移　探究电源滤波器的工作原理

（1）按图 3-7 连接电路，断开开关 S_2。闭合开关 S_1 后，迅速打开再闭合（模拟电压不稳、瞬间断电或波动），LED 闪一下。反复打开、闭合开关 S_1，LED 不断闪烁，电压表也不断摆动。改变开关 S_1 的通、断频率，观察 LED 闪烁情况。

（2）接通开关 S_2。闭合开关 S_1 后，迅速打开再闭合，LED 基本不闪烁。反复打开、闭合开关 S_1，LED 基本不闪烁。电压表也基本不大摆动。

试分析原因。（提示：电容的延时作用）

> ❗ **要点提示：**
>
> （1）电容 $C = \dfrac{Q}{U}$，单位为法（F），1 pF=10^{-6} μF=10^{-12} F。
>
> （2）电容是储能元件，其储能为 $W_C = \dfrac{1}{2} C U_C^2$ 作用。
>
> （3）时间常数 τ 与 R 和 C 有关，$\tau = RC$，R 越大，C 越大，电容充电放电所需的时间越长；反之，所需的时间越短。
>
> （4）电容元件具有"隔直流，通交流"的作用。
>
> （5）电容元件的伏安关系：$i = C \dfrac{\mathrm{d}u_C}{\mathrm{d}t}$。

3.3 电容的连接

在实际工作中，经常会遇到单个电容元件的电容量或所能承受的电压不能满足要求的情况，这时可以把几个电容元件按照适当的方式连接起来，以满足需要。本节介绍电容的串联和并联。

3.3.1 电容的串联

实践探究 10 电容串联测试

（1）电路如图 3-11 所示，选择元器件 $R_1 = 1\ \text{k}\Omega$，$R_2 = 510\ \Omega$，$R_3 = 10\ \text{k}\Omega$，$C_1 = C_2 = 2200$ μF，$C_3 = 4700$ μF。

（2）按图 3-11 连接电路，将一个 2200 μF 电容接于 C 处。接通开关 S，观察 LED 的状态和电流表、电压表的数值变化。

（3）在图 3-11 电路中，将两只 2200 μF 电容串联后接于 C 处。接通开关 S，观察 LED 的状态和电流表、电压表的数值变化。

（4）LED 亮，电路稳定后断开开关 S，观察 LED 的状态和电流表、电压表的数值变化。

（5）在图 3-11 电路中，将 2200 μF 和 4700 μF 两只电容串联后接于 C 处。接通开关 S，待电路稳定后，测量各电容上的电压和串联电容的总电压。

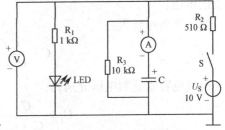

图 3-11 电容连接测试原理图

现象：

两个 2200 μF 电容串联或 2200 μF 和 4700 μF 电容串联时，LED 熄灭的时间，电流表、电压表逐渐变化的速度相对一只 2200 μF 的电容要快，即时间要短。

C_1 或 C_2 上的电压大于 C_3 上的电压。

结论：根据实验数据的分析归纳可知，在电阻没有变化的情况下时间常数变小了，说明串联使电容的电容值变小了。

下面对电容串联电路进行分析。

电容串联时，总的电压与各电容两端的电压之间的关系为：

$$U = U_1 + U_2 + U_3 \tag{3-5}$$

由于电容处于串联状态，根据串联电路的特性可知流过 C_1、C_2、C_3 的电流相等，因此每个电容器都带有相等的电荷量，即

$$Q = Q_1 = Q_2 = Q_3 \tag{3-6}$$

根据实验步骤（5）可知，不同值的电容串联，其端电压不同，串联电容的总电压等于各串联电容的分电压之和，其中值小的电容分压大；值大的电容分压小。而根据电容的定义，有：

$$U = U_1 + U_2 + U_3 = Q\left(\frac{1}{C_1} + \frac{1}{C_2} + \frac{1}{C_3}\right) = \frac{Q}{C}$$

电容元件串联的等效电容量 C 与各电容的关系为：

$$\frac{1}{C} = \frac{1}{C_1} + \frac{1}{C_2} + \frac{1}{C_3} \tag{3-7}$$

此式符合实验所得的数值规律。

> ⚠ **注意：** 在实用时，应选用耐压值略高于工作电压的电容器，当某电容器的耐压值不能满足要求时，可以用几只电容器串联代替，以提高耐压值。但要计算一下每只电容器在电路中承受的电压，看其是否超过各自的耐压值，以确保电路安全。

实例 3-4 电路如图 3-12 所示，把电容量为 20 μF、耐压为 16 V 与电容量为 30 μF、耐压为 25 V 的电容器串联，则其等效电容为多少？若接到电压为 12 V 的直流电源上，试求每只电容承受的电压。

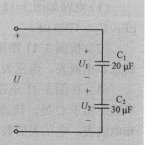

解 等效电容为：

$$C = \frac{C_1 C_2}{C_1 + C_2} = \frac{20 \times 30}{20 + 30} = 12 \ \mu F$$

每只电容承受的电压分别为：

图 3-12　例 3-4 电路图

$$U_1 = \frac{C_2}{C_1 + C_2} U = \frac{30}{20 + 30} \times 12 = 7.2 \ V$$

$$U_2 = \frac{C_1}{C_1 + C_2} U = \frac{20}{20 + 30} \times 12 = 4.8 \ V$$

3.3.2　电容的并联

实践探究 11　电容并联测试

（1）电路如图 3-11 所示，选择元器件 $R_1 = 1$ kΩ，$R_2 = 510$ Ω，$R_3 = 10$ kΩ，$C_1 = C_2 = 2200$ μF，$C_3 = 4700$ μF。

（2）按图 3-11 连接电路，将一个 2200 μF 电容接于 C 处。接通开关 S，观察 LED 的状态和电流表、电压表的数值变化。

（3）按图 3-11 连接电路，将一个 4700 μF 电容接于 C 处。接通开关 S，观察 LED 的状态和电流表、电压表的数值变化。

（4）在图 3-11 电路中，将两个 2200 μF 电容并联后接于 C 处。接通开关 S，观察 LED 的状态和电流表、电压表的数值变化。

（5）LED 亮，电路稳定后断开开关 S，观察 LED 的状态和电流表、电压表的数值变化。

现象： 两只 2200 μF 电容并联时，LED 熄灭的时间，电流表、电压表逐渐变化的速度相对一只 2200 μF 的电容要慢，即时间要长，和一只 4700 μF 的电容变化的情况相近。

> **结论**：根据实验数据的分析归纳可知，在电阻没有变化的情况下时间常数变大了，说明并联使电容的电容值变大了。

下面对电容并联电路进行分析。

电容并联时，流过电路的总电流与流过各电容的电流之间的关系为：

$$I = I_1 + I_2 + I_3 \qquad (3\text{-}8)$$

由于电容处于并联状态，根据并联电路的特性可知 C_1、C_2、C_3 两端的电压与电容并联后的总电压相等，即

$$U = U_1 = U_2 = U_3 \qquad (3\text{-}9)$$

根据电流、电荷之间的关系可知各个电容所储存的电荷量是不同的。根据实验数据归纳可知它们从电源获得的总电荷量 Q 与 C_1、C_2、C_3 上的电荷 Q_1、Q_2、Q_3 的关系为

$$Q = Q_1 + Q_2 + Q_3 \qquad (3\text{-}10)$$

而根据电容的定义，有：

$$C = \frac{Q}{U} = \frac{Q_1 + Q_2 + Q_3}{U} = \frac{C_1 U + C_2 U + C_3 U}{U} = C_1 + C_2 + C_3$$

电容元件并联的等效电容量 C 与各电容的关系为：

$$C = C_1 + C_2 + C_3 \qquad (3\text{-}11)$$

此式符合实验所得的数值规律。

> **! 注意**：将电容器并联是提高电容量的一种方式。但要注意的是，并联电容器中的每一只电容器都要符合其耐压要求。否则，只要有一只电容器被击穿短路，就会造成电路的短路，使电路不能正常工作。

3.3.3 电容的混联

既有串联又有并联的电容元件的连接称为电容的混联。当外施电压超过电容元件的额定电压，而需要的电容量又超过电容元件的电容量时，可以采用混联的办法。

实例3-5 电路如图 3-13 所示，其中 $C_1 = 50\ \mu\text{F}$，耐压值为 25 V，$C_2 = C_3 = 100\ \mu\text{F}$，耐压值为 50 V。试求等效电容和最大安全电压。

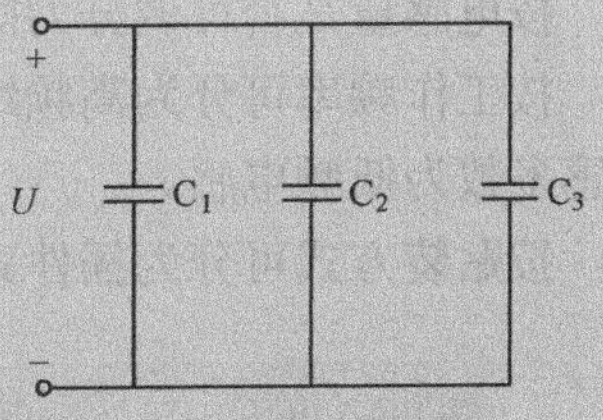

解 由式（3-11）可得等效电容为：

$$C = C_1 + C_2 + C_3 = 50 + 100 + 100 = 250\ \mu\text{F}$$

因为并联电容器的端电压是电路电压，为了安全起见，加在电容器组的电压不应超过并联电容器中的最小耐压值，即

$$U < U_1 = 25\ \text{V}$$

图 3-13 例 3-5 电路图

实例3-6 耐压为 250 V、容量为 0.3 μF 的三只电容连接的如图 3-14 所示。试求等效电容，端口电压不能超过多少？

解 C_2 和 C_3 并联，等效电容为：

$$C_{2,3} = C_2 + C_3 = 0.3 + 0.3 = 0.6\ \mu F$$

由于 C_1 与 $C_{2,3}$ 串联，电路的等效电容为：

$$C_i = \frac{C_1 C_{2,3}}{C_1 + C_{2,3}} = \frac{0.3 \times 0.6}{0.3 + 0.6} = 0.2\ \mu F$$

$C_1 < C_{2,3}$，$U_1 > U_{2,3}$，应保证 U_1 不超过其耐压值 250 V。

当 $U_1 = 250$ V 时，

$$U_{2,3} = \frac{C_1}{C_{2,3}} U_1 = \frac{0.3}{0.6} \times 250 = 125\ V$$

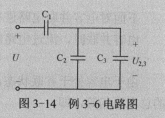

图 3-14 例 3-6 电路图

所以端口电压不能超过

$$U = U_1 + U_{2,3} = 250 + 125 = 375\ V$$

要点提示：

（1）串联电容的等效电容的倒数等于各串联电容倒数之和，即 $\dfrac{1}{C} = \dfrac{1}{C_1} + \dfrac{1}{C_2} + \dfrac{1}{C_3}$。

（2）并联电容的等效电容等于各个并联电容之和，即 $C = C_1 + C_2 + C_3$。

3.4 电感器的类别与选用

电感器是根据电磁感应原理制成的元件，电感器也是电子设备中基本的电子元件，电感器的应用范围很广，它在调谐、振荡、匹配、耦合、滤波、陷波等电路中都是必不可少的。电感器常简称为电感。

3.4.1 电感的类别与主要参数

1. 电感的分类及特点

电感按作用原理分自感作用的电感线圈和互感作用的耦合电感两大类别。

按线圈内有无导磁体分为空心电感和磁芯或铁芯电感，如图 3-15（a）、（b）所示。

按电感量是否可调分为固定电感和可调电感，如图 3-15（c）为可调电感。

按工作频率可分为高频线圈和低频线圈，空心电感和磁芯电感一般为高频电感，而铁心电感多数为低频电感。

按贴装方式可分为插件式和贴片式两种，贴片电感如图 3-15（d）所示。

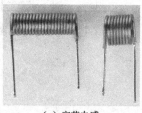

（a）空芯电感

（b）磁芯电感

图 3-15 各种电感元件

（c）可调电感 　　　　　　　（d）贴片电感

图 3-15　各种电感元件（续）

> **!** **注意：** 电感线圈往往是漆包线或纱包线盘绕而成，线圈内有磁性材料导磁可增大电感。对磁性材料做细分的话，磁心与磁棒一般采用镍锌铁氧体（NX 系列）或锰锌铁氧体（MX 系列）等材料，它有"工"字形、柱形、帽形、"E"形、罐形等多种形状。铁心主要有硅钢片、坡莫合金等，其外形多为"E"型+"1"型和"口"型，较多用于变压器和互感器。

2. 电感元件的主要参数

电感元件的参数主要有电感、额定电流、品质因数、允许误差、分布电容等。

（1）电感量：也称自感系数，是表示电感元件自感应能力的一种物理量，主要取决于线圈的圈数（匝数）、绕制方式、有无磁芯及磁芯的材料等等。通常，线圈圈数越多、绕制的线圈越密集，电感量就越大。有磁芯的线圈比无磁芯的线圈电感量大；磁芯导磁率越大的线圈，电感量也越大。

（2）额定电流：每个电感元件所能承受的电流都有一个极限值，额定电流描述了电感在允许的工作环境下能承受的最大电流值。当电感的工作电流大于这个最大电流值时，电感将有被烧毁的危险，因此，在实际应用中，额定电流值一般要稍大于电路中流过的最大电流。

（3）品质因数：又称 Q 值，用字母 Q 表示，是衡量电感质量的主要参数。它是指电感在某一频率的交流电压下工作时，所呈现的感抗与其等效损耗电阻之比。电感的 Q 值越高，其损耗越小，效率越高。

（4）允许误差：电感元件标称的电感量和它的实际电感量有一定误差，国家标准对不同的电感规定了不同的误差范围，在此范围内的误差称为允许误差。一般用于振荡或滤波等电路中的电感要求精度较高，允许偏差为 $\pm 0.2\% \sim \pm 0.5\%$；而用于耦合、高频阻流等线圈的精度要求不高，允许偏差为 $\pm 10\% \sim \pm 15\%$。

（5）分布电容：指线圈的匝与匝之间，线圈与磁芯之间，线圈与地之间，线圈与金属之间都存在的电容。分布电容的存在使线圈的 Q 值变小，稳定性变差，因此线圈的分布电容越小越好。减少分布电容常用丝包线或多股漆包线，有时也用蜂窝式绕线法等。

> **!** **注意：** 额定电流、电感量和允许误差通常都标注在电感元件的外壳上。

3.4.2 电感的识别和选用

前面我们对电感有了一些基本认识，下面我们将学习识别和选用电感。

1. 电感的标称方法

电感的标注方法与电阻、电容相似，也有直标法、文字符号法和色标法。

直标法是指在小型固定电感的外壳上直接用文字标出电感的主要参数。用字母 A（50 mA）、B（150 mA）、C（300 mA）、D（700 mA）、E（1 600 mA）表示额定电流。用 Ⅰ（±5%）、Ⅱ（±10%）、Ⅲ（±20%）表示允许偏差，如图 3-16 所示。

图 3-16　直标法示意图

文字符号法是将电感的标称值和偏差值用数字和文字符号法按一定的规律组合标示在电感体上。采用文字符号法表示的电感通常是一些小功率电感，单位通常为 mH 或μH。以μH 为单位时，R 表示小数点；以 mH 为单位时，N 表示小数点。例如，4N7 表示电感量为 4.7 mH，4R7 则代表电感量为 4.7 μH，如图 3-17 所示。

图 3-17　文字符号法示意图

色标法是在电感表面涂上不同的色环来代表电感量（与电阻类似），通常用三个或四个色环表示，与普通色环电阻读法一样。识别色环时，紧靠电感体一端的色环为第一环，露出电感体本色较多的另一端为末环。用这种方法读出的色环电感量，默认单位为微亨（μH），如图 3-18 所示，四环分别是棕、绿、红、银，所以电感为 $15×10^2$ μH=1.5 mH，误差为±10%。

数码表示法是用三位数字来表示电感量的方法，常用于贴片电感上。三位数字中，从左至右的第一、第二位为有效数字，第三位数字表示有效数字后面所加 0 的个数。用这种方法读出的色环电感量，默认单位为微亨（μH）。如果电感量中有小数点，则用 R 表示，并占一位有效数字。如图 3-19 所示 102 表示电感量为 $10×10^2$ μH=1 mH。

图 3-18　色标法示意图

图 3-19　数码表示法示意图

练一练

（1）读出图 3-20 电感的电感值。

（2）根据色环读出下列电感的电感值及误差。

棕绿红银、黄紫红金、棕黑黑银、蓝灰棕银、红红黑金。

（3）根据电感值及误差，写出下列电感的色环。

用四色环表示电感：820 μH、±10%，390 μH、±10%，27 μH、±10%，1 μH、±10%。

（a） （b） （c） （d）

图3-20 各种电感

2．电感好坏的判断

1）直观检查

直接观察电感的引脚是否断开、磁芯是否松动、绝缘材料是否破损或烧焦等。

2）万用表检测

在电感好坏的判断中，常使用万用表电阻挡测量电感的通断及电阻值大小来判断。将万用表置于 $R×1Ω$ 挡，红、黑表笔接电感的引出端，此时指针应向右摆动，根据测出的电阻值大小，可具体分下述三种情况进行判断。

（1）被测电感电阻值太小。说明电感内部线圈有短路性故障，注意测试操作时，一定要先认真将万用表调零，并仔细观察指针向右摆动的位置是否确实到达零位，以免造成误判。当怀疑电感内部有短路性故障时，最好是用 $R×1 Ω$ 挡反复多测几次，这样才能作出正确的判断。

（2）被测电感有电阻值。电感直流电阻值的大小与绕制电感线圈所用的漆包线线径、绕制圈数有直接关系，线径越细，圈数越多，则电阻值越大。一般情况下用万用表 $R×1Ω$ 挡测量，只要能测出电阻值，则可认为被测电感是正常的。

（3）被测电感的电阻值为无穷大。这种现象比较容易区分，说明电感内部的线圈或引出端与线圈接点处发生了断路性故障。

> ❶ 注意：在测量电感量很小的线圈时，只要电阻挡测量线圈两端导通便是好的。

3．电感的选用

电感的选用一般是根据所需要实现的功能来具体选择的。例如，小型固定电感通常用漆包线在磁芯上直接绕制而成，主要用在滤波、振荡、陷波、延迟等电路中。

4．色环电感与色环电阻的区别

色环电感与色环电阻非常相似，稍不注意就会认错，其实把两者放在一起，仔细辨别还是有区别的，下面简单介绍三种方法。

1）颜色

色环电感一般是绿色的，色环电阻一般是蓝色或米白色的。

2）外形

电感的两端和中间粗细差不多并且两端连接引线的地方是逐渐变细的，电阻像块骨头，两头大，中间细，连接引线的地方不像电感那么尖。

3）测试

用万用表测量阻值，一般电感都接近几欧姆，而普通电阻一般没这么小的阻值，基本都是几百以上，当然低阻值的电阻除外。

要点提示：

（1）电感按线圈内有无导磁体分为空心电感和磁芯或铁芯电感；按贴装方式可分为插件式和贴片式两种。

（2）电感的主要参数：电感量 L、额定电流和品质因数。

（3）电感的标注方法有直标法、文字符号法和色标法。

3.5　电感延时电路的分析与测试

在日常生活中，除了电容元件能让电路的变化过程需要时间外，还有一种重要的储能元件也能起到这样的效果。下面就来介绍这种储能元件——电感。

3.5.1　电感的概念与特性

线圈最基本的特征是电磁感应现象。当电流通过线圈时，线圈周围就建立了磁场，即有磁力线穿过线圈，穿过单匝线圈的磁力线的多少用磁通 ϕ 表示，对于某一 N 匝均匀紧密绕制的线圈，其总磁通 $N\phi$ 或称磁链 ψ_L。当线圈中间和周围没有铁磁物质时，线圈的磁链 ψ_L 与产生磁场的电流成正比，比例系数称为此线圈的自感系数，简称自感或电感，用符号 L 表示，即

$$L = \frac{N\phi}{i} = \frac{\psi_L}{i} \tag{3-12}$$

式（3-12）中，ψ_L 是线圈的磁链，也是总磁通 $N\phi$，单位为韦伯（Wb）；电流的单位为安培（A）；电感的单位是亨利，简称亨（H），实际线圈的电感不大，常用毫亨（mH）或微亨（μH）为单位，它们的换算关系为：

$$1\,H = 10^3\,mH = 10^6\,\mu H$$

当线圈中间和周围没有铁磁物质时，式（3-12）定义的电感是一个常量，与电流的大小无关，只与线圈的形状、匝数和几何尺寸有关。当 L 为常数时，称为线性电感元件。如同样形状、尺寸的线圈，中间置以铁磁性物质的磁芯，与空心线圈相比，不仅 L 要大几百倍甚至几千倍，而且 L 将不是常数，称为非线性电感元件。以后如不特别说明，一般所说电感元件，均指线性电感元件。

电感器、电感元件、电感量均简称电感，电感器可用一个理想电感元件 L 来表示。电感 L 的另一层含义是电感量，一般用斜体表示。

实践探究 12　电感的储能特性测试

图 3-21 所示为电感的储能特性测试电路，由于电感比较大，不便于做实际实验，所以通过 Proteus 仿真软件对这个电路的进行测试，先简单了解一下电感的作用。

（1）按图 3-21 所示连接电路，断开开关 S_2。接通 S_1，再断开 S_1，分别观察 LED_1 和 LED_2 的亮灭情况。

（2）接通 S_2，接通 S_1，再断开 S_1，分别观察 LED_1 和 LED_2 的亮灭情况。

现象：

（1）断开开关 S_2。接通 S_1，LED_1 立即亮，LED_2 不亮；断开 S_1，LED_1 立即灭，LED_2 不亮。

（2）接通开关 S_2。接通 S_1，LED_1 立即达到最亮然后亮度逐渐减小直至熄灭、LED_2 不亮；断开 S_1，LED_1 不亮，LED_2 亮且亮度逐渐减小直至熄灭。

通过上述的实验现象看到，当断开开关 S_2 时，接通或断开开关 S_1，LED_1 立即亮或灭，LED_2 均不亮；但当接通开关 S_2 后，接通开关 S_1，LED_1 立即

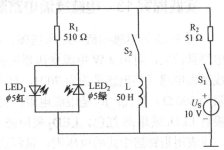

图 3-21　电感储能特性测试电路

达到最亮然后逐渐熄灭，LED_2 不亮，断开 S_1，LED_1 依然不亮，而 LED_2 被点亮然后慢慢熄灭。这一现象与电感的储能特性有关。

电感是储能元件，而能量的积累或释放需要时间，不可能发生突变，因此电感上的电流不可能发生突变。

理论上件存储的磁场能量为：

$$W_L = \frac{1}{2}LI_L^2 \tag{3-13}$$

式中，W_L 为磁场能量，单位为焦耳（J）；L 为电感量，单位为亨利（H）；I_L 为电感电流，单位为安培（A）。

实例 3-7　图 3-22 所示电路，直流电压源 $U_S = 8\ V$，$R_1 = 1\ \Omega$，$R_2 = R_3 = 6\ \Omega$，$L = 0.1\ H$，电路已经稳定。求电感 L 上的电流和磁场储能。

解　由于直流稳定状态时，电感相当于短路，电路总电阻为：

$$R = R_1 + \frac{R_2 R_3}{R_2 + R_3} = \left(1 + \frac{6 \times 6}{6 + 6}\right)\Omega = 4\ \Omega$$

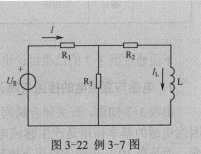

图 3-22　例 3-7 图

则

$$I = \frac{U_S}{R} = \frac{8}{4}\ A = 2\ A$$

电感电流为：

$$I_L = \frac{R_3 I}{R_2 + R_3} = \frac{6 \times 2}{6 + 6} = 1\ \text{A}$$

电感储存的磁场能量为：

$$W_L = \frac{1}{2} L I_L^2 = \frac{1}{2} \times 0.1 \times 1^2 = 0.05\ \text{J}$$

3.5.2　电感的续流特性

实践探究 13　电感续流电路测试

图 3-23 为电感续流电路原理图。其中电感量较大，可用 2 W 电源变压器的初级线圈做电感（其电感量约为 70 H，直流电阻为 800 Ω）替代；R_2 是限流电阻；发光二极管 LED_1 采用 $\phi 5$ 红色，LED_2 采用 $\phi 5$ 绿色；电压表用指针居中式的电压表，量程选择直流±10 V 或以上挡位。电流表采用指针居中式的电流表，量程选择直流 200 mA 或以上大小电流。通过测试电路了解电感的特性。

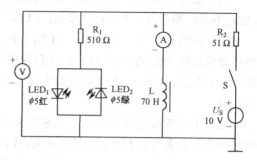

图 3-23　电感续流电路原理图

按图 3-23 搭接电路。接通开关 S，观察记录 LED 的状态、万用表的数值变化。电路稳定后再断开开关 S，观察 LED 的状态和电流表、电压表的数值变化。

现象：实验现象见表 3-3。

表 3-3　观测电感续流电路的现象

电源	开关	LED_1	LED_2	电压表	电流表
10 V	接通	立即达到最亮然后亮度逐渐减小	不亮	指针迅速跳变到+最大，再逐渐减小	指针由 0 逐渐偏转至+最大
	断开	立即灭	立即亮再逐渐熄灭	指针迅速跳变到−最大，再逐渐减到 0	指针无跳变由最大渐减到 0

下面通过表 3-3 的结果讨论电感与直流电的接通与断开。

1. 电感与直流电的接通与断开

由表 3-3 知道，开关闭合瞬间，电压跳变到"+"最大，电流没有突变，依旧为 0。这是因为电感的基本作用是产生感应电压阻碍电流的变化，所以电感元件中的电流不能瞬时突变，而是在 10 V 电源的作用下电感电流经过电阻 R_2 注入电感。随着时间的推移，电感电流逐渐增大，电压减小。当流过电感电流达到最大时，电感两端电压为 0，充电完毕，即将电流能量转换成磁场能量存储在电感中。图 3-24（a）反映了电流注入电感的过程。

在开关断开前，电感两端的电压已经为 0，电流达到最大。开关断开时，因流过电感的电流不能突变，仍为最大，电感电压跳变到"−"最大，即电感元件中存储的磁场能量转化

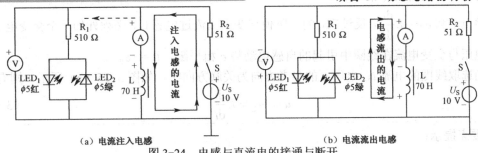

（a）电流注入电感　　　　　　　　　　　　（b）电流流出电感

图3-24　电感与直流电的接通与断开

成电流。电感电流从线圈中流出，经 **LED₂** 和电阻 **R₁** 消耗，随着时间的推移，电感线圈 **L** 的磁场能量减少，电流逐渐减小，当流过电感电流为 0，电感两端电压为 0 时，图 3-24（b）反映了电流从电感流出的过程。

通过上面电感与直流电的接通与断开分析可知，在初始电流为零的电感元件中，如果在（0～t）时间内，电流 i 由零增加到最大值，那么电感元件吸收外界提供的能量，将电能转换为磁场能。当开关断开外界不再提供能量时，电感开始为 LED 提供电能让 LED 继续亮。随着放电的进行，原来电感器存储的磁场能量全部释放出来，即电感器本身只与电源进行能量交换，而不是损耗能量。

2. 电感的"通直流、阻交流"作用与伏安特性

从表 3-3 可见，当电感电路接通直流电源时，电流开始注入电感，直到电路达到稳定的最大值，电感电压为 0，电感相当于处在短路状态，"通直流"。当电感元件接交流电源时，由于交流电的大小、方向不断交替变化，则电感产生与电流方向的自感电动势而阻碍电流的变化，电流变化越快，阻碍作用越大，即"阻交流"。

从表 3-3 还可见，无论是电流注入电感还是流出电感的过程，只要电路中电流发生变化，电感两端就产生电压，且通过电感的电流变化越大，电感两端产生的电压越大。电流不再变化，则电感两端电压为 0。

根据电磁感应定律，当线圈的电流发生变化时，磁链也随之变化，变化的磁链使线圈中产生感应电动势。若磁链 ψ 的参考方向与产生它的电流 i 的参考方向满足右手螺旋关系，并且自感电动势的参考方向与电流的参考方向一致时，如图 3-25（a）所示，电磁感应定律可表示为：

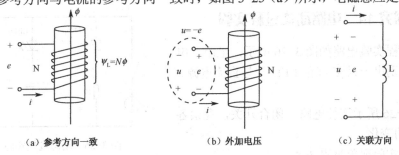

（a）参考方向一致　　　　　　（b）外加电压　　　　　　（c）关联方向

图3-25　电感元件电路符号

$$e = -L\frac{di}{dt} \tag{3-14}$$

式（3-14）是一个重要的公式，该式表明：交变电流 i 流过电感 L 时，使电感两端出现交变

的电感电动势 $e = -L\dfrac{\mathrm{d}i}{\mathrm{d}t}$，反过来，为了驱使交变电流流过电感 L，必须外加一个交变电压 u，这个电压与交变电流在线圈中引起的自感电动势 e 相平衡，$u = -e$。

当选取线圈的电流 i、电压 u 的参考方向为关联方向时，如图 3-25（c）所示，则有：

$$u = -e_L = L\frac{\mathrm{d}i}{\mathrm{d}t} \tag{3-15}$$

> ⚠️ 要点提示：
>
> （1）电感 $L = \dfrac{\psi_L}{i}$ 单位为 H（亨），$1\,\mathrm{H} = 10^3\,\mathrm{mH} = 10^6\,\mathrm{\mu H}$。
>
> （2）电感是储能元件，其储存的磁场能量为 $W_L = \dfrac{1}{2}LI_L^2$。
>
> （3）电感元件具有"通直流、阻交流"的作用。
>
> （4）电感的伏安关系：$u_L = -e_L = L\dfrac{\mathrm{d}i}{\mathrm{d}t}$。

3.6　动态电路的分析方法

3.6.1　动态电路及换路定律

一列火车静止时，处于一种稳态；火车以某一速度匀速运动时，又处于另一种稳态。而火车从静止到匀速行驶，需要一个过程，也就是说从一种稳态到另一种稳态所经历的过程，就是一种过渡过程，即动态过程。在含有储能元件的电路中，也有类似的动态过程。那什么是动态电路？如何分析动态电路？下面来进行分析。

1. 电路的动态过程

如果电路中有储能元件（电容、电感），储能元件状态的变化反映出所存储能量的变化。能量的变化需要一段时间，因此，将电路由一种稳态过渡到另一种稳态所需要的过程称为过渡过程或动态过程。

实践探究 14　电路动态过程实验

动态过程实验电路如图 3-26 所示，电阻、电感、电容分别串一只 $\phi 5$ 红色 LED 并与直流电源相连。

按图 3-26 所示连接电路。闭合开关，观察各电路 LED 的变化。

现象：实验现象见表 3-4。

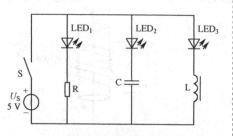

图 3-26　动态过程实验电路

表 3-4　动态过程实验现象

开关	LED$_1$	LED$_2$	LED$_3$
闭合	立即亮	由亮（立即亮）逐渐变暗直到熄灭	由不亮逐渐变亮直至稳定

由表 3-4 可知，在开关 S 闭合瞬间：

在电阻支路的 LED_1 立即亮，而且亮度始终不变，即电阻电路的电流立刻达到稳定值，不需要时间过程。

在电容支路中的 LED_2 由亮（立即亮）逐渐变暗直至熄灭。电流从最大逐渐减小到 0，即电流从一种稳定状态到另一种稳定状态，需要一个过程，即动态过程。

在电感支路中的 LED_3 由不亮逐渐变亮直至稳定，电流从 0 逐渐增大到最大，然后稳定，即电流是从一种稳定状态到另一种稳定状态，也需要一个过程，即动态过程。

2. 换路定律

含有储能元件电容、电感的电路存在过渡过程，其原因是储能元件储存或释放能量是需要过程的。根据电容的伏安关系，电容电流与电容电压随时间的变化率成正比，若电容电压发生突变，则电容电流为无穷大，这显然不可能。根据电感的伏安关系，电感电压与电感电流随时间的变化率成正比，若电感电流发生突变，则电感电压为无穷大，这显然也不可能。

同理，从能量的角度分析，电容中的电场能为 $W_C = \dfrac{1}{2}CU_C^2$，电感中的磁场能为 $W_L = \dfrac{1}{2}LI_L^2$，如果电容两端的电压或电感中的电流能突变，则能量也必然随之突变，而功率 $P = \dfrac{dW}{dt}$ 必然为无穷大，这显然是不可能的。因此，可以得出如下两个重要结论：

（1）电容两端的电压不能突变。

（2）电感中的电流不能突变。

电路中含有电容或电感，当电路的工作条件发生变化时，必定有一个过渡过程。由于电容两端的电压不能突变，电感中的电流不能突变，即在换路的瞬间（$t = 0$）电容上的电压 $u_C(t)$、电感中的电流 $i_L(t)$ 都应保持原值，其表达式为：

$$\begin{cases} u_C(0_+) = u_C(0_-) \\ i_L(0_+) = i_L(0_-) \end{cases} \tag{3-16}$$

式（3-16）称为动态电路的换路定律。式中 $t = 0_-$ 表示电路换路前一瞬间，$t = 0_+$ 表示电路换路后一瞬间，$t = 0$ 表示电路正在换路瞬间。0_-、0、0_+ 实质上是三点合一，但有区别。这里约定：换路的时间间隔为零。初始值是指 $t = 0_+$ 时刻的值。

⚠ **注意**：换路定律仅适用于换路瞬间电容上的电压和电感中的电流，可以用它来确定 $t = 0$ 时电感元件中的电流或电容元件两端电压的初始值。再根据已求得的 $i_L(0_+)$ 和 $u_C(0_+)$ 求电路中的其他电压和电流的初始值。

实例 3-8 如图 3-27 所示电路，开关闭合前电容无储能，已知 $U_S = 12\ V$，$R_1 = 4\ \Omega$，$R_2 = 8\ \Omega$。当 $t = 0$ 时将开关闭合，求换路时各支路电流初始值，电容上电压初始值。

解 选定有关电压、电流的参考方向如图 3-27 所示。

开关闭合前，因为电容无储能，可知 $u_C(0_-) =$

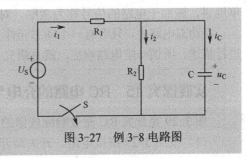

图 3-27 例 3-8 电路图

0。根据换路定律得 $u_C(0_+) = u_C(0_-) = 0$，此时 R_2 被短路，$i_2(0_+) = 0$。

根据 KVL 及欧姆定律有：

$$i_{1(0_+)} = \frac{U_S}{R_1} = 3\,A$$

根据 KCL 有：

$$i_{C(0_+)} = i_{1(0+)} = 3\,A$$

实例 3-9 如图 3-28 所示电路，已知 $U_S = 20\,V$，$R_1 = 6\Omega$，$R_2 = 4\Omega$，求当开关 S 闭合后 $t = 0_+$ 时，各电流及电感电压的数值（开关 S 闭合前电路处于稳态）。

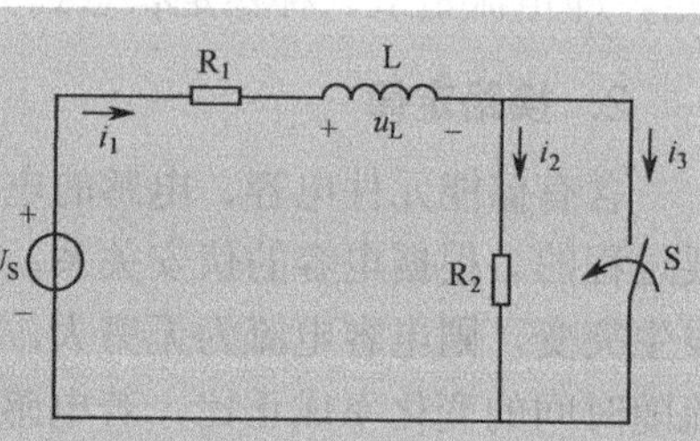

解 选定有关电流和电压的参考方向如图 3-28 所示。

图 3-28 例 3-9 电路图

开关 S 闭合前，电感相当于短路，即

$$i_L(0_+) = i_L(0_-) = \frac{U_S}{R_1 + R_2} = \frac{20}{10} = 2\,A$$

开关闭合后，根据换路定律可知

$$i_1(0_+) = i_L(0_+) = i_L(0_-) = 2\,A$$

因为 R_2 被短路，所以 $u_{R_2}(0_+) = 0$，$i_2(0_+) = 0$。

根据 KCL 有：

$$i_3(0_+) = i_1(0_+) - i_2(0_+) = 2 - 0 = 2\,A$$

根据 KVL 有：

$$u_L(0_+) = U_S - R_1 i_1(0_+) = 20 - 2 \times 6 = 8\,V$$

由此可见，虽然电容电压不能突变，但其电流 i_C 是可以突变的；虽然电感电流不能突变，但其两端电压 u_L 是可以突变的；对电阻元件而言，其两端电压 u 和其中电流 i 都可突变。

想一想：

电容储存电场能量的能量公式中出现的是电容电压，电感储存磁场能量的能量公式中出现的是电感电流。而电容电压不能突变（电容电流可以突变），电感电流不能突变（电感电压可以突变），如何解释？

3.6.2 一阶电路的响应及求解

在电路分析中，经常提到"激励"和"响应"。那么，什么是激励？什么是响应呢？简单地讲，施加于电路的信号称为激励，对激励做出的反应称为响应。

在动态电路中，只含有一个动态元件（储能元件）的电路称为一阶电路，由一阶微分方程进行描述。所谓一阶电路响应，就是研究只含有一种储能元件的电路在激励后所产生的反应。

实践探究 15 RC 电路的充电与放电

图 3-29 是探究 RC 充放响应规律的实验电路。

（1）按图 3-29 搭接电路。开关断开已久，电容无储能。先将开关向 1 闭合，观察电

流表的变化。记录不同时刻的电流值，直到电流为零。

（2）再将开关向 2 闭合，观察电流表的变化。记录不同时刻的电流值，直到电流为零。

（3）重复步骤（1）、（2），观察电容电压的变化，直到电路稳定。

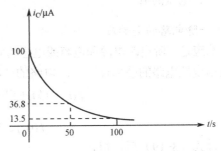

图 3-29　RC 充电与放电电路

现象：

（1）开关向 1 闭合后，电流表瞬间达到最大值约为 100 μA，然后逐步衰减为零。不同时刻的值记录于表 3-5 中。由实验数据表 3-5 可得到 RC 电路充电电流的变化规律，如图 3-30 所示。

（2）开关向 2 闭合后，电流表瞬间达到反向最大值约为 -100 μA，然后逐步趋向于零。不同时刻的值记录于表 3-5 中。

表 3-5　RC 充放电实验现象

RC 充电电流		RC 放电电流	
时间 t/s	电流 i/μA	时间 t/s	电流 i/μA
0	100	0	−100
25	60.6	25	−60.6
50	36.8	50	−36.8
100	13.5	100	−13.5
150	5	150	−5
200	1.8	200	−1.8

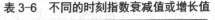

图 3-30　RC 电路充电电流的变化规律

（3）电容电压的变化规律如图 3-31 所示。

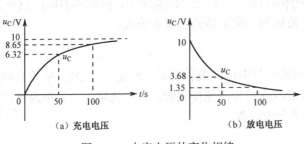

图 3-31　电容电压的变化规律

表 3-6　不同的时刻指数衰减值或增长值

t	$e^{-\frac{t}{\tau}}$	$(1-e^{-\frac{t}{\tau}})$
0	$e^0=1$	$(1-e^0)=0$
τ	$e^{-1}=0.368$	$(1-e^{-1})=0.632$
2τ	$e^{-2}=0.135$	$(1-e^{-2})=0.865$
3τ	$e^{-3}=0.050$	$(1-e^{-3})=0.950$
4τ	$e^{-4}=0.018$	$(1-e^{-4})=0.982$
5τ	$e^{-5}=0.007$	$(1-e^{-5})=0.993$
⋮	⋮	⋮
∞	$e^{-\infty}=0$	$(1-e^{-\infty})=1$

实验证明，一阶电路的响应电流和响应电压按指数规律衰减或增加，指数衰减值或增长值的情况由表 3-6 给出。

1. 一阶电路的响应

1）一阶电路的零输入响应

零输入响应是一阶电路中没有电源（零输入）仅靠电容或电感的储能激励产生的响应，此类响应称为零输入响应。

分析指出：RC 电路电容放电时的电容电压 u_C 或 RL 电路电感与电源断开后的电感电流

i_L 的响应规律均按指数规律衰减，即

$$f'(t) = f(0_+)e^{-\frac{t}{\tau}}, \quad t \geqslant 0_+ \tag{3-17}$$

式（3-17）表明零输入响应的 u_C 和 i_L 是按指数规律衰减的。

2）一阶电路的零状态响应

零状态响应是一阶电路中电容或电感无储能（零状态）仅靠电源激励产生的响应，此类响应称为零状态响应。

分析指出：RC 电路电容充电时的电容电压 u_C 或 RL 电路电感与电源接通后的电感电流 i_L 的响应规律为

$$f''(t) = f(\infty)(1 - e^{-\frac{t}{\tau}}), \quad t \geqslant 0_+ \tag{3-18}$$

式（3-18）表明零状态响应的 u_C 和 i_L 是按指数规律增加的。式中的 $f(\infty)$ 表示换路后电路稳定时电压、电流的值。

3）一阶电路的全响应

全响应是一阶电路电源和电容或电感的储能共同激励产生的响应，此类响应称为全响应。

根据线性电路的叠加性，一阶电路的全响应等于零输入响应与零状态响应之和，即

$$f(t) = f'(t) + f''(t)$$
$$= f(0_+)e^{-\frac{t}{\tau}} + f(\infty)(1 - e^{-\frac{t}{\tau}}), \quad t \geqslant 0_+ \tag{3-19}$$

整理式（3-19）后，得

$$f(t) = f(\infty) + [f(0_+) - f(\infty)]e^{-\frac{t}{\tau}}, \quad t \geqslant 0_+ \tag{3-20}$$

式（3-20）是一个很重要的公式，它包含了一阶电路响应的各种可能。该表达式中响应 $f(t)$ 主要由初始值 $f(0_+)$、换路后的稳态值 $f(\infty)$ 和时间常数 τ 三个因素决定，因此称 $f(0_+)$、$f(\infty)$ 和 τ 为一阶电路的三要素，而式（3-20）被称为一阶电路的三要素公式。

4）时间常数对过渡过程的影响

在 3.2.3 中我们已经知道时间常数对电容充放电速度的影响是：τ 值大，电压、电流衰减或增加的速度就慢；τ 值小，电压、电流衰减或增加的速度就快。τ 值决定了一阶电路过渡过程的时间长短，因此时间常数 τ 是一个重要的参数。

对 RC 电路，有

$$\tau = RC \tag{3-21}$$

对 RL 电路，有

$$\tau = \frac{L}{R} \tag{3-22}$$

所以可以通过电路参数的选取改变 τ 值，来控制过渡过程的时间。

应当说明，从理论上讲，只有经过无限长时间，电路响应才衰减到 0 或增加到稳态定值。但实际上，当 $t = 5\tau$ 时，响应已衰减到初始值的 0.7% 或增加到稳态值的 0.993%。工程中，当 $t \geqslant 5\tau$ 时，可以认为过渡过程基本结束。

2．用三要素法求解一阶电路

在前面的分析中，我们得到了一个很重要的公式，这里将其重写如下：

$$f(t)=f(\infty)+[f(0_+)-f(\infty)]e^{-\frac{t}{\tau}},\ t\geqslant 0_+$$

由于此式中包含了换路瞬间的初始值 $f(0_+)$、换路后的稳态值 $f(\infty)$ 和时间常数 τ 三个因素，所以称之为一阶电路的三要素公式。

运用三要素法求解一阶电路较之其他求解方法简单。在求解一阶电路的响应时，只要求出一阶电路的三个要素，代入三要素公式，其响应就可知。这就是说，**三要素法**的关键是确定 $f(0_+)$、$f(\infty)$ 和 τ，其求解方法如下：

（1）初始值 $f(0_+)$ 利用换路定理和 $t=0_+$ 的等效电路求得。

（2）新稳态值 $f(\infty)$ 由换路后 $t=\infty$ 的等效电路求出。

（3）时间常数 τ 只与电路的结构和参数有关，RC 电路 $\tau=RC$，RL 电路 $\tau=\dfrac{L}{R}$，其中电阻 R 是换路后动态元件两端戴维南等效电路的内阻。如果电路中有多个电阻，则此时的 R 为换路后元件 L 和 C 两端的电阻网络的等效电阻。

实例 3-10　在图 3-32 所示电路中，已知 $R_1=3\,\Omega$，$R_2=2\,\Omega$，$R_3=2\,\Omega$，$L=20\,\text{mH}$，$U=10\,\text{V}$，开关 S 闭合前电路处于稳态，试用三要素法求开关 S 闭合后电感中的电流 i_L，并画出其变化曲线。

解　显然，本题是一个求全响应的问题，可以用三要素法求解。

（1）求初始值 $i_L(0_+)$。

开关 S 闭合前电路处于稳态，电感相当于短路：

$$i_L(0_-)=\frac{U}{R_1+R_2}=\frac{10}{3+2}=2\,\text{A}$$

根据换路定律则有

$$i_L(0_+)=i_L(0_-)=2\,\text{A}$$

（2）求稳定值 $i_L(\infty)$。

开关闭合后，经一段时间的过渡过程后，电路再度处于稳态时，电感相当于短路，故

$$i_L(\infty)=\frac{U}{R_1+(R_2/\!/R_3)}\times\frac{R_3}{R_2+R_3}=\frac{10}{3+1}\times\frac{2}{2+2}=1.25\,\text{A}$$

（3）求 τ。

$$\tau=\frac{L}{R}=\frac{L}{(R_1/\!/R_3)+R_2}=\frac{20\times10^{-3}}{(3/\!/2)+2}=\frac{1}{160}\,\text{s}$$

（4）求 $i_L(t)$。

运用三要素公式得：

$$i_L(t)=i_L(\infty)+[i_L(0_+)-i_L(\infty)]e^{-\frac{t}{\tau}}$$

$$=[1.25+(2-1.25)e^{-160t}]=(1.25+0.75e^{-160t})\,\text{A},\ t\geqslant 0$$

$i_L(t)$ 变化曲线如图 3-33 所示。

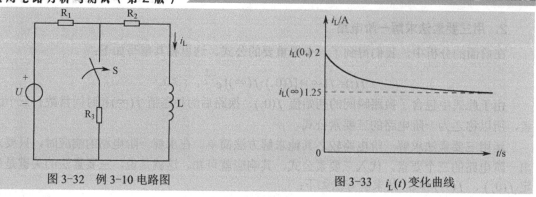

图 3-32　例 3-10 电路图　　　　　　　　　　图 3-33　$i_L(t)$ 变化曲线

实例 3-11　在图 3-34 所示电路中，已知 $U = 9\,\text{V}$，$R_1 = 3\,\text{k}\Omega$，$R_2 = 6\,\text{k}\Omega$，$C = 10\,\mu\text{F}$，开关 S 闭合前，电路处于稳定状态，在 $t = 0$ 时刻将开关 S 闭合，试求电容电压 u_C 的变化规律，并画出 u_C 随时间变化的曲线。

解　该电路在换路前电容已充电，电容器中已储有能量，且 $u_C(0_-) = 9\,\text{V}$。换路后，电容所在的电路部分依然存在电源，所以是求全响应问题。

（1）求 $u_C(0_+)$。

在开关关闭前，电路处于稳态，电容相当于开路，有 $u_C(0_-) = 9\,\text{V}$，由换路定理，得

$$u_C(0_+) = u_C(0_-) = 9\,\text{V}$$

（2）求 $u_C(\infty)$。

换路后电路处于稳定状态，电容相当于开路，因此

$$u_C(\infty) = \frac{R_2}{R_1 + R_2}U = \frac{6}{3+6} \times 9 = 6\,\text{V}$$

（3）求 τ。

开关闭合后，电压源不作用，从电容两端看进去的等效电阻为 R_1 与 R_2 的并联值。

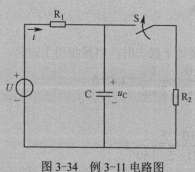

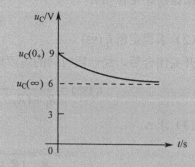

图 3-34　例 3-11 电路图　　　　　　　　　　图 3-35　$u_C(t)$ 变化曲线

$$\tau = R_0 C = (R_1 /\!/ R_2)C = \frac{3 \times 6}{3+6} \times 10^3 \times 10 \times 10^{-6} = 0.02\,\text{s}$$

（4）求 $u_C(t)$。

运用三要素公式得：

$$u_C(t)=u_C(\infty)+[u_C(0_+)-u_C(\infty)]e^{-\frac{t}{\tau}}$$

$$=6+(9-6)e^{-\frac{t}{0.02}}=(6+3e^{-50t})\ \text{V},\ t\geqslant 0$$

$u_C(t)$ 变化曲线如图 3-35 所示。

想一想：

试定性绘制 $f(0_+)>f(\infty)$，$f(\infty)\neq 0$ 和 $f(\infty)=0$ 时的 $f(t)$ 曲线和 $f(0_+)<f(\infty)$，$f(0_+)\neq 0$ 和 $f(0_+)=0$ 时的 $f(t)$ 曲线，并用文字描述。

3.6.3　一阶电路的应用

前面我们讨论了一阶电路的动态过程。在电子技术中特别是弱电系统中动态过程得到了广泛的应用，如利用电容器充电和放电过渡过程的微分电路、积分电路、多谐振荡器等。

微分电路是指输出电压与输入电压之间呈微分关系的电路。微分电路可以由 RC 或 RL 电路构成。最简单的 RC 微分电路如图 3-35（a）所示，构成 RC 微分电路，即 $u_o\approx RC\dfrac{du_i}{dt}$，必须满足两个条件：（1）RC 串联电路从电阻 R 输出电压；（2）输入脉冲的宽度 t_p 要比 RC 充放电电路的时间常数 τ 大得多，即 $t_p\gg\tau$。

微分电路的主要作用是将输入的矩形脉冲电压 u_i 变换为正负交替的尖脉冲 u_o，如图 3-35（b）所示，常用做脉冲电路的触发信号。

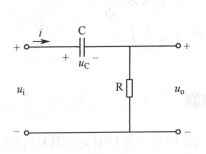

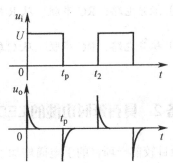

（a）RC微分电路　　　　　　　　　　（b）微分电路的输入/输出波形

图 3-35　微分电路

积分电路是指输出电压与输入电压之间为积分关系的电路。积分电路也可以由 RC 或 RL 电路构成。最简单的 RC 积分电路如图 3-36（a）所示，构成 RC 积分电路，即 $u_o\approx\dfrac{1}{RC}\displaystyle\int u_i dt$，必须满足两个条件：（1）RC 串联电路从电容 C 输出电压；（2）输入脉冲的宽度 t_p 要远小于 RC 充放电电路的时间常数 τ，即 $\tau\gg t_p$。

在实用电路中常需要将矩形脉冲信号变为锯齿波信号，如图 3-36（b）所示，这种变换可用积分电路来完成。

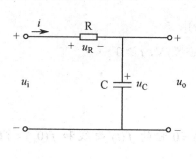

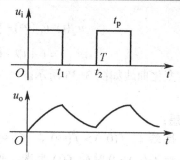

（a）RC积分电路 　　　　　（b）积分电路的输入/输出波形

图 3-36　积分电路

！要点提示：

（1）换路定律：$\begin{cases} u_C(0_+) = u_C(0_-) \\ i_L(0_+) = i_L(0_-) \end{cases}$。

（2）一阶电路的全响应=零输入响应+零状态响应：

$$f(t) = f(0_+)e^{-\frac{t}{\tau}} + f(\infty)(1 - e^{-\frac{t}{\tau}}),\ t \geqslant 0_+,\ 其中：\tau = RC\ 或\ \tau = \frac{L}{R}。$$

（3）一阶电路三要素公式：

$$f(t) = f(\infty) + [f(0_+) - f(\infty)]e^{-\frac{t}{\tau}},\ t \geqslant 0_+。$$

（4）微分电路：RC 串联，从 R 输出，且 $t_P \gg \tau$，则　$u_o \approx RC\dfrac{du_i}{dt}$。

（5）积分电路：RC 串联，从 C 输出，且 $\tau \gg t_p$ 则　$u_o \approx \dfrac{1}{RC}\int u_i dt$。

任务 2　具有延时功能的 LED 手电筒的试制

本项目较前一项目的手电筒增加了延时功能。具有延时功能的 LED 电筒是利用电容的储能原理，让 LED 立即亮却不立即灭，而是一个逐渐完成的过程。

1. LED 手电筒电路分析

如图 3-37（a）所示电路是具有延时功能的 LED 手电筒的原理图，图 3-37（b）是印制电路板图。具有延时功能的 LED 手电筒是由一个电容、三个电阻、一个 LED（选用 $\phi5$ 红色）、一个开关和一个 5 V 的电源组成的电路。R_2 是充电（及限流）电阻，R_3 是辅助放电电阻，目的是使电容充分放电到 0 V。关闭开关 S，电容开始充电，LED 逐渐变亮。稳定后断开开关 S，此时电容开始放电为整个电路提供电能，直至储存的电能用完，LED 逐渐熄灭。

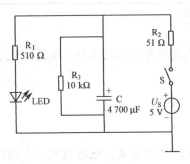

（a）原理图

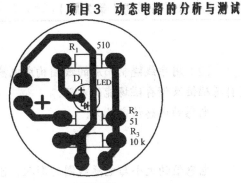

（b）印制电路板

图 3-37 具有延时功能的 LED 手电筒原理图及印制板

2. 试制与测试

制作：在电路板上焊接电路，并自行制作外壳，完成有延时功能的 LED 手电筒的试制工作。此电路比较简单，也可以在面包板直接搭建。

测试：（1）在没有焊接电容时，闭合开关，LED 立即亮，断开开关，LED 立即灭。

（2）焊接电容后，闭合开关，LED 很快就亮，在电路稳定后断开开关，LED 逐渐变暗直到熄灭。

> ❗ **注意：** 在选择电容的时候，注意其电压值，在焊接 LED 和电容时注意正负极。

LED 延时手电筒的实物，如图 3-38 所示。

图 3-38 延时手电筒

🔧 知识梳理与总结

1. 电容与电感

（1）导体间夹有绝缘材料构成**电容**。电容是储存电能的电器元件，电容反映了电容储存电荷（或电能）的能力。

电容的电容值定义为：

$$C = \frac{Q}{U}$$

电容值的大小与电容的结构特点和电介质有关，如平板电容的电容值为：

$$C = \frac{\varepsilon S}{d}$$

（2）用导线绕制而成的线圈构成电感。电感是储存磁能的元件，电感反映了线圈产生自感磁链及储存磁场能的本领。

电感的电感值定义为：

$$L = \frac{\Psi_L}{I}$$

电感值的大小与电感线圈的形状、匝数和几何尺寸有关，电感线圈中有磁性材料可显著增加其电感。

2．电容、电感的特性

1）电容

（1）储能特性：充电时把能量储存起来，放电时把储存的能量释放出去。储存在电容中的电场能量为：

$$W_C = \frac{1}{2} C U_C^2$$

（2）伏安特性：流过电容的电流与电容所加电压的变化率成正比，即

$$i = C \frac{\mathrm{d}u_C}{\mathrm{d}t}$$

在稳定直流电路中，理想电容元件可视为开路，即电容具有隔直流、通交流的特点。

2）电感

（1）储能特性：电流流入线圈时，电能转换成磁能量储存起来，电流流出线圈时，磁能转换成电能释放出去。储存在电感中的磁场能量为：

$$W_L = \frac{1}{2} L I^2$$

（2）伏安特性：电感两端的电压与流过电感的电流的变化率成正比，即

$$u = L \frac{\mathrm{d}i}{\mathrm{d}t}$$

在稳定直流电路中，理想电感元件可视为短路，即电感具有通低频、阻高频的特点。

3．电容的连接

（1）电容最基本的连接方法有串联和并联。

（2）串联电容的总电容的倒数等于各电容值的倒数之和，即

$$\frac{1}{C} = \frac{1}{C_1} + \frac{1}{C_2} + \cdots + \frac{1}{C_n}$$

（3）并联电容的总电容等于各电容值之和，即

$$C = C_1 + C_2 + \cdots + C_n$$

4．电容、电感的识别与选用

（1）电容最重的参数是额定电压（耐压）和容量，对于电解电容还要注意其极性。

（2）电感最重要参数是额定电流、电感和品质因数。

（3）电容、电感的标注方法与电阻相似，有直标法、文字符号法和色标法。

（4）选用元件时除了考虑其参数是否合适，还要注意其分类特点，并判断元件的好坏。

5．动态电路

（1）产生动态过程的原因：电路中含有储能元件 C 或 L（内因），电路发生换路（外因），实质是能量不能突变。

（2）表现为换路时电容两端的电压和电感中的电流不能突变，即换路定律：

$$\begin{cases} u_C(0_+) = u_C(0_-) \\ i_L(0_+) = i_L(0_-) \end{cases}$$

（3）一阶电路全响应=零输入响应+零状态响应，即

$$f(t) = \underbrace{f(0_+)\mathrm{e}^{-\frac{t}{\tau}}}_{} + \underbrace{f(\infty)(1-\mathrm{e}^{-\frac{t}{\tau}})}_{}, t \geq 0_+$$

全响应 ＝ 零输入响应 ＋ 零状态响应

6．一阶电路的三要素法

（1）三要素的公式：$f(t) = f(\infty) + [f(0_+) - f(\infty)]\mathrm{e}^{-\frac{t}{\tau}}, t \geq 0_+$

（2）三要素法的关键是确定初始值 $f(0_+)$、新稳态值 $f(\infty)$ 和时间常数 τ，求解方法如下：

① 初始值 $f(0_+)$，利用换路定理和 $t = 0_+$ 的等效电路求得。

② 新稳态值 $f(\infty)$，由换路后 $t = \infty$ 的等效电路求出。

③ 时间常数 τ，只与电路的结构和参数有关，RC 电路 $\tau = RC$，RL 电路 $\tau = \dfrac{L}{R}$，

其中，R 是换路后动态元件两端戴维南等效电路的内阻。

7．微分电路与积分电路

微分电路和积分电路均可由简单的 RC 串联电路构成，但：

（1）微分电路：从 R 输出，且 $t_p \gg \tau$，则 $u_o \approx RC\dfrac{\mathrm{d}u_i}{\mathrm{d}t}$。

（2）积分电路：从 C 输出，且 $\tau \gg t_p$ 则 $u_o \approx \dfrac{1}{RC}\int u_i \mathrm{d}t$。

作用：微分电路将输入的矩形脉冲变换为正负交替的尖脉冲；积分电路将矩形脉冲变换为锯齿波。

测试与练习题 3

一、填空题

1．电容的参数主要有＿＿＿＿＿＿、电容容量、允许误差、温度系数、损耗等。

2．电感的参数主要有＿＿＿＿＿、品质因数、允许误差、分布电容等。

3．电容定义为＿＿＿＿＿；电感定义为＿＿＿＿＿。

4．＿＿＿＿＿元件储存电能，其储能 $W_C = $＿＿＿＿＿；＿＿＿＿＿元件储存磁能，其储能 $W_L = $＿＿＿＿＿。

5．电容的伏安关系为＿＿＿＿＿；电感元件的伏安关系为＿＿＿＿＿。

6．电路产生过渡过程的内因是电路中＿＿＿＿＿＿＿；外因是＿＿＿＿＿。

7．动态电路换路瞬间一般_____电压和_____电流保持不变。

8．动态电路可以利用 $t=0_+$ 时的等效电路计算各电压、电流的初始值，若电感电流 $i_L(0_+) \neq 0$，则在 $t=0_+$ 时电路中的电感用_____替代。

9．动态电路可以利用 $t=0_+$ 时的等效电路计算各电压、电流的初始值，若电容电压 $u_C(0_+) \neq 0$，则在 $t=0_+$ 时电路中的电容用_____替代。

10．对于电感电流和电容电压不能跃变的电路，若电路的初始储能为零，则在 $t=0_+$ 时，电容相当于_____；　电感相当于_____。

11．RC 串联电路过渡过程的时间常数 $\tau=$_____；而 RL 串联电路的时间常数 $\tau=$_____。时间常数 τ 越小，过渡过程的时间越_____。

12．在直流一阶 RL 电路中，若 $i_L(\infty)=2\,\text{A}$，时间常数 τ 为 0.25 s，则电感电流在 $t \geq 0$ 时的零状态响应表达式为_____。

13．RC 串联电路构成积分电路的条件是：（1）RC 串联电路，从_____输出电压；（2）输入脉冲的宽度 t_p 和电路的时间常数 τ 满足关系_____。

14．RC 串联电路构成微分电路的条件是：（1）RC 串联电路，从_____输出电压；（2）输入脉冲的宽度 t_p 和电路的时间常数 τ 满足关系_____。

二、判断题

1．一个电容在单位电压作用下所能存储的电荷越多，容量就越大。　　　（　　）
2．电容串联则其从电源获得的总电荷量为 $Q = Q_1 + Q_2 + Q_3$。　　　（　　）
3．电容处于串联状态，则每个电容器都带有相等的电荷量。　　　（　　）
4．在电容串联电路中，电容量大的电容器上承受的电压高。　　　（　　）
5．若 C_1、C_2 两电容并联，则其等效电容为 $C = C_1 + C_2$。　　　（　　）
6．电感除其储能特性外，还有一个重要特性是"通直流，阻交流"。　　　（　　）
7．如果电容两端有电压，电容中就会有电流。　　　（　　）
8．如果电感线圈两端电压为零，它储存的磁能也一定为零。　　　（　　）

三、选择题

1．两个电容并联，其等效电容量 C 与各电容的关系为（　　）。

A. $\dfrac{1}{C} = \dfrac{1}{C_1} + \dfrac{1}{C_2}$　　　B. $C = C_1 + C_2$　　　C. $C = \dfrac{C_1 C_2}{C_1 + C_2}$

2．两个电容串联，其等效电容量 C 与各电容的关系为（　　）。

A. $\dfrac{1}{C} = \dfrac{1}{C_1} + \dfrac{1}{C_2}$　　　B. $C = C_1 + C_2$　　　C. $C = \dfrac{C_1 C_2}{C_1 + C_2}$

3．电容具有（　　）特性。

A. 通直流和交流　　　　　　　B. 隔直流，通交流

C. 通直流，隔交流　　　　　　D. 通低频，阻高频

4．电感具有（　　）特性。

A. 通低频，阻高频　　　B. 隔直流，通交流　　　C. 通高频，阻低频

5．动态元件的初始储能在电路中产生的零输入响应中（　　）。

A．仅有稳态分量　　　B．仅有暂态分量　　　C．既有稳态分量，又有暂态分量

6．在换路瞬间，下列说法中正确的是（　　）。

A．电感电流不能突变　B．电感电压必然突变　C．电容电流必然突变

7．工程上认为 $R = 25\ \Omega$、$L = 50\ \text{mH}$ 的串联电路中发生暂态过程时将持续（　　）。

A．$30 \sim 50\ \text{ms}$　　　B．$37.5 \sim 62.5\ \text{ms}$　　　C．$6 \sim 10\ \text{ms}$

8．图 3-39 所示电路换路前已达稳态，在 $t = 0$ 时断开开关 S，则该电路（　　）。

A．有储能元件 L，要产生过渡过程

B．有储能元件且发生换路，要产生过渡过程

C．因为换路时元件 L 的电流储能不发生变化，所以该电路不产生过渡过程

9．图 3-40 所示电路已达稳态，现减小阻值，则该电路（　　）。

A．因为发生换路，要产生过渡过程

B．因为电容的储能值没有变，所以不产生过渡过程

C．因为有储能元件且发生换路，要产生过渡过程

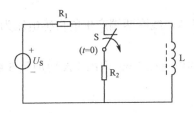
图 3-39　选择题 8 电路图

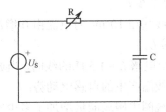
图 3-40　选择题 9 电路图

10．下列说法正确的是（　　）。

A．电感两端的电压是不能发生突变的，只能连续变化

B．电容两端的电压是不能发生突变的，只能连续变化

C．如果电容两端有电压，电容中就会有电流

D．如果电感两端电压为零，它存储的磁能也一定为零

11．下列说法错误的是（　　）。

A．RL 一阶电路的零状态响应，u_L 按指数规律上升，i_L 按指数规律衰减

B．RC 一阶电路的零状态响应，u_C 按指数规律上升，i_C 按指数规律衰减

C．RL 一阶电路的零输入响应，u_L 按指数规律衰减，i_L 按指数规律衰减

D．RC 一阶电路的零输入响应，u_C 按指数规律上升，i_C 按指数规律衰减

四、计算题

1．3 个 $60\ \mu\text{F}$ 的电容器，串联后总电容为多大？并联后总电容为多大？

2．$60\ \text{pF}$ 和 $30\ \text{pF}$ 的电容器串联后，再与 $80\ \text{pF}$ 的电容器并联，总电容有多大？

3．如图 3-41 所示，$C_1 = C_2 = 20\ \mu\text{F}$，$C_3 = C_4 = 40\ \mu\text{F}$，试求：

（1）当 S 断开时，A 和 B 之间的等效电容。

（2）当 S 闭合时，A 和 B 之间的等效电容。

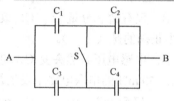

图 3-41　计算题 3 电路图

4. 一个电容为 10 μF 的电容器，带有 1.5×10^{-6} C 电荷量，该电容器的端电压是多少？储存的电场能量是多少？

5. 一个 $C = 10$ μF 的电容器在放电过程中电压由 20 V 下降到 2 V，问该电容器释放了多少电场能？

6. 一个电容 $C = 300$ μF 的电容器在 1 ms 内，端电压由 0 上升到 60 V，则充电电流是多少？

7. 在 $L = 10$ mH 的线圈中要产生 100 V 自感电动势，若所用时间为 20 ms，则线圈中电流的变化量是多少？

8. 一个线圈在 10 ms 内电流由 0 增加到 0.5 A，线圈两端产生的自感电压为 250 V，求该线圈的电感 L。

9. 有一个电感 $L = 1.5$ H 的线圈，当通过它的电流在 5 ms 内由 1 A 增加到 5 A 时，试求：

（1）线圈产生的自感电动势；

（2）线圈中磁场能量增加了多少？

10. 一阶电路如图 3-42 所示，求开关 S 打开时电路的时间常数。

11. 电路如图 3-43 所示，开关 S 在 $t = 0$ 时闭合，则 $i_L(0_+)$ 为多大？

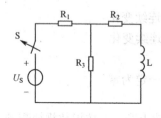

图 3-42　计算题 10 电路图

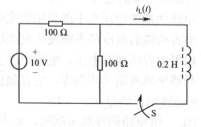

图 3-43　计算题 11 电路图

12. 电路如图 3-44 所示。已知 $t < 0$ 时电路已达稳态，$t = 0$ 时开关由 1 扳向 2，求 $i_L(0_+)$，$u_L(0_+)$，$u_R(0_+)$。

13. 电路如图 3-45 所示。已知 $t < 0$ 时电路已达稳态，$t = 0$ 时开关闭合，已知 $u_C(0_-) = 4$ V，求 $i_C(0_+)$，$u_R(0_+)$。

14. 求图 3-46 所示电路中开关 S 在 1 和 2 位置时的时间常数。

15. 电路如图 3-47 所示。在 $t < 0$ 时为稳态，$t = 0$ 时 S 闭合，求 $t \geq 0$ 时的 $i_L(t)$。

16. 电路如图 3-48 所示。已知 $t = 0$ 时，开关 S 闭合，已知 $u_C(0_-) = 0$，试求：

（1）电容电压和电流；

（2）$u_C = 80$ V 时的充电时间 t。

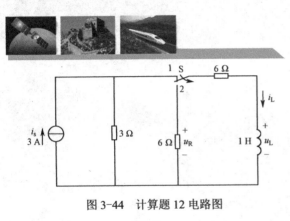

图 3-44　计算题 12 电路图

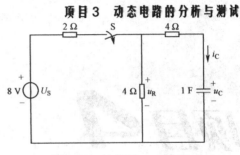

图 3-45　计算题 13 电路图

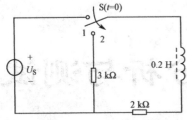

图 3-46　计算题 14 电路图

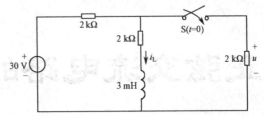

图 3-47　计算题 15 电路图

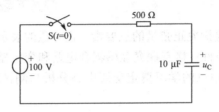

图 3-48　计算题 16 电路图

项目 4

正弦交流电路的分析与测试

教学导引：首先通过实验探究正弦量的三要素、正弦量的表示方法、正弦交流电路中电阻 R、电容 C 和电感 L 的基本特性；接着探究互感耦合电路和变压器的原理、电压变换、电流变换和阻抗变换关系；通过本项目的学习奠定交流电路分析与测试的基础。**本项目的教学目标如下**。

知识目标：

掌握正弦量的三要素——幅值、频率和初相；

掌握正弦量的瞬时值表示法和相量表示法；

掌握正弦交流电路中电阻 R、电容 C 和电感 L 的基本特性；

掌握互感耦合电路的概念；

了解变压器的工作原理，能够用电压变换、电流变换和阻抗变换关系解决实际问题。

技能目标：

会使用常用电工仪表测量电压、电流等基本参数；

能读懂一般直流、交流电路原理图；

能对照简单实际电路绘制电路原理图；

会按照原理图进行实用电路的分析与安装。

素质目标：

培养分析问题和解决问题的能力；

提高沟通交流的能力；

提高积极应对困难的勇气和智慧；

增强安全生产意识；

提高产品质量意识。

4.1　交流电的概念、特征及表示法

通过实践测试扬声器的基本特性，感知交流信号的主要特征，理解正弦量的三要素——幅值、频率和初相，学会应用瞬时值表示法和相量表示法表示正弦量。

4.1.1　正弦交流电的概念与主要参数

项目 1、2 主要讨论直流电源作用于电路的情况，但在实际生活中应用较多的却是交流电，这是因为交流电相比于直流电有如下优点。

（1）正弦交流电在电力供电系统中广泛应用，在通信电路和自控系统的信号中，虽然不是按正弦方式变化，但可由不同频率的正弦量叠加而成。

（2）交流电可通过变压器任意变换电压、电流，便于输送、分配和使用。

（3）交流发电机和电动机比直流的简单、经济和耐用，所以研究交流电不论在理论上还是实际应用上都有重要意义和价值。

1. 正弦交流电的概念

什么是**交流电**呢？可以看一看图 4-1 中的电流波形，图 4-1（a）是恒定不变的电流，称为直流；图 4-1（b）是无规律变化的电流，称为非周期电流；图 4-1（c）是单方向变化的电流，称为脉动电流；图 4-1（d）和图 4-1（e）是大小和方向随时间作周期性变化的电压或电流，称为交流电；而图 4-1（e）是按正弦规律变化的交流电，称为正弦交流电，也称正弦量。交流电是随时间变化的，任一瞬间的电压或电流值叫瞬时值，一般用小写的 u、i 表示。

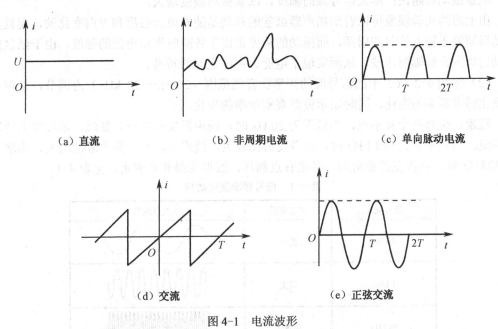

图 4-1　电流波形

用语言和文字描述交流电的特征或状态对初学者而言很抽象，为了便于读者对交流电有较形象的理解和较深刻认识，我们一起来做实验，通过实验认知交流电的特征。

实践探究 16　扬声器基本性能测试

为了将抽象的概念转化为人可以感知的物理现象，通过对扬声器的基本性能进行测试，探究交流电的特征。

扬声器基本性能测试电路如图 4-2 所示，按下列操作观察扬声器纸盆的反应情况。

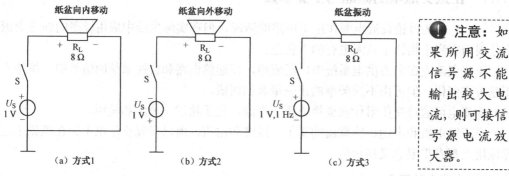

图 4-2　扬声器基本性能测试

（1）分别按图 4-2（a）、图 4-2（b）、图 4-2（c）所示连接电路，用手去触摸扬声器的纸盆，感觉纸盆的移动。

现象：图 4-2（a）测试的结果是扬声器纸盆向内移动。图 4-2（b）测试的结果是扬声器纸盆向外移动。图 4-2（c）测试的结果是扬声器纸盆发生内外振动，增大信号源的频率，纸盆振动得越快；增大信号源的幅度，纸盆振动幅度增大。

由上面的实验现象可以看出扬声器纸盆的移动是随着电流强度和方向变化的，而且其振动周期等于输入信号的周期，而振动的幅度正比于各瞬时作用电流的强度。由于纸盆的振动向周围介质辐射声波，从而实现了电能、声能之间的转换。

（2）将图 4-2（c）中的信号源的频率在音频范围（20 Hz～20 kHz）内调节，从声音的变化感觉频率的变化，同时用示波器观察频率的变化。

现象：选择几个频率点，当频率为 20 Hz 时，扬声器发出的声音低沉，示波器上的波形稀疏；当频率增大到 1 kHz 时，声音变得比较尖，波形比较密；频率继续增大，当增大到 20 kHz 时，声音变得非常尖，甚至有点刺耳，波形变得非常密集，见表 4-1。

表 4-1　信号频率测试数据

信号频率	声音效果	示波器波形
20 Hz	低沉	
1 kHz	较尖	
20 kHz	非常尖	

（3）将图 4-2（c）中的信号源的频率设为 1 kHz，振幅在 1 V 以下范围内调节，从声音的变化感觉振幅的变化，同时用示波器观察振幅的变化。

现象：选择几个幅度值，当幅值为 0.2 V 时，扬声器发出的声音小，示波器上的波形小；当幅值增大到 0.5 V 时，声音变得较大，波形也较大；幅值继续增大，当增大到 1 V 时，声音随之变得更大，波形也变得更大，见表 4-2。

表 4-2　信号幅值测试数据

信号幅值/V	声音效果	示波器波形
0.2	小	◁◁◁◁◁◁◁◁
0.5	较大	◁◁◁◁◁◁◁◁
1	最大	◁◁◁◁◁◁◁◁

2．周期与频率

观察表 4-1 可知：扬声器发出的声音越尖，示波器上的波形越密，输入信号的频率就越大。同时从示波器波形上可以看出，正弦量是周期性信号，变化一个循环所用的时间称为**周期**，用大写字母 T 表示，如图 4-3 所示，它的基本单位是秒（s）。周期单位中常使用毫秒（ms）和微秒（μs），$1 \mu s = 10^{-3} ms = 10^{-6} s$。

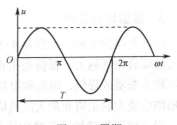

图 4-3　周期

正弦量在 1 秒内完成周期性变化的次数称为**频率**，用小写字母 f 表示。频率的基本单位是赫兹（Hz）。常用的频率单位还有千赫（kHz）和兆赫（MHz）（$1 kHz = 10^3 Hz$，$1 MHz = 10^6 Hz$）。

例如表 4-1 中第 1 个波形，显示了 2 个正弦波，共用了 0.1 s，则它的周期为 0.1/2 = 0.05 s，频率为 2/0.1 s = 20 Hz；第 2 个波形，显示了 8 个正弦波，共用了 0.008 s，则它的周期为 0.008/8 = 0.001 s，频率为 8/0.008 s = 1 000 Hz = 1 kHz。

可见周期可以表示波形变化的快慢，周期越长波形变化的速度越慢；反之，波形变化的速度越快。

同样频率也可以表示波形变化的快慢。频率越高波形变化得越快；反之，波形变化的速度越慢。

可见周期和频率是表示正弦量变换快慢的重要参数。同时也不难看出频率与周期互为倒数关系，即

$$f = \frac{1}{T} \tag{4-1}$$

频率越高，周期越短，波形变化越快；周期与频率成反比。

我国电力工业的标准频率为 50 Hz，习惯上称为工频，它的周期是 0.02 s。美国和日本的工频为 60 Hz。声音信号的频率大致是 20 Hz～20 kHz，无线电调频广播的频率为 88～108 MHz，目前常用的电视信号的频率则在 48.5～957.5 MHz 之间。

另外还常用到**角频率** ω，ω 是形成正弦量的旋转矢量的角速度，单位是弧度/秒（rad/s），它反映了正弦量变化的快慢。由于正弦量在一个周期经过的角度为 2π 弧度，即 $\omega T = 2\pi$，故有

$$\omega = \frac{2\pi}{T} = 2\pi f \tag{4-2}$$

当 $f = 50$ Hz 时，$\omega = 2\pi f = 314\,\text{rad/s}$。

实例 4-1　已知一正弦电压其频率 $f_1 = 60$ Hz，试问其周期 T_1 为多少？一正弦电流的周期 $T_2 = 0.004$ s，求其频率 f_2 为多少？

解　正弦电压的周期为：

$$T_1 = \frac{1}{f_1} = \frac{1}{60} = 0.016\,7\ \text{s}$$

正弦电流的频率为：

$$f_2 = \frac{1}{T_2} = \frac{1}{0.004} = 250\ \text{Hz}$$

3. 幅值与有效值

通过上面的实验，观察表 4-2 可知：扬声器发出的声音越大，示波器上的波形越大，输入信号的幅值也就越大。**幅值**是指正弦交流电在周期性变化中出现的最大瞬时值，也称**最大值**，还可称为振幅或峰值，电流和电压的最大值分别用 I_m 和 U_m 表示，如图 4-4 所示。峰峰值是指波形图中最大的正值和最大的负值之间的差，分别用 $I_\text{p-p}$ 和 $U_\text{p-p}$ 表示，如图 4-4 所示。

最大值不能确切地反映电能量转换的效果，工程上常用有效值表示交流电的量值。而**有效值**是从电流的热效应来规定的。如果周期电流 i 在其一个周期 T 秒内流过电阻产生的热量与某一直流电流 I 在同一时间 T 内流过该电阻产生的热量相等，则直流电的数值 I 称为周期电流 i 的有效值。图 4-5 为正弦交流电有效值示意图。电流和电压的有效值分别用大写字母 I 和 U 表示。

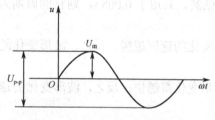

图 4-4　峰值和峰峰值

图 4-5　正弦交流电有效值示意图

根据上述有效值的定义，可以算出正弦交流电的最大值和有效值之间的关系为：

$$I = \frac{I_\text{m}}{\sqrt{2}} = 0.707 I_\text{m} \tag{4-3}$$

同样

$$U = \frac{U_\mathrm{m}}{\sqrt{2}} = 0.707 U_\mathrm{m} \qquad\qquad (4\text{-}4)$$

即正弦量的有效值等于它的最大值除以 $\sqrt{2}$。

　　在工程上，通常所说的正弦电压、电流的大小一般指有效值。例如，220 V/25 W 的白炽灯是指它的额定电压的有效值为 220 V，交流测量仪表指示的电压、电流读数，电气设备与电子仪器的额定电压和额定电流都是有效值。但是选择元器件的耐压值时，应考虑使用电压的最大值。

实例 4-2　有一电容器，耐压为 220 V，问能否接在电压为 220 V 的电源（民用电）上。

解　因民用电是正弦交流电，电压的振幅为

$$U_\mathrm{m} = \sqrt{2}U = \sqrt{2} \times 220 = 311\mathrm{V}$$

这超过了电容器的耐压，可能击穿电容器，所以不能接在 220 V 上。

实例 4-3　正弦电流的振幅值为 10 A，求用安培表测出的数值为多少。

解　因安培表测出的是交流电的有效值，故有

$$I = \frac{I_\mathrm{m}}{\sqrt{2}} = \frac{10}{1.414} = 7.07\,\mathrm{A}$$

用安培表测出的数值为 7.07 A。

实践探究 17　不同初相位信号测试

　　用函数信号发生器产生 5 个信号——$u_0 \sim u_4$ 的频率均为 800 Hz，峰值为 1 V，相位分别为 $0°$、$0°$、$180°$、$90°$ 和 $135°$ 的正弦信号。

　　在面包板上搭接图 4-6 所示电路，基准信号 u_0 由示波器 1 通道显示，并使扬声器 R_{L_1} 发声。$u_1 \sim u_4$ 依次由示波器 2 通道显示，并使扬声器 R_{L_2} 发声，观察和比较示波器上的两个波形。

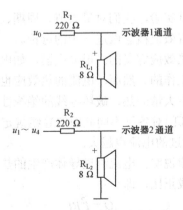

图 4-6　不同初相位测试电路

　　现象：当输入信号为 u_1 时，示波器两个通道中的波形一模一样；当输入信号为 u_2 时，

示波器两个通道中的波形反相；当输入信号为u_3时，示波器2通道显示的波形超前1通道的波形90°；当输入信号为u_4时，示波器2通道显示的波形超前1通道的波形135°，见表4-3。

表4-3 不同初相位信号比较

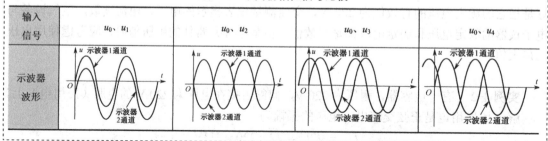

4. 相位和相位差

通过上面的实验，观察表4-3可知：两个频率相同、幅度相同的波形起点和发展趋势不同表示不同的初相位。$t=0$的正弦量的相位称为初相位，简称**初相**，用ψ表示。计时起点选择不同，正弦量的初相不同。习惯上初相用小于180°的角表示，即其绝对值不超过π。

两个同频率正弦量的相位之差称为**相位差**。设频率相同的电压和电流，电压和电流的初相分别用ψ_u、ψ_i表示，则$\varphi=\psi_u-\psi_i$称为电压与电流的相位差。若相位差为0，则电压与电流同相；相位差为π，则电压与电流反相；相位差为$\dfrac{\pi}{2}$，则电压与电流正交。另外，若相位差$\varphi>0$，则称电压超前电流φ角；若相位差$\varphi<0$，则称电压滞后电流φ角。

> ❗ **注意**：正弦量中相位$(\omega t+\psi_i)$是随时间变化的，$t=0$时正弦量的相位称为初相位，初相位反映了正弦量的初始状态，它的初相位是与计时起点的选择有关的量。两个同频率正弦量的相位之差称为相位差，相位差是与计时起点选择无关的量。

🔲 探究迁移

通过扬声器基本性能的测试实验，我们对最大值、周期、频率、相位等概念有了认识，也对有效值有所了解，这里对有效值概念做进一步的讨论。

有效值的概念是由电流的热效应定义的。很多电器，如电炉、电熨斗、电烤箱、电饭锅等都是利用电流的热效应原理工作的。然而，电流的热效应也有其不利的一面。大电流通过导线而导线不够粗时，就会产生大量的热，破坏导线的绝缘性能，导致线路短路，引发电火灾。为了避免导线过热，有关部门对各种不同截面的导线规定了允许最大通过的电流（安全电流）。导线截面越大，允许通过的电流也越大。

电流的热效应可由焦耳定律说明：电流流过导体产生的热量跟电流的平方成正比，跟导体的电阻成正比，跟通电时间成正比，即

$$Q=I^2Rt \tag{4-5}$$

根据有效值的定义，$Q_{直流}=Q_{交流}$，有

$$I^2Rt = R\int_0^T i^2 \mathrm{d}t \quad \text{或} \quad I = \sqrt{\frac{1}{T}\int_0^T i^2 \mathrm{d}t} \tag{4-6}$$

将正弦电流 $i = I_\mathrm{m}\sin\omega t$ 代入式（4-6），得：

$$I = \sqrt{\frac{1}{T}\int_0^T I_\mathrm{m}^2 \sin^2 \omega t \mathrm{d}t}$$

先对式中的三角函数部分进行积分：

$$\int_0^T \sin^2 \omega t \mathrm{d}t = \int_0^T \frac{1-\cos 2\omega t}{2}\mathrm{d}t = \frac{1}{2}\int_0^T \mathrm{d}t - \frac{1}{2}\int_0^T \cos 2\omega t \mathrm{d}t = \frac{T}{2} - 0 = \frac{T}{2}$$

所以

$$I = \sqrt{\frac{1}{T}I_\mathrm{m}^2 \frac{T}{2}} = \frac{I_\mathrm{m}}{\sqrt{2}}$$

即正弦量的最大值和有效值有 $\sqrt{2}$ 倍关系，它们表征正弦量数值的大小。

4.1.2 正弦量的表示法

正弦量有瞬时值、波形图、相量和相量图四种表示方法。

1. 正弦量的瞬时值与波形图

正弦交流电可以用正弦函数的解析式表示，解析式也叫瞬时值表达式，如式（4-7）。表示瞬时值随时间变化规律的图形称为波形图，如图 4-7 所示。

以正弦交流电为例，其表达式为：

$$i(t) = I_\mathrm{m}\sin(\omega t + \psi_\mathrm{i}) \tag{4-7}$$

式中，I_m 为电流的幅值；ω 为电流的角频率；ψ_i 为电流的初相。

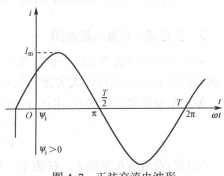

图 4-7 正弦交流电波形

可见，表达式中 I_m、ω 和 ψ_i 一旦确定，正弦电流也就确定了。按照式（4-7）绘制正弦电流的波形，如图 4-7 所示，图中幅值、角频率和初相描述了电流的基本特征，称为正弦交流电的三要素。

实例 4-4 试说明正弦交流电流 $i = 0.5\sin(314t - 30°)$ A 与电压 $u = 311\sin(314t + 60°)$ V 的三要素。

解 （1）正弦电流的三要素为：振幅 $I_\mathrm{m} = 0.5$ A，角频率 $\omega = 314$ rad/s，初相 $\psi_\mathrm{i} = -30°$。

（2）正弦电压的三要素为：振幅 $U_\mathrm{m} = 311$ V，角频率 $\omega = 314$ rad/s，初相 $\psi_\mathrm{u} = 60°$。

实例 4-5 已知某正弦电压在 $t = 0$ 时，其值为 $u(0) = 220$ V，且知电压的初相位为 $45°$，$f = 50$ Hz，求电压的有效值和最大值，写出电压的瞬时值表达式。

解 该电压的瞬时表达式为：

$$u(t) = U_\mathrm{m}\sin(\omega t + 45°)$$

当 $t = 0$ 时

$$u(0) = U_\mathrm{m}\sin 45° = 220 \quad \text{V}$$

则电压的最大值为：

$$U_m = \frac{220}{\sin 45°} = 220\sqrt{2} \quad V$$

电压的有效值为：

$$U = \frac{U_m}{\sqrt{2}} = 220 \quad V$$

电压的角频率为：

$$\omega = 2\pi f = 314 \quad rad/s$$

故电压的瞬时值表达式为：

$$u(t) = 220\sqrt{2}\sin(314t + 45°) \quad V$$

实例 4-6 已知两个正弦量分别为 $u(t) = U_m\sin(\omega t - 30°)$ V，$i(t) = I_m\sin(\omega t - 60°)$ A，试问电压与电流的相位差为多少？u 与 i 哪个超前？超前多少度？

解 电压与电流的相位差为：

$$\varphi = \psi_u - \psi_i = -30° - (-60°) = 30°$$

因为 $\varphi > 0$，所以电压超前电流，超前 $30°$。

2. 正弦量的相量与相量图

从正弦量瞬时值表示法可以直观地看出交流电的变化状态，但其分析计算比较繁琐，而正弦量的相量表示法可以大大地简化电路的分析与计算，可以用振幅相量或有效值相量表示。如正弦交流电的电流 i、电压 u 的瞬时值表达式分别为：

$$i = I_m\sin(\omega t + \psi_i)$$
$$u = U_m\sin(\omega t + \psi_u)$$

它们的有效值相量用 $\dot{I}$、$\dot{U}$ 表示，最大值相量用 $\dot{I}_m$、$\dot{U}_m$ 表示，即

$$\dot{I} = I\angle\psi_i \text{ 或 } \dot{I}_m = I_m\angle\psi_i \tag{4-8}$$

$$\dot{U} = U\angle\psi_u \text{ 或 } \dot{U}_m = U_m\angle\psi_u \tag{4-9}$$

由于相量法要涉及复数的运算，故先简单复习一下。

1) 复数的表示

复数一般由实部和虚部组成，其代数形式为 $A = a + bi$。其中 a 为实部，b 为虚部，$i = \sqrt{-1}$ 称为虚单位。在电气工程中，复数常用 $A = a + jb$ 表示。用 j 来表示 i 的原因，是由于电工中已用 i 来表示电流了。复数的代数形式便于对复数进行加、减运算。

任意一个复数 $A = a + jb$ 均可对应一个复矢量 $\boldsymbol{OP}$，如图 4-8 所示。矢量的长度 r 称为复数的模，用 $|A|$ 表示，模总是取正值。矢量与实轴正方向的夹角 θ 称为复数 A 的辐角。

$$\begin{cases} r = |A| = \sqrt{a^2 + b^2} \\ \theta = \arctan\dfrac{b}{a}, \ \theta \leqslant 2\pi \end{cases} \tag{4-10}$$

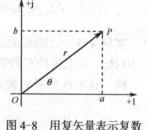

图 4-8 用复矢量表示复数

由三角函数可知

$$a = r\cos\theta \tag{4-11}$$
$$b = r\sin\theta$$

可以看出，复数 A 的模在实轴上的投影 a 就是复数 A 的实部，在虚轴上的投影 b 就是复数 A 的虚部。

这样，复数又可写成三角函数形式和极坐标形式：

$$A = r\cos\theta + jr\sin\theta \tag{4-12}$$
$$A = r\angle\theta \tag{4-13}$$

2）复数的加减法

复数相加或相减时，要先将复数化为代数形式。设有两个复数：

$$A = a_1 + jb_1, \quad B = a_2 + jb_2$$

则
$$A + B = (a_1 + a_2) + j(b_1 + b_2) \tag{4-14}$$

即复数相加（或相减）时，将实部和实部相加（或相减），虚部和虚部相加（或相减）。

3）复数的乘除运算

复数相乘或相除时，以极坐标形式计算较方便，复数相乘时，将模相乘，辐角相加。复数相除时，将模相除，辐角相减，即

$$AB = r_1\angle\theta_1 \cdot r_2\angle\theta_2 = r_1 r_2 \angle(\theta_1 + \theta_2) \tag{4-15}$$

$$\frac{A}{B} = \frac{r_1\angle\theta_1}{r_2\angle\theta_2} = \frac{r_1}{r_2}\angle(\theta_1 - \theta_2) \tag{4-16}$$

将同频率正弦量相量画在复平面上所得的图称为相量图。

实例 4-7 试写出下列正弦量的有效值相量并作出相量图。

$$i = 4.24\sin(314t - 45°) \text{ A}$$
$$u = 311\sin(\omega t + 30°) \text{ V}$$

解 正弦电流的有效值为 $I = 0.707 \times 4.24 = 3$ A，初相 $\psi_i = -45°$，所以它的相量为：

$$\dot{I} = I\angle\psi_i = 3\angle-45° \text{ A}$$

正弦电压的有效值为 $U = 0.707 \times 311 = 220$ V，初相 $\psi_u = 30°$，所以它的相量为：

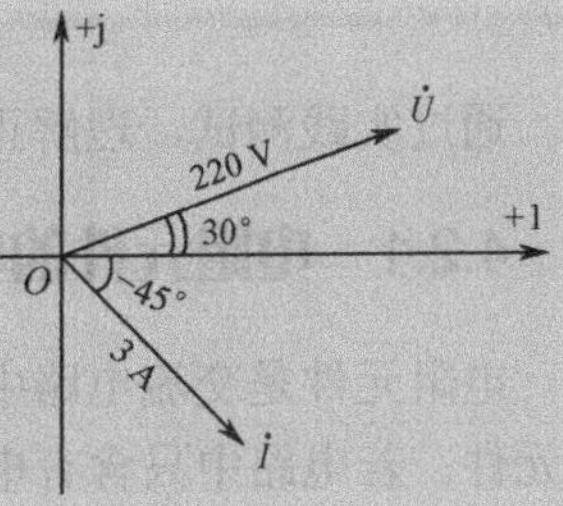

图 4-9 例 4-7 图

$$\dot{U} = U\angle\psi_u = 220\angle30° \text{ V}$$

相量图如图 4-9 所示（+1 横轴为实数轴，+j 纵轴为虚数轴）。

实例 4-8 已知两个正弦电流 $i_1 = 2\sqrt{2}\sin(314t - 45°)$ A，$i_2 = 2\sqrt{2}\sin(314t + 90°)$ A，求 $i_1 + i_2$。

解 两个正弦电流的相量形式为：

$$\dot{I}_1 = 2\angle-45° \text{ A}, \quad \dot{I}_2 = 2\angle90° \text{ A}$$

由相量完成计算

$$\dot{I} = \dot{I}_1 + \dot{I}_2 = 2\angle-45° + 2\angle90°$$
$$= 1.41 - j1.41 + j2 = 1.41 + j0.59$$
$$= 1.53\angle23°$$

所以

$$i = 1.53\sqrt{2}\sin(314t + 23°)$$

想一想：

可以用相量表示并计算电流 $i_1 = 2\sqrt{2}\sin(628t - 30°)$ A 与 $i_2 = 2\sqrt{2}\sin(314t + 90°)$ A 之和吗？为什么？

> ⚠ **要点提示：**（1）扬声器基本性能：扬声器发声就是纸盆的振动，其振动的幅度和方向是随着电流强度和方向变化的。
>
> （2）正弦量的三要素：振幅、角频率和初相，它们分别反映正弦量的大小、变化速度和初始状态。它们描述了正弦量的特征。
>
> （3）正弦量的瞬时值表示：
>
> 电流 $i = I_m \sin(\omega t + \psi_i)$；
>
> 电压 $u = U_m \sin(\omega t + \psi_u)$。
>
> （4）正弦量的相量表示：
>
> 电流 $\dot{I} = I\angle\psi_i$ 或 $\dot{I}_m = I_m\angle\psi_i$；
>
> 电压 $\dot{U} = U\angle\psi_u$ 或 $\dot{U}_m = U_m\angle\psi_u$。

4.2 交流电路中的电阻、电容和电感

通过实践测试，理解正弦交流电路中电阻 R、电容 C 和电感 L 的电压与电流的关系。

4.2.1 电阻元件的电压电流关系

电阻元件是交流电路中的基本电路元件。如电炉子的电阻丝、电饭煲的电热丝等都是电阻元件。若电路中只含有电阻，则称为纯电阻电路，本节研究交流电路中电阻上的电压电流关系。

> ### 实践探究 18 电阻电路的电压、电流测试
>
> 用函数信号发生器产生 5 个信号 $u_1 \sim u_5$ 的频率分别为 800 Hz、1.6 kHz、3.2 kHz、6.4 kHz、12.8 kHz，峰值为 1 V 的正弦信号（若输出电流较小，使用时可接信号源电流放大器）。图 4-10 中，由于 $R \gg R_L$（将 R_L 视为取样电阻，用其电压代表电路电流），双踪示波器 1 通道显示 R 的电压波形，扬声器 R_L 粗略看成纯电阻，双踪示波器 2 通道视为 R 的电流波形。我们进行如下测试。
>
> 在面包板上搭出图 4-10 所示电路。输入端依次输入 u_1、u_2、u_3、u_4 和 u_5，记录双踪示波器 1、2 通道波形的关系和双踪示波器 2 通道波形的幅值。

现象：双踪示波器 1、2 通道波形始终保持同频同相，双踪示波器 2 通道波形的幅值也始终约为 35 mV，测试波形和幅值，见表 4-4。

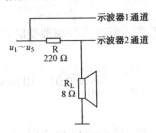

图 4-10　电阻元件的测试电路

表 4-4　电阻元件的电压和电流

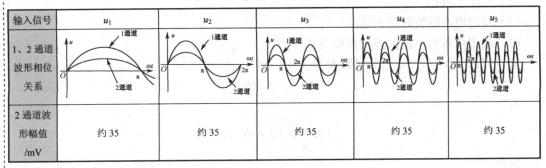

输入信号	u_1	u_2	u_3	u_4	u_5
1、2 通道波形相位关系	1通道 2通道	1通道 2通道	1通道 2通道	1通道 2通道	1通道 2通道
2 通道波形幅值/mV	约 35	约 35	约 35	约 35	约 35

注：1 通道和 2 通道指双踪示波器 1 通道和双踪示波器 2 通道，此处简称，后同。

从表 4-4 看，双踪示波器 1、2 通道波形始终保持同频同相关系，而且双踪示波器 2 通道波形幅值始终保持不变，说明电阻的电流与电压的相位关系及电阻的阻值 R 与输入信号的频率大小无关。

在纯电阻电路中，假设电阻元件 R 的电压、电流为关联参考方向，设通过电阻元件的正弦电流为：

$$i = I\sqrt{2}\sin\omega t$$

其相量形式为：

$$\dot{I} = I\angle 0°$$

根据欧姆定律，电阻元件的电压为：

$$u = Ri = RI\sqrt{2}\sin\omega t \tag{4-17}$$

其相量形式为：

$$\dot{U} = U\angle 0°$$

故电阻的电压与电流的有效值及相量关系分别为：

$$U = RI \tag{4-18}$$

$$\dot{U} = R\dot{I} \tag{4-19}$$

由上面的推导得，电阻的电压和电流同频同相，而且阻值与信号频率无关，与实验结果完全一致。

实例 4-9 一个 1 kΩ 的电阻，将其接到频率为 50 Hz、电压有效值为 10 V 的正弦电源上，求电阻的电流有效值。若保持电压有效值不变，将电源频率变为 10 kHz，再求电阻的电流有效值。

解 因为电阻的大小与频率无关，所以当频率改变时，如果电源电压有效值不变，则电流有效值也不变：

$$I = \frac{U}{R} = \frac{10}{1000} = 0.01 = 10 \text{ mA}$$

实例 4-10 已知交流电压 $u = 220\sqrt{2}\sin(314t + 30°)$ V，加在 $R = 100$ Ω 的电阻两端，试求：

（1）电流 I 和 $\dot{I}$；

（2）写出电流的瞬时值表达式；

（3）画出电压与电流的波形图和相量图。

解 （1）设电压与电流为关联参考方向，则

$$\dot{U} = 220\angle 30°$$

而

$$\dot{I} = \frac{\dot{U}}{R} = 2.2\angle 30° \text{ A}$$

所以

$$I = 2.2 \text{ A}$$

（2）电流的瞬时值表达式为：

$$i = 2.2\sqrt{2}\sin(314t + 30°) \text{ A}$$

（3）电压与电流的波形如图 4-11（a）所示，相量图如图 4-11（b）所示。

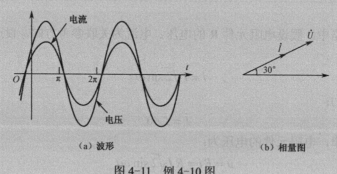

（a）波形 　　　　　　　　　　　（b）相量图

图 4-11　例 4-10 图

4.2.2　电容元件的电压电流关系

实践探究 19　电容电路的电压、电流测试

电路如图 4-12 所示，图中双踪示波器 1 通道显示电容 C 的电压波形，R_L 粗略看成纯电阻，2 通道显示电容 C 的电流波形（将 R_L 视为取样电阻，用其电压代表电路电流）。我

们进行如下测试。

在面包板上搭接出图 4-12 所示电路。输入端依次输入 u_1、u_2、u_3、u_4 和 u_5，记录双踪示波器 1、2 通道波形的关系和 2 通道波形的幅值。当输入为 u_3 时，将电容依次换成 0.1 μF、0.22 μF、0.47 μF，记录示波器 2 通道的振幅及扬声器声音的变化。

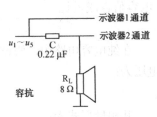

现象： 双踪示波器 1、2 通道波形始终保持同频不同相，1 通道波形滞后 2 通道波形 90°，2 通道波形的幅值逐渐增大，测试波形和幅值见表 4-5。

图 4-12　电容元件测试电路

表 4-5　电容元件的电压和电流

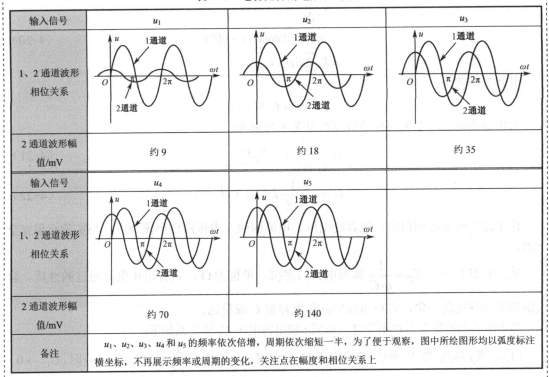

输入信号	u_1	u_2	u_3
1、2 通道波形相位关系			
2 通道波形幅值/mV	约 9	约 18	约 35
输入信号	u_4	u_5	
1、2 通道波形相位关系			
2 通道波形幅值/mV	约 70	约 140	
备注	u_1、u_2、u_3、u_4 和 u_5 的频率依次倍增，周期依次缩短一半，为了便于观察，图中所绘图形均以弧度标注横坐标，不再展示频率或周期的变化，关注点在幅度和相位关系上		

从表 4-5 看出，示波器 1 通道波形与示波器 2 通道波形始终同频，但 1 通道波形滞后 2 通道波形 90°，而且 2 通道波形幅值随着输入信号频率的增大而增大。这说明电容 C 的电流与电压的相位关系与输入信号频率无关，始终保持电压滞后电流 90°；当电压一定时，电流随着频率的增大而增大，电压 U_C 与电流 I_C 的比值称为电容的容抗 X_C，它与输入信号的频率成反比。

当输入信号为 u_3 时，将电容依次换为 0.1 μF、0.22 μF、0.47 μF，示波器 2 通道的振幅和扬声器声音越来越大，幅值和声音见表 4-6。

表 4-6　容抗与电容量的关系测试数据

电容量	0.1 μF	0.22 μF	0.47 μF
示波器 2 通道波形幅值/mV	约 17	约 35	约 70
扬声器声音	小	变大	最大

从表 4-6 看出，当输入电压与频率一定时，电容值越大，电流越大，这说明容抗与电容值也成反比。

在纯电容电路中，假设电容元件 C 的电压、电流为关联参考方向，设电容元件上的正弦电压为：

$$u = U\sqrt{2}\sin(\omega t - 90°)$$

其相量形式为：

$$\dot{U} = U\angle -90°$$

根据电容电压与电流的关系，电容元件的电流为：

$$
\begin{aligned}
i &= C\frac{\mathrm{d}u}{\mathrm{d}t} \\
&= \omega C U\sqrt{2}\cos(\omega t - 90°) \\
&= I\sqrt{2}\sin\omega t
\end{aligned}
\tag{4-20}
$$

其相量形式为：

$$\dot{I} = I\angle 0°$$

故电容的电压与电流的有效值及相量关系分别为：

$$U = \frac{1}{\omega C}I = X_\mathrm{C}I \tag{4-21}$$

$$\dot{U} = -\mathrm{j}\frac{1}{\omega C}\dot{I} = -\mathrm{j}X_\mathrm{C}\dot{I} \tag{4-22}$$

由上面的推导过程得出，电容的电压、电流同频，电压滞后电流 90°，与实验结果完全一致。

式（4-21）中，$X_\mathrm{C} = \dfrac{1}{\omega C}$ 称为电容的**容抗**，单位为 Ω，具有阻止电流通过的性质。容抗随频率的变化而变化，它与角频率 ω 和电容值 C 成反比。

当电路的电流和电容 C 不变时，ω 或 f 和电容电压 U_C 的关系如下：

（1）ω 或 f 越高，则 X_C 越低，电容电压 U_C 越低 $\left(U_\mathrm{C} = X_\mathrm{C}I_\mathrm{C} = \dfrac{I_\mathrm{C}}{\omega C}\right)$，当 ω → +∞ 时，$U_\mathrm{C} \to 0$，此时电容相当于短路，所以电容具有通高频的作用。

（2）ω 或 f 越低，则电容电压 U_C 越高 $\left(U_\mathrm{C} = \dfrac{I_\mathrm{C}}{\omega C}\right)$，当 ω → 0，$U_\mathrm{C} \to \infty$，此时电容相当于开路，所以电容具有隔断直流电流的作用（隔直）。

结论：电容具有通过高频信号和阻止低频信号的特性。

注意：容抗只能代表电压与电流最大值或有效值之比，不能代表瞬时值之比。而且，容抗只对正弦交流电才有意义。

实例 4-11 将一个 25 μF 的电容接到 f = 50 Hz、U = 10 V 的正弦电源上，求电容的容抗和电流的有效值。如果保持电压有效值不变，电源频率变为 500 Hz，再求其容抗和电流的有效值。

解 当 $f = 50$ Hz 时

$$X_C = \frac{1}{2\pi f C} = \frac{1}{2 \times \pi \times 50 \times 25 \times 10^{-6}} = 127.4 \ \Omega$$

$$I = \frac{U}{X_C} = \frac{10}{127.4} = 78 \ \text{mA}$$

当 $f = 500$ Hz 时

$$X_C = \frac{1}{2\pi f C} = \frac{1}{2 \times \pi \times 500 \times 25 \times 10^{-6}} = 12.74 \ \Omega$$

$$I = \frac{U}{X_C} = \frac{10}{12.74} = 780 \ \text{mA}$$

实例 4-12 已知交流电压 $u = 220\sqrt{2}\sin(314t + 30°)$ V，加在 $C = 127 \ \mu\text{F}$ 的电容两端，试求：

（1）电流 I 和 $\dot{I}$；

（2）写出电流的瞬时值表达式；

（3）画出电压与电流的波形图和相量图。

解 （1）设电压与电流为关联参考方向，电压的相量形式为：

$$\dot{U} = 220\angle 30° \ \text{V}$$

电容的容抗为：

$$X_C = \frac{1}{\omega C} = \frac{1}{314 \times 127 \times 10^{-6}} = 25 \ \Omega$$

而电流相量为：

$$\dot{I} = \frac{\dot{U}}{-\text{j}X_C} = 8.8\angle 120° \ \text{A}$$

所以

$$I = 8.8 \ \text{A}$$

（2）电流的瞬时值表达式为：

$$i = 8.8\sqrt{2}\sin(314t + 120°) \ \text{A}$$

（3）波形如图 4-13（a）所示，相量图如图 4-13（b）所示。

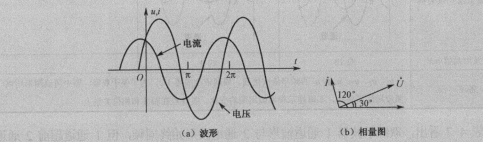

（a）波形 　　　（b）相量图

图 4-13 例 4-12 图

想一想：

已知 $\sqrt{-1}=j$，那么：（1）$j\times(-j)=?$；（2）$\dfrac{1}{-j}=?$；（3）$(a+jb)(a-jb)=?$

4.2.3　电感元件的电压电流关系

家庭用洗衣机中有电动机，电动机有绕组，绕组由线圈组成。当然，洗衣机还含有其他元器件，但这里主要探讨正弦交流电路中只有线圈 L 时的电压和电流。

实践探究 20　电感电路的电压、电流测试

实验电路如图 4-14 所示，图中双踪示波器 1 通道显示电感 L 的电压波形，2 通道显示电感 L 的电流波形（将 R_L 视为取样电阻，用其电压代表电路电流）。

在面包板上搭接出图 4-14 所示电感电路。输入端依次输入 u_1、u_2、u_3、u_4 和 u_5，记录双踪示波器 1、2 通道波形的关系和 2 通道波形的幅值。当输入为 u_3 时，将电感依次换成 5.5 mH、11 mH、22 mH，记录示波器 2 通道的振幅及扬声器声音的变化。

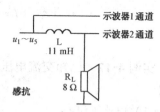

图 4-14　电感元件测试电路

现象： 双踪示波器 1、2 通道波形始终保持同频但不同相，1 通道波形超前 2 通道波形 90°，2 通道波形的幅值逐渐减小，测试波形和幅值见表 4-7。

表 4-7　电感元件的电压和电流

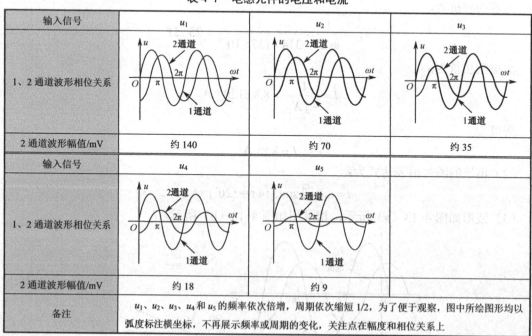

输入信号	u_1	u_2	u_3
1、2 通道波形相位关系			
2 通道波形幅值/mV	约 140	约 70	约 35
输入信号	u_4	u_5	
1、2 通道波形相位关系			
2 通道波形幅值/mV	约 18	约 9	
备注	u_1、u_2、u_3、u_4 和 u_5 的频率依次倍增，周期依次缩短 1/2，为了便于观察，图中所绘图形均以弧度标注横坐标，不再展示频率或周期的变化，关注点在幅度和相位关系上		

从表 4-7 看出，双踪示波器 1 通道波形与 2 通道波形始终同频，但 1 通道超前 2 通道 90°，而且 2 通道波形幅值随着输入信号频率的增大而减小。这说明电感上电流与电压的

相位关系与输入信号频率无关，始终保持电压超前电流 $90°$；当电压一定时，电流随着频率的增大而减小，电压 U_L 与电流 I_L 的比值称为电感 L 的感抗 X_L，它与输入信号的频率成正比。

当输入信号为 u_3 时，将电感依次换为 5.5 mH、11 mH、22 mH，示波器 2 通道的振幅和扬声器声音越来越小，幅值和声音见表 4-8。

表 4-8　感抗与电感量的关系测试数据

电感量/mH	5.5	11	22
2 通道波形幅值/mV	约 70	约 35	约 17
扬声器声音	最大	变小	小

从表 4-8 看出，当输入电压与频率一定时，电感值越大，电流越小，这说明感抗与电感值也成正比。

在纯电感电路中，假设电感元件 L 的电压、电流为关联参考方向，设通过电感元件的正弦电流为：

$$i = I\sqrt{2}\sin\omega t$$

其相量形式为：

$$\dot{I} = I\angle 0°$$

根据电感电压与电流的关系，电感元件的电压为：

$$u = L\frac{\mathrm{d}i}{\mathrm{d}t}$$
$$= \omega L I\sqrt{2}\cos\omega t \tag{4-23}$$
$$= U\sqrt{2}\sin(\omega t + 90°)$$

其相量形式为：

$$\dot{U} = U\angle 90°$$

故电感的电压与电流的有效值及相量关系分别为：

$$U = \omega L I = X_L I \tag{4-24}$$
$$\dot{U} = \mathrm{j}\omega L\dot{I} = \mathrm{j}X_L\dot{I} \tag{4-25}$$

由上面的推导过程得出，电感的电压、电流同频，电压超前电流 $90°$，与实验结果完全一致。

式（4-24）中，$X_L = \omega L$ 称为电感的**感抗**，单位为 Ω，它是用来表示电感元件对电流阻碍作用的一个物理量，其值与角频率 ω 和电感值 L 成正比。

当电路的电流和电感 L 不变时，ω 或 f 和电感电压 U_L 的关系如下：

（1）ω 或 f 越高，则 X_L 越高，电感电压 U_L 越高（$U_L = X_L I_L = \omega L I_L$）。当 $\omega \to +\infty$ 时，$X_L \to +\infty$，这时电感相当于开路，所以电感对于高频交流相当于开路。

（2）若 ω 或 f 越低，则电感电压 U_L 也越低（$U_L = X_L I_L = \omega L I_L$）。当 $\omega \to 0$ 时，$U_L \to 0$，这时电感相当于短路，所以电感对于直流相当于短路。

结论：电感具有通过低频率信号和阻止高频信号的特性。

⚠ **注意**：感抗只是电感上电压和电流有效值之比，而不是它们的瞬时值之比。因为瞬时值之间存在的是导数关系而不是正比关系。同时感抗只对正弦电流有意义。

实例 4-13 将一个 12.7 mH 的电感接到 $f = 50$ Hz，$U = 10$ V 的正弦电源上，求电感的感抗和电流的有效值。如果保持电压有效值不变，电源频率变为 500 Hz，再求其感抗和电流的有效值。

解 当 $f = 50$ Hz 时

$$X_L = 2\pi f L = 2 \times \pi \times 50 \times 12.7 \times 10^{-3} = 4 \ \Omega$$

$$I = \frac{U}{X_L} = \frac{10}{4} = 2.5 \ A$$

当 $f = 500$ Hz 时

$$X_L = 2\pi f L = 2 \times \pi \times 500 \times 12.7 \times 10^{-3} = 40 \ \Omega$$

$$I = \frac{U}{X_L} = \frac{10}{40} = 0.25 \ A$$

实例 4-14 已知交流电压 $u = 220\sqrt{2}\sin(314t + 30°)$ V，加在 $L = 0.318$ H 的电感两端，试求：

（1）电流 I 和 $\dot{I}$；

（2）写出电流的瞬时值表达式；

（3）画出电压与电流的波形图和相量图。

解 （1）设电压与电流为关联参考方向，电压的相量形式为：

$$\dot{U} = 220\angle 30°$$

电感的感抗为：

$$X_L = \omega L = 314 \times 0.318 = 100 \ \Omega$$

而电流相量为：

$$\dot{I} = \frac{\dot{U}}{jX_L} = 2.2\angle -60° \ A$$

所以

$$I = 2.2 \ A$$

（2）电流的瞬时值表达式为：

$$i = 2.2\sqrt{2}\sin(314t - 60°) \ A$$

（3）电压与电流波形如图 4-15（a）所示，相量图如图 4-15（b）所示。

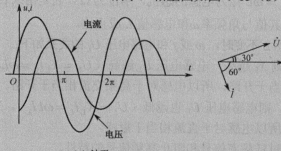

（a）波形　　　　　　　　（b）相量图

图 4-15　例 4-14 图

练一练

将下列代数式表示的相量转换成极坐标表示式。

（1）$\dot{A} = j$；（2）$\dot{A} = -j$；（3）$\dot{A} = 1$；（4）$\dot{A} = -1$。

⚠️ **要点提示：**

（1）电阻的电压、电流同频同相，而且阻值与信号频率无关，电压与电流有瞬时值关系 $u = iR$、有效值关系 $U = RI$、相量关系 $\dot{U} = R\dot{I}$。

（2）电容的电压、电流同频，电压滞后电流90°，容抗 $X_C = \dfrac{1}{\omega C}$ 与角频率 ω 和电容值 C 成反比，电压与电流有瞬时值关系 $i = C\dfrac{du}{dt}$、有效值关系 $U = X_C I$、相量关系 $\dot{U} = -jX_C\dot{I}$。

（3）电感的电压、电流同频，电压超前电流90°，感抗 $X_L = \omega L$ 与角频率 ω 和电感值 L 成正比，电压与电流有瞬时值关系 $u = L\dfrac{di}{dt}$、有效值关系 $U = X_L I$、相量关系 $\dot{U} = jX_L\dot{I}$。

4.3 互感与变压器

实际电路中常需要将多个电感连接起来，而电感与电阻、电容的不同之处是电感之间的磁场相互影响形成**互感**，利用互感可以制成很多电磁元器件，最典型的就是变压器，下面就互感和变压器问题进行讨论。

实践探究 21 互感电路的测试

实验电路如图4-16所示，L_1 与 L_2 串联，双踪示波器1通道是电感 L_1、L_2 的电压波形，2通道是电感 L_1、L_2 的电流波形。我们做如下测试。

在面包板上搭接出图4-16所示的互感电路。输入 u_3，当 L_1、L_2 相离较远和靠近磁芯串联时，分别记录示波器2通道的振幅和扬声器声音变化；然后将一个磁芯方向调换，再记录示波器2通道的振幅和扬声器声音。

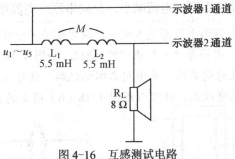

图4-16 互感测试电路

现象： 当 L_1、L_2 相离较远，示波器2通道的振幅和扬声器声音与接 11 mH 电感时一样；若 L_1、L_2 靠近磁芯串联，如图4-17（a）所示，顺向串联时，示波器2通道的振幅变小且扬声器声音变小；而将一个磁芯方向调换后，如图4-17（b）所示，反向串联时，示

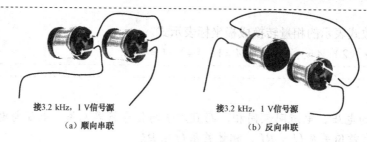

接3.2 kHz，1 V信号源

（a）顺向串联

接3.2 kHz，1 V信号源

（b）反向串联

图 4-17　电感串联

波器 2 通道的振幅变大且扬声器声音变大；幅值和声音见表 4-9。

表 4-9　互感特性测试数据

两个电感位置关系	相离较远	顺向串联（靠近）	反向串联（靠近）
2 通道波形幅值/mV	约 35	约 17	约 70
扬声器声音	与 11 mH 时一样	小	最大

4.3.1　互感的概念与参数

从表 4-9 看出，若 L_1、L_2 相离较远，示波器 2 通道的振幅和扬声器声音与接 11 mH 电感时一样，则表明总阻抗不变，电路中的等效电感值为 $L = L_1 + L_2$，两个电感 L_1、L_2 之间没有产生互感；当 L_1、L_2 靠近磁芯顺向串联时，示波器 2 通道的振幅变小且扬声器声音变小，则表明总阻抗变大，即电路中的等效电感值变大，L_1、L_2 之间产生互相增强的电感；而将一个磁芯方向调换成为反向串联时，示波器 2 通道的振幅变大且扬声器声音变大，则说明总阻抗变小，电路中的等效电感值变小，L_1、L_2 之间产生互相削弱的电感。

分析指出：两互感线圈串联，等效值 L 与每个电感值 L_1、L_2 和互感 M 之间的关系如下。

（1）异名端相连（即顺向串联）：

$$L = L_1 + L_2 + 2M \tag{4-26}$$

（2）同名端相连（即反向串联）：

$$L = L_1 + L_2 - 2M \tag{4-27}$$

在电源电压不变时，顺向串联，电流减小；反向串联，电流增大，与实验效果一样。

> **注意**　同名端：工程上将两个线圈通入电流，按右螺旋产生相同方向磁通时，两个线圈的电流流入端称为同名端，用符号 "·" 或 "*" 标记。如图 4-18（a）所示，线圈 1 的 "1"端点与线圈 2 的 "2"端点为同名端。采用同名端标记后，就可以不用画出线圈的绕向，如图 4-18（a）所示的两个互感线圈，就可以用图 4-18（b）所示的互感电路符号表示。

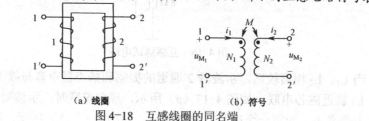

（a）线圈　　　　　　　　　　　（b）符号

图 4-18　互感线圈的同名端

科学实验证明，两个互感线圈串联，其等效电感与互感线圈的相互位置和连接方式有关，两线圈距离很远或相互垂直，互感的影响很小甚至没有影响，两线圈距离很近或紧密相连，互感的影响很大，由此引出了互感系数和耦合系数的概念。

互感系数 M 的含义是穿过线圈 B 的互感磁链与激发该磁链的线圈 A 的电流之比，或穿过线圈 A 的互感磁链与激发该磁链的线圈 B 的电流之比，称为互感系数，简称互感。在国际单位制（SI）中，M 的单位名称为亨利，符号为 H。当磁介质为非铁磁性物质时，M 是常数。互感 M 与两个线圈的几何尺寸、结构、匝数、相对位置有关。

由互感定义可以推出，两线圈的互感系数小于等于两线圈的自感系数的几何平均值，为说明 M 比 $\sqrt{L_1 L_2}$ 小到什么程度，工程中常用**耦合系数** k 表示两个线圈磁耦合的紧密程度，耦合系数定义为：

$$k = \frac{M}{\sqrt{L_1 L_2}} \tag{4-28}$$

由于互感磁通是自感磁通的一部分，所以 $k \leqslant 1$，当 k 约为零时，为松耦合；k 近似为 1 时，为紧耦合；$k = 1$ 时，称两个线圈为全耦合，此时的自感磁通全部为互感磁通。

在电力、电子技术中，为了利用互感原理有效地传输功率或信号，总是采用极紧密的耦合，使 k 值尽可能接近于 1，通过合理绕制线圈以及采用铁磁材料作为磁介质可以实现这一目的。

若要尽量减小互感的影响，以避免线圈之间的相互干扰。除合理地布置这些线圈的相互位置可以减小互感的影响外，还可以采用磁屏蔽措施。

想一想：

在绕制电阻时，如果将电阻线对折，双线并绕以使线圈内的磁通互相抵消，就可以得到无感电阻。为什么？请画图说明。

4.3.2 变压器的工作原理与主要参数

通过实验测试，掌握变压器的工作特性，会应用变压器的电压变换、电流变换和阻抗变换作用解决实际问题。

实践探究 22　变压器原理电路的测试

用函数信号发生器产生信号 u_3，其频率为 3.2 kHz，峰峰值为 1 V，该实验电路如图 4-19 所示，L_1、L_2 为两个单独的电感（非闭合磁路），电感量约为 5 mH，双踪示波器 1 通道测试电感 L_1 的电压波形，2 通道测试电感 L_2 的电压波形。

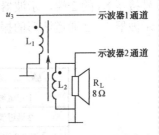

图 4-19　变压器原理测试电路

在面包板上搭接出图 4-19 所示电路。输入 u_3，当 L_1、L_2 相离较远和靠近时，分别记录示波器 2 通道的波形和扬声器声音变化；然后将 L_2 两端调换，再记录示波器 2 通道波形和扬声器声音变化。

现象：L_1、L_2 相离较远时，示波器 2 通道无波形，扬声器无声；L_1、L_2 靠近时，示波器 2 通道有波形，扬声器发声；L_2 两端调换后，示波器 2 通道仍有波形，但与刚才波形反相，扬声器发声。波形和声音见表 4-10。

表 4-10　变压器原理测试数据

两个电感位置关系	较远	靠近	L_2 调换方向
有无正弦波	无	有	波形反相
扬声器有无声音	无	有	有

1. 变压器的工作原理

从表 4-10 看出，L_1、L_2 靠近时，示波器 2 通道有波形，扬声器发声，则表明能量从 L_1 传递到 L_2，其能量的传递是利用电磁感应原理完成的，变化电流产生变化磁场，变化磁场产生感应电压或电流，两个互感线圈的电与磁相互作用原理就是变压器的工作原理，其相互作用的结果使变压器具有变压、变流及阻抗变换的工作特性。在本书中，所涉及的变压器基本都是理想变压器，即一种特殊的无损耗、全耦合变压器。其符号如图 4-20 所示，其中 N_1、N_2 分别表示变压器初级、次级的匝数，$n:1$ 表示初级与次级匝数比，简称变比。

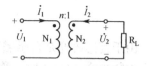

图 4-20　理想变压器电路符号

实践探究 23　变压器电压比电路的测试

用函数信号发生器产生信号 u_3，其频率为 3.2 kHz，峰峰值为 1 V，在面包板上搭接出图 4-21 所示电路，变压器 T 的次级线圈约为 5 mH，初级线圈 N_1 有 3 个抽头，与 N_2 的匝数比分别为 1:1、2:1、4:1。示波器 1 通道测试初级线圈 N_1 的电压波形，示波器 2 通道测试次级线圈 N_2 的电压波形。

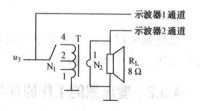

图 4-21　变压器电压比测试电路

在图 4-21 所示电路中，输入信号分别接至 N_1 的 1、2 和 4 端，记录双踪示波器 1、2 通道波形的振幅。

现象：输入信号接至 N_1 的 1 端，双踪示波器 1、2 通道波形的振幅基本相等；输入信号接至 N_1 的 2 端，示波器 1、2 通道波形的振幅比基本是 2:1；输入信号接至 N_1 的 4 端，示波器 1、2 通道波形的振幅比基本是 4:1，示波器 1、2 通道波形的振幅见表 4-11。

表 4-11　变压器电压比测试数据

输入信号接至 N_1 的端号	1 端	2 端	4 端
1 通道波形的振幅/V	1	1	1
2 通道波形的振幅/V	1	0.5	0.25
1 通道与 2 通道波形的振幅比值	1:1	2:1	4:1

2. 变压器的电压比

从表 4-11 看出，变压器初级线圈与次级线圈的电压比等于它们的匝数比。对于图 4-21 所示的理想变压器初级、次级的电压与匝数之间的关系为：

$$\frac{U_1}{U_2} = \frac{N_1}{N_2} = n:1 \tag{4-29}$$

式（4-29）称为**变压器的变压关系**，其推导比较复杂，感兴趣的读者可以参考其他相关书籍。

实例 4-15　某小型电源理想变压器的初级线圈的匝数 N_1=660，接电源电压 U_1=220 V，次级线圈开路电压 U_2=24 V，试求次级线圈的匝数 N_2。

解

由　$\dfrac{U_1}{U_2} = \dfrac{N_1}{N_2}$，　　得　$N_2 = \dfrac{U_2}{U_1} \times N_1 = 72$

实践探究 24　变压器电流比电路的测试

用函数信号发生器产生信号 u_3，其频率为 3.2 kHz，峰峰值为 1 V，在面包板上搭接出图 4-22 所示电路，其中变压器 T 的参数请参考图 4-21。示波器 1 通道测试 R_{L_1} 的电压，反映出 N_1 的电流。示波器 2 通道反映 N_2 的电流。

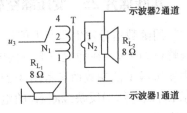

图 4-22　变压器电流比测试电路

在图 4-22 所示电路中，输入信号分别接至 N_1 的 1、2 和 4 端，记录示波器 1、2 通道波形的振幅。

现象：输入信号接至 N_1 的 1 端，双踪示波器 1、2 通道波形的振幅基本相等；输入信号接至 N_1 的 2 端，示波器 1、2 通道波形的振幅比基本是 1:2；输入信号接至 N_1 的 4 端，示波器 1、2 波形的振幅比基本是 1:4，示波器 1、2 波形的振幅见表 4-12。

表 4-12　变压器电流比测试数据

输入信号接至 N_1 的端号	1 端	2 端	4 端
1 通道波形的振幅/V	0.5	0.2	0.06
2 通道波形的振幅/V	0.5	0.4	0.24
1 通道与 2 通道波形的振幅比值	1:1	1:2	1:4

---

3. 变压器的电流比

从表 4-12 看出，变压器初级线圈与次级线圈的电流比等于它们的匝数比的倒数。对于图 4-22 所示的理想变压器初级、次级的电流与匝数之间的关系为：

$$\frac{I_1}{I_2} = \frac{N_2}{N_1} = 1:n \tag{4-30}$$

式（4-30）称为**变压器的变流关系**，其推导过程比较复杂，感兴趣的读者可以参考其他相关书籍。

实例 4-16 一台理想小型变压器，初级线圈匝数 N_1=550，接电源电压 U_1=220 V，次级线圈开路电压 U_2=12 V，接纯电阻性负载 12 V/36 W，试求次级线圈的匝数 N_2 和初级线圈中的电流 I_1。

解

由　　$\dfrac{U_1}{U_2}=\dfrac{N_1}{N_2}$ ，　　得　　$N_2=\dfrac{U_2}{U_1}\times N_1=30$

由题意知　　$I_2=\dfrac{36}{12}=3$ A

由　　$\dfrac{I_1}{I_2}=\dfrac{N_2}{N_1}$ ，　　得　　$I_1=\dfrac{N_2}{N_1}\times I_2\approx 0.164$ A

实践探究 25　变压器空载电路的测试

用函数信号发生器产生信号 u_3，其频率为 3.2 kHz，峰峰值为 1 V，在面包板上搭接出图 4-23 所示电路，其中变压器 T 的参数请参考图 4-21。双踪示波器 1 通道显示 R_{L1} 的电压即反映线圈 N_1 的电流，2 通道反映线圈 N_2 的电流。

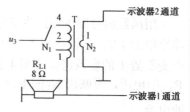

图 4-23　变压器空载特性测试电路

在图 4-23 所示电路中，输入信号接至 4 端，在变压器空载和接上负载扬声器两种情况下，分别记录示波器 1 通道的振幅和扬声器 R_{L1} 的声音变化。

现象：在变压器空载时，示波器 1 通道的波形振幅很小，R_{L1} 的声音很小；在变压器 N_2 端接上负载扬声器，示波器 1 通道的波形振幅变大，R_{L1} 的声音变大，示波器 1 通道波形的振幅和声音变化见表 4-13。

表 4-13　变压器空载特性测试数据

变压器的状态	空载	接负载
1 通道波形幅值/mV	约 0	约 60
扬声器 R_L 声音	小	变大

4. 变压器的空载特性

从表 4-13 看出，在变压器空载时，示波器 1 通道的波形振幅很小，R_{L1} 的声音很小，表明流过 N_1 的电流很小，N_1 的阻抗很大；在变压器 N_2 端接上负载扬声器，示波器 1 通道的波形振幅变大，R_{L1} 的声音变大，表明流过 N_1 的电流变大，N_1 的阻抗变小。对于图 4-20 所示的理想变压器初级、次级的阻抗与匝数之间的关系为：

$$\frac{R_i}{R_L} = (\frac{N_1}{N_2})^2 = n^2 : 1$$

即

$$R_i = (\frac{N_1}{N_2})^2 R_L = n^2 R_L \qquad (4\text{-}31)$$

其中，R_i 表示从变压器初级线圈看进去的输入电阻。式（4-31）称为**变压器的阻抗变换关系**。

当变压器空载时，负载阻抗 $R_L \to \infty$，那么 $R_i \to \infty$，所以 N_1 的电流很小，R_{L1} 的声音很小；在变压器 N_2 端接上负载扬声器，负载阻抗 R_L 变小，那么 R_i 也变小，所以 N_1 的电流变大，R_{L1} 的声音变大，与实验结果完全一致。

💡 **要点提示：**

（1）互感电路：当通有电流的线圈互相靠近时，就会产生互感现象。

顺向串联：$L = L_1 + L_2 + 2M$；

反向串联：$L = L_1 + L_2 - 2M$。

（2）理想变压器变压、变流和阻抗变换关系：

变压关系：$\dfrac{U_1}{U_2} = \dfrac{N_1}{N_2} = n : 1$；

变流关系：$\dfrac{I_1}{I_2} = \dfrac{N_2}{N_1} = 1 : n$；

阻抗变换关系：$\dfrac{R_i}{R_L} = \left(\dfrac{N_1}{N_2}\right)^2 = n^2 : 1$。

🔑 知识梳理与总结

1. 扬声器的基本性能

扬声器纸盆的移动方向是随着电流强度和方向变化的，而且其振动周期等于输入电流的周期，而振动的幅度取决于各瞬时作用电流的强度。

2. 正弦量的三要素和表示法

以电流为例，瞬时值表达式为：

$$i = I_m \sin(\omega t + \psi_i)$$

其中，幅值 I_m、角频率 ω 和初相 ψ_i 称为正弦量的三要素，它们分别表示正弦量变化的范围、变化的快慢及其初始状态。

相关概念：有效值 $I = \dfrac{I_m}{\sqrt{2}}$，频率 $f = \dfrac{\omega}{2\pi}$，周期 $T = \dfrac{1}{f}$，初相 ψ_i，相位差 φ。

3. 正弦量的相量表示

正弦量的电流瞬时值表示为 $i = I_m \sin(\omega t + \psi_i)$；

电压瞬时值表示为 $u = U_m \sin(\omega t + \psi_u)$；

有效值相量表示为 $\dot{I} = I \angle \psi_i$ 和 $\dot{U} = U \angle \psi_u$；

最大值相量表示为 $\dot{I}_m = I_m \angle \psi_i$ 和 $\dot{U}_m = U_m \angle \psi_u$。

4. 电阻 R、电感 L 和电容 C 的电压电流关系见表 4-14。

表4-14　电阻、电感和电容元件的电压电流关系

元件	电阻 R	电感 L	电容 C
瞬时值关系	$R = \dfrac{u}{i}$	$u = L\dfrac{di}{dt}$	$i = C\dfrac{du}{dt}$
有效值关系	$R = \dfrac{U}{I}$	$\omega L = \dfrac{U}{I}$	$\dfrac{1}{\omega C} = \dfrac{U}{I}$
相量关系	$\dot{U} = R\dot{I}$	$\dot{U} = jX_L\dot{I} = j\omega L\dot{I}$	$\dot{U} = -jX_C\dot{I} = -j\dfrac{1}{\omega C}\dot{I}$
相位差	0°	90°	−90°
波形图			

5. 两互感线圈串联时的等效电感 $L = L_1 + L_2 \pm 2M$，顺向串联时取 "+" 号，反向串联时取 "−" 号。

6. 互感 M 与两个线圈的几何尺寸、结构、匝数及相对位置有关。那么互感 M 与耦合系数 k 的关系为 $k = \dfrac{M}{\sqrt{L_1 L_2}}$，其中耦合系数 k 表示两个线圈磁耦合的紧密程度。

7. 理想变压器的变压、变流和阻抗变换关系：

电压变换关系为 $\dfrac{U_1}{U_2} = \dfrac{N_1}{N_2} = n : 1$；

电流变换关系为 $\dfrac{I_1}{I_2} = \dfrac{N_2}{N_1} = 1 : n$；

阻抗变换关系为 $\dfrac{R_i}{R_L} = (\dfrac{N_1}{N_2})^2 = n^2 : 1$。

测试与练习题 4

一、填空题

1. 扬声器的基本性能是_____。

2. _____和_____随时间作周期性变化的电压和电流称为交流电，按_____规律变化的电量称为正弦交流电，正弦量的一般表达式为_____。

3. 正弦量的三要素是指_____、_____和_____。

4. 正弦交流电 $i = 14.14\sin(314t + 30°)$ A 的有效值为_____，频率为_____，初相位为_____。

5. 一个正弦交流电流的有效值 $I = 5$ A，频率 $f = 100$ Hz，初相 $\psi_i = 20°$，其瞬时表达式为_____。

6. $u = 100\sqrt{2}\sin\left(314t - \dfrac{\pi}{4}\right)$ V，则其有效值 $U =$ _____ V，频率 $f =$ _____ Hz，角频率 $\omega =$ _____ rad/s，周期 $T =$ _____ s，初相 $\psi =$ _____，电压有效值相量的代数形式为 _____。

7. 周期 $T = 0.02$ s、振幅为 50 V、初相角为 $60°$ 的正弦交流电压 u 的瞬时表达式为 _____，其有效值 $U =$ _____。

8. 正弦交流电流 $\dot{I} = 10\angle 60°$ A，角频率 $\omega = 1000$ rad/s，则该交流电流的瞬时表达式为 _____，最大值 $I_m =$ _____，有效值 $I =$ _____，初相角 $\psi =$ _____。

9. 正弦交流电压 $\dot{U}_m = 220\sqrt{2}\angle -45°$ V，频率 $f = 50$ Hz，则该交流电压的瞬时表达式为 _____，最大值 $U_m =$ _____，有效值 $U =$ _____，初相角 $\psi =$ _____。

10. 在正弦交流电路中，感抗随频率的增高而 _____，所以电感元件对正弦交流电流有 _____ 作用，当频率极高时，电感元件具有 _____ 作用，但其在直流电路中可视为 _____。

11. 在正弦交流电路中，容抗随频率的增高而 _____，当频率极高时，电容元件具有 _____ 作用，但其在直流电路中，它可视为 _____。

12. 在纯电阻交流电路中，电压与电流的相位关系是 _____；在纯电感交流电路中，电压与电流的相位关系是电压 _____ 电流 $90°$；在纯电容交流电路中，电压与电流的相位关系是电压 _____ 电流 $90°$。

二、选择题

1. 正弦交流电压 $u = 100\sin(628t + 60°)$ V，它的频率为（　　）。

　　A. 100 Hz　　　B. 50 Hz　　　C. 60 Hz　　　D. 628 Hz

2. 正弦交流电压 $u = 100\sin(628t + 60°)$ V，它的最大值为（　　）。

　　A. $100\sqrt{2}$ V　　B. 100 V　　　C. $50\sqrt{2}$ V　　D. 628 V

3. 正弦交流电压 $u = 100\sin(628t + 60°)$ V，它的初相位为（　　）。

　　A. $30°$　　　　B. $-60°$　　　C. $60°$　　　D. $-30°$

4. 正弦交流电的最大值等于有效值的（　　）倍。

　　A. $\sqrt{2}$　　　　B. 2　　　　C. 1/2　　　D. $1/\sqrt{2}$

5. 如图 4-24 所示，正弦电流波形的函数表达式为（　　）。

　　A. $i = 20\sin\left(314t - \dfrac{1}{3}\pi\right)$ A　　　　B. $i = 20\sin\left(314t + \dfrac{1}{3}\pi\right)$ A

　　C. $i = 20\sin\left(314t - \dfrac{2}{3}\pi\right)$ A　　　　D. $i = 20\sin\left(314t + \dfrac{2}{3}\pi\right)$ A

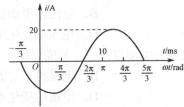

图 4-24　选择题 5 图

6. 已知 $\dot{I}=10\angle 30°$A，则该电流对应的函数表达式 $i=$（　　）。

    A. $10\sin(\omega t+30°)$ B. $10\sin(\omega t-30°)$

    C. $10\sqrt{2}\sin(\omega t+30°)$ D. $10\sqrt{2}\sin(\omega t-60°)$

7. 已知某正弦交流电压的函数表达式 $u=220\sqrt{2}\sin(314t-120°)$ V，则电压对应的相量为（　　）。

    A. $\dot{U}=220\angle-120°$ V   B. $\dot{U}_{m}=220\angle-120°$ V

    C. $\dot{U}=220\sqrt{2}\angle 120°$ V   D. $\dot{U}_{m}=220\sqrt{2}\angle 120°$ V

8. 已知一交流电流，当 $t=0$ 时，$i_0=1$ A，初相位为 $30°$，则这个交流电的最大值为（　　）。

    A. 0.5 A   B. 1.414 A   C. 1 A   D. 2 A

9. 两个同频率正弦交流电的相位差等于 $180°$ 时，它们的相位关系是（　　）。

    A. 同相   B. 反相   C. 相等   D. 正交

10. $u(t)=5\sin(314t+110°)$ V 与 $i(t)=3\cos(314t-95°)$ A 的相位差是（　　）。

    A. $25°$ B. $-155°$ C. $-65°$ D. $-25°$

11. $u(t)=5\sin(6\pi t+10°)$ V 与 $i(t)=3\cos(6\pi t-15°)$ A 的相位差是（　　）。

    A. $25°$ B. $5°$ C. $-65°$ D. $-25°$

12. $i_1=2\sin(314t+10°)$ A，$i_2=4\sin(314t+85°)$ A，则 i_1 与 i_2 的关系为（　　）

    A. i_1 超前于 i_2 B. i_1 滞后于 i_2

    C. i_1 与 i_2 同相   D. i_1 与 i_2 反相

13. 电压 u 的初相角 $\varphi_u=30°$，电流 i 的初相角 $\varphi_i=-30°$，电压 u 与电流 i 的相位关系应为（　　）。

    A. 同相   B. 反相

    C. 电压超前电流 $60°$ D. 电压滞后电流 $60°$

14. 在交流电路中，流过该元件的电流与其两端的电压相位相同的元件是（　　）。

    A. 电阻   B. 电感   C. 电容   D. 电源

15. 已知交流电路中某元件的阻抗与频率成反比，则该元件是（　　）。

    A. 电阻   B. 电感   C. 电容   D. 电源

16. 已知交流电路中，某元件的阻抗与频率成正比，则该元件是（　　）。

    A. 电阻   B. 电感   C. 电容   D. 电源

17. 在交流电路中，电阻两端的电压跟（　　）成正比。

    A. 电流的瞬时值   B. 电流的平均值

    C. 电流的变化率   D. 电压的变化率

18. 在交流电路中，电感两端的电压跟（　　）成正比。

    A. 电流的瞬时值   B. 电流的平均值

    C. 电流的变化率   D. 电压的变化率

19. 在交流电路中，流过电容的电流与（　　）成正比。

    A. 电流的瞬时值   B. 电流的平均值

    C. 电流的变化率   D. 电压的变化率

20. 当流过电容的电流瞬时值为最大值时，电容两端的电压瞬时值为（　　）。

A．零　　　　　　B．最大值　　　　　C．最小值　　　　　D．不一定

21．当流过纯电感的电流瞬时值为最大值时，电感两端的电压瞬时值为（　　　）。

　　A．零　　　　　　B．最大值　　　　　C．最小值　　　　　D．不一定

22．已知某元件上，$u(t) = 10\sin(\omega t + 120°)$ V，$i(t) = 2\sin(\omega t + 30°)$ A，则该元件为（　　　）。

　　A．电阻　　　　　B．电感　　　　　C．电容　　　　　　D．电阻、电感

23．变压器使用在（　　　）。

　　A．直流电路　　　B．交流电路　　　C．两者皆可

24．变压器匝数比为10，初级交流电压为6 V，次级电压为（　　　）。

　　A．60 V　　　　　B．0.6 V　　　　　C．6 V　　　　　　D．36 V

25．某变压器的初级线圈匝数为500匝，次级线圈为2500，则匝数比为（　　　）。

　　A．0.2　　　　　B．2.5　　　　　C．5　　　　　　　D．0.5

26．变压器初级线圈功率为10 W，匝数比为5，则传输到次级负载的功率为（　　　）。

　　A．50 W　　　　B．0.5 W　　　　C．0 W　　　　　　D．10 W

27．若变压器次级线圈两端跨接的负载电阻为1.0 kΩ，匝数比为2，则初级回路中的反映负载为（　　　）。

　　A．250 Ω　　　　B．2 kΩ　　　　C．4 kΩ　　　　　D．1 kΩ

28．理想变压器具有（　　　）的作用。

　　A．变压　　　　　B．变流　　　　　C．阻抗变换

三、计算题

1．有一个220 V/45 W的电烙铁接到220 V工频电源上，试求电烙铁的电流和电阻。

2．有一个$R = 20$ Ω的电阻，将其接在$u = 100\sin(314t - 60°)$ V的交流电源上，试写出电流的瞬时值表达式，画出电压电流的相量图。

3．有一个$L = 10$ mH电感线圈，电阻忽略不计，将其接在220 V、5 kHz的交流电源上，试求线圈的感抗和流过线圈的电流。

4．有一个$L = 0.626$ H电感线圈，电阻忽略不计，将其接在$u = 220\sqrt{2}\sin 314t$ V的交流电源上，试求线圈的感抗和电流的瞬时值表达式，并画出电压电流的相量图。

5．有一个$C = 31.8$ μF电容，将其接到工频电压220 V的交流电源上，试求电容的容抗和流过电容的电流。

6．有一个$C = 50$ μF电容，将其接在$i = \sqrt{2}\sin(314t + 60°)$ A的交流电源上，试求电容的容抗和电压的瞬时值表达式，并画出电压电流的相量图。

7．两个线圈反向串联，已知$R_1 = R_2 = 200$ Ω，$L_1 = 4$ H，$L_2 = 5$ H，$M = 3$ H，电源电压$\dot{U} = 220\angle 0°$ V，$\omega = 100$ rad/s，试求电路的电流I。

8．两个无损耗线圈顺向串联，已知$L_1 = 5$ H，$L_2 = 7$ H，$M = 5$ H，电源电压$\dot{U} = 220\angle 0°$ V，$\omega = 100$ rad/s，试求电路的电流I。

9．两个线圈串联电路如图4-25所示，已知$L_1 = 4$H，$L_2 = 2$H，$M = 1$H，电源电压$\dot{U}_S = 100\angle 0°$ V，$\omega = 50$ rad/s，试求电路的电流I。

10．一台理想变压器的初级线圈匝数为1200，电压为380 V，要在次级线圈上获得36 V

的机床安全照明电压，试求次级线圈的匝数。

11．一台小型理想变压器，初级线圈为550，电压为220 V，次级线圈接纯电阻性负载 36 V/36 W，试求次级线圈的匝数和初级线圈中的电流大小。

12．如图 4-26 所示的变压器，已知 $R = 1\ \Omega$，初级线圈的匝数 $N_1 = 2100$，接在 220 V 正弦交流电源上，次级线圈电压 $U_2 = 11$ V，试求：

（1）变压器的变比 n 和次级线圈的匝数 N_2；

（2）初级和次级线圈的电流 I_1 和 I_2。

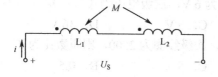

图 4-25　计算题 9 图

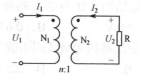

图 4-26　计算题 12 图

项目 5

串并联电路分析与功率问题探究

教学导引：本项目首先分析 RLC 串联电路的电压、电流，并建立阻抗的概念；然后分析并联电路，并建立导纳的概念；学习正弦交流电路的计算；最后通过实验探究正弦交流电路的功率问题。**本项目的教学目标如下。**

知识目标：

掌握 RLC 串联电路的分析方法，建立阻抗的概念；

掌握并联电路的分析方法，建立导纳的概念；

会分析计算正弦交流电路；

理解有功功率、无功功率、视在功率；

掌握提高功率因数的方法。

技能目标：

会按照原理图进行实用电路的分析与安装；

熟练使用常用电工仪表测量电压、电流等基本参数。

素质目标：

培养分析和解决问题的能力；

提高思辨和研究能力；

树立节能高效和绿色环境意识；

增强安全生产意识；

提高产品质量意识。

5.1 串并联电路的分析

5.1.1 RLC 串联电路

RLC 串联电路是一种典型电路。RL、RC 串联乃至单一的电阻、电感、电容电路的都可以看成是 RLC 串联电路的特例。在这一节中，将介绍 RLC 串联电路中电流与电压之间的关系等知识。

1. 电压电流的关系

RLC 串联电路如图 5-1 所示，由电阻、电感和电容组成。

设有正弦电流 $i = I_\mathrm{m}\sin\omega t$ 通过，则其对应的相量为：

$$\dot{I} = I\angle 0°$$

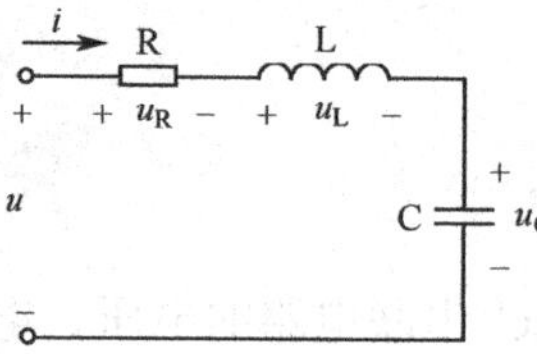

图 5-1 RLC 串联电路

电阻上电压：

$$\dot{U}_\mathrm{R} = R\dot{I} = (R\angle 0°)\ \dot{I} \tag{5-1}$$

电感上电压：

$$\dot{U}_\mathrm{L} = \mathrm{j}X_\mathrm{L}\dot{I} = (X_\mathrm{L}\angle 90°)\ \dot{I} \tag{5-2}$$

电容上电压：

$$\dot{U}_\mathrm{C} = -\mathrm{j}X_\mathrm{C}\dot{I} = (X_\mathrm{C}\angle -90°)\ \dot{I} \tag{5-3}$$

根据相量形式的 KVL：

$$\dot{U} = \dot{U}_\mathrm{R} + \dot{U}_\mathrm{L} + \dot{U}_\mathrm{C} = \dot{I}R + \mathrm{j}X_\mathrm{L}\dot{I} + (-\mathrm{j}X_\mathrm{C}\dot{I}) = \dot{I}[R + \mathrm{j}(X_\mathrm{L} - X_\mathrm{C})] \tag{5-4}$$

2. 复阻抗 Z

1）Z 由电压电流表示

复阻抗定义为相量电压与相量电流之比，用符号 Z 表示，即

$$Z = \frac{\dot{U}}{\dot{I}} = \frac{U}{I}\angle \psi_\mathrm{u} - \psi_\mathrm{i} = |Z|\angle \varphi \tag{5-5}$$

其中

$$|Z| = \frac{U}{I},\ \ \varphi = \psi_\mathrm{u} - \psi_\mathrm{i} \tag{5-6}$$

复阻抗简称阻抗，单位为欧姆 Ω，$|Z|$ 称为阻抗的模，φ 为阻抗角。所以，式（5-5）也是相量形式的**欧姆定律**，即

$$\dot{I} = \frac{\dot{U}}{Z} \qquad 或 \qquad \dot{U} = \dot{I}Z$$

2）Z 由电路参数表示

对于 RLC 串联电路，由式（5-4）和式（5-5）阻抗 Z 可写成如下形式：

$$Z = R + \mathrm{j}(X_L - X_C) = R + \mathrm{j}X = |Z| \angle \varphi = \sqrt{R^2 + X^2} \angle \arctan \frac{X}{R} \tag{5-7}$$

其中

$$|Z| = \sqrt{R^2 + X^2} = \sqrt{R^2 + (X_L - X_C)^2}, \quad \varphi = \arctan \frac{X}{R} = \arctan \frac{X_L - X_C}{R} \tag{5-8}$$

应当指出，上式中的 $X = X_L - X_C$ 为电抗，$X_L = \omega L$ 为感抗，$X_C = \dfrac{1}{\omega C}$ 为容抗，它们的单位都是欧姆 Ω。

3）阻抗三角形

由式（5-8）可以看出 $|Z|$ 与 R、X 呈直角三角形关系，称为阻抗三角形，如图 5-2 所示。

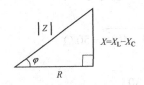

图 5-2 阻抗三角形

> ❗ **注意：** 复阻抗的模，既可以由电压电流计算，也可以由电路参数计算，还可以由阻抗三角形计算。

3. 电压三角形与功率三角形

RLC 串联电路，流过电阻、电感和电容的电流相同，将图 5-2 中的阻抗三角形的各边同乘电流 I 或同乘电流 I^2 可得电压三角形或功率三角形，如图 5-3 所示。

利用电压三角形或功率三角形给电路的分析与计算带来更多的方便，由

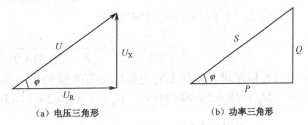

（a）电压三角形　　　（b）功率三角形

图 5-3 电压三角形和功率三角形

图 5-3（a）、图 5-3（b）分别可得：

$$\begin{cases} U = \sqrt{U_R^2 + U_X^2} = \sqrt{U_R^2 + (U_L - U_C)^2} \\ \varphi = \arctan \dfrac{U_X}{U_R} = \arctan \dfrac{U_L - U_C}{U_R} \end{cases} \tag{5-9}$$

$$\begin{cases} S = \sqrt{P^2 + Q^2} = \sqrt{P^2 + (Q_L + Q_C)^2} \\ \varphi = \arctan \dfrac{Q}{P} = \arctan \dfrac{Q_L + Q_C}{P} \end{cases} \tag{5-10}$$

> ❗ **提示：** 关于基尔霍夫定律，在直流电路中，其形式为 $\sum I = 0p$，$\sum U = 0$；在正弦交流电路中，其形式为 $\sum i = 0$ 或 $\sum \dot{I} = 0$，$\sum u = 0$ 或 $\sum \dot{U} = 0$。后者为基尔霍夫定律的瞬时值表达式和相量表达式。

想一想：

正弦交流电路中，若 $u = u_1 + u_2$，则 $\dot{U} = \dot{U}_1 + \dot{U}_2$，并可得 $U = U_1 + U_2$，这种说法对吗？

实例 5-1 在 RLC 串联正弦电路中，已知 $U_R = 8\ V$，$U_L = 12\ V$，$U_C = 6\ V$，计算总电压 U。

解 由式（5-9）得：

$$U = \sqrt{U_R^2 + (U_L - U_C)^2} = \sqrt{8^2 + (12-6)^2} = 10\ V$$

实例 5-2 在 RLC 串联正弦电路中，已知正弦交流电压 $u = 100\sqrt{2}\sin(314t + 60°)\ V$，电阻 $R = 40\ \Omega$，感抗 $X_L = 70\ \Omega$，容抗 $X_C = 40\ \Omega$，求：

（1）电路阻抗 Z、复阻抗 $|Z|$，阻抗角 φ；

（2）电流 I 和 $\dot{I}$；

（3）各元件两端的电压 U_R、U_L、U_C。

解 （1）由式（5-7）可得电路的阻抗

$$Z = R + j(X_L - X_C) = 40 + j30$$

阻抗的模：

$$|Z| = \sqrt{R^2 + (X_L - X_C)^2} = \sqrt{40^2 + (70-40)^2} = 50\ \Omega$$

阻抗角：

$$\varphi = \arctan\frac{X_L - X_C}{R} = \arctan\frac{30}{40} = 36.9°$$

（2）据题意可知电压相量形式为：

$$\dot{U} = 100\angle 60°\ V$$

则由式（5-5）可得电路的电流：

$$\dot{I} = \frac{\dot{U}}{Z} = \frac{\dot{U}}{50\angle 36.9°} = 2\angle 23.1°$$

（3）根据单一元件上的电压电流有效值关系，得：

$$U_R = IR = 2 \times 40 = 80\ V，\quad U_L = IX_L = 2 \times 70 = 140\ V，\quad U_C = IX_C = 2 \times 40 = 80\ V$$

4. 电路性质及特例

根据复阻抗的定义可知阻抗角 $\varphi = \psi_u - \psi_i$，它反映了电路的电压与电流的相位差，并被限定在 $\pm 180°$ 以内，φ 也反映了电路的性质。对于纯电阻、纯电感、纯电容电路分别为 $0°$、$90°$、$-90°$，那么对于 RLC 串联电路情况又会如何呢？这里就这一问题进行讨论。

用元器件参数表示的阻抗角为：

$$\varphi = \arctan\frac{X}{R} = \arctan\frac{X_L - X_C}{R} = \arctan\frac{\omega L - \dfrac{1}{\omega C}}{R}$$

1）电路性质

（1）当 $X_L > X_C$ 时：在通过同一电流的情况下，$U_L > U_C$，且 $\varphi > 0$。说明电压超前电流，电路呈感性，称为感性电路。其相量图如图 5-4（a）所示。

（2）当 $X_L < X_C$ 时：在通过同一电流的情况下，$U_L < U_C$，且 $\varphi < 0$，电流超前电压，电路呈容性，称为容性电路。其相量图如图 5-4（b）所示。

（3）当 $X_L = X_C$ 时：阻抗 $Z = R + \mathrm{j}(X_L - X_C) = R$，在通过同一电流的情况下，$U_L = U_C$，$U = U_R$，且 $\varphi = 0$，电压与电流同相，电路呈电阻性（此时电路发生谐振，具体概念后面介绍）。其相量图如图 5-4（c）所示。

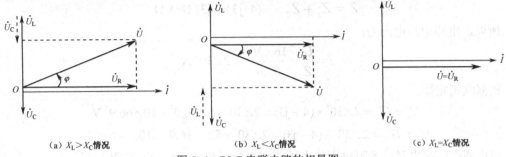

（a）$X_L > X_C$ 情况　　　　（b）$X_L < X_C$ 情况　　　　（c）$X_L = X_C$ 情况

图 5-4　RLC 串联电路的相量图

> ⚠ **注意：** 图 5-4（c）中总电压与电流同相的情况与纯电阻电路不同，电路中含有电感、电容，但其电路性质却既非感性电路，也非容性电路，这是因为电路中的感抗与容抗相互抵消使电路呈纯阻性。

2）RLC 串联电路的特例

（1）$R = 0$，此电路为 LC 串联电路，则有：
$$Z = \mathrm{j}(X_L - X_C), \quad U = |U_L - U_C|$$

（2）$X_L = 0$，此电路为 RC 串联电路，则有：
$$Z = R - \mathrm{j}X_C, \quad U = \sqrt{U_R^2 + (-U_C)^2}$$

（3）$X_C = 0$，此电路为 RL 串联电路，则有：
$$Z = R + \mathrm{j}X_L, \quad U = \sqrt{U_R^2 + U_L^2}$$

（4）$X_L = X_C$，$X = 0$，$\varphi = 0$，即电路的电压与电流同相，这是一种特殊的电路现象，称为谐振。此时，
$$Z = R, \quad U = U_R, \quad I = \frac{U}{R}$$

5. 串联阻抗电路的计算

两个阻抗串联的电路如图 5-5 所示，由此图我们很容易得到 $\dot{U} = \dot{I}Z_1 + \dot{I}Z_2 = \dot{I}Z$。所以，其等效复阻抗为：
$$Z = Z_1 + Z_2 \tag{5-11}$$

由此可见，等效复阻抗等于各个串联复阻抗之和。

复阻抗串联，分压公式仍然成立，以两个阻抗串联为例，分压公式为：

$$\begin{cases} \dot{U}_1 = \dfrac{Z_1}{Z_1 + Z_2}\dot{U} \\ \dot{U}_2 = \dfrac{Z_2}{Z_1 + Z_2}\dot{U} \end{cases} \tag{5-12}$$

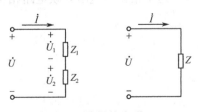

图 5-5　两个阻抗串联

实例 5-3 电路如图 5-5 所示，$Z_1 = (4+j3)\ \Omega$，$Z_2 = (4-j3)\ \Omega$，它们串联后接在 $\dot{U} = 16\angle30°$ V 的电源上，试计算电路中的电流和各阻抗上的电压。

解 由于阻抗串联，由式（5-11）可得：

$$Z = Z_1 + Z_2 = (4+j3+4-j3)\ \Omega = 8\ \Omega$$

所以，电路中的电流为：

$$\dot{I} = \frac{\dot{U}}{Z} = \frac{16\angle30°}{8\angle0°} = 2\angle30°\ \text{A}$$

根据欧姆定律：

$$\dot{U}_1 = \dot{I}Z_1 = 2\angle30° \times (4+j3) = 2\angle30° \times 5\angle36.9° = 10\angle66.9°\ \text{V}$$

$$\dot{U}_2 = \dot{I}Z_2 = 2\angle30° \times (4-j3) = 2\angle30° \times 5\angle-36.9° = 10\angle-6.9°\ \text{V}$$

或由两个阻抗串联，各阻抗上的电压分别由分压公式（5-12）算得。

想一想：

正弦交流电路中，若有 n 个阻抗串联，则有 $Z = Z_1 + Z_2 + \cdots\cdots + Z_n$ 之关系，因此也有 $|Z| = |Z_1| + |Z_2| + \cdots\cdots + |Z_n|$ 之关系，这种说法对吗？

5.1.2 并联电路分析

为了分析简便，图 5-6（b）、图 5-6（c）、5-6（d）看成是图 5-6（a）的特例。

1. 并联电路的阻抗

如图 5-6（b）所示阻抗并联电路，图中

$$\dot{I} = \dot{I}_1 + \dot{I}_2 = \frac{\dot{U}}{Z_1} + \frac{\dot{U}}{Z_2} = \dot{U}\left(\frac{1}{Z_1} + \frac{1}{Z_2}\right)$$

可见等效阻抗为：

$$Z = \frac{\dot{U}}{\dot{I}} = \frac{1}{1/Z_1 + 1/Z_2} = \frac{Z_1 Z_2}{Z_1 + Z_2}$$

即

$$\frac{1}{Z} = \frac{1}{Z_1} + \frac{1}{Z_2} \tag{5-13}$$

不难推论，若有 n 个阻抗并联，它的计算等效总阻抗公式为：

$$\frac{1}{Z} = \frac{1}{Z_1} + \frac{1}{Z_2} + \cdots + \frac{1}{Z_n} \tag{5-14}$$

这个结论与电阻并联电路相似。应用电阻并联电路同样的方法，可以得到分流公式

$$\begin{cases} \dot{I}_1 = \dfrac{Z_2}{Z_1 + Z_2}\dot{I} \\[2mm] \dot{I}_2 = \dfrac{Z_1}{Z_1 + Z_2}\dot{I} \end{cases} \tag{5-15}$$

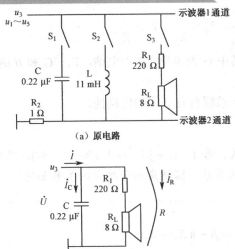

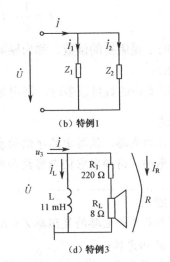

图 5-6 阻抗并联电路

实例 5-4 如图 5-6（c）所示为 RC 并联电路，已知总电压为峰值 1 V、频率 3.2 kHz 的正弦波，计算总阻抗和总电流，并比较总电压和总电流的相位关系。

解 对于 $Z_1 = -jX_C = -j\dfrac{1}{\omega C} = -j\dfrac{1}{2 \times 3.14 \times 3.2 \times 1000 \times 0.22 \times 10^{-6}} \approx -j226\ \Omega$

$$Z_2 = R_1 + R_2 = 228\ \Omega$$

为了方便分析，可认为 Z_1 和 Z_2 的模近似相等，均为 228 Ω，即 $Z_1 = -j228\ \Omega$。

根据式（5-14）有：

$$\frac{1}{Z} = \frac{1}{Z_1} + \frac{1}{Z_2} = \frac{1}{-j228} + \frac{1}{228} = \frac{1+j}{228}\ \Omega, \quad Z = 114 - j114 = 161.2\angle -45°\ \Omega$$

又因为

$$\dot{U} = \frac{1}{\sqrt{2}}\angle 0°\ V$$

所以

$$\dot{I} = \frac{\dot{U}}{Z} = \frac{\dfrac{1}{\sqrt{2}}\angle 0°}{161.2\angle -45°} \approx 4.4\angle 45°\ mA$$

$$\varphi = 0° - 45° = -45°$$

计算结果是总电流相位比总电压超前 45°，该结果与后面的图 5-13 所示的输入电流 i 的相位比输入电压 u_3 相位超前 45° 相符合。

图 5-6（d）的分析方法同上，这里不再进行讨论，要说明的是输入电流 i 的相位比输入电压 u_3 相位滞后 45°，该结果与后面的测试结果图 5-14 所示相符合。

2. 导纳

可以把式（5-14）用另一种符号写成下面的形式：

$$Y = Y_1 + Y_2 + \cdots + Y_n = G + jB \tag{5-16}$$

$$Y = \frac{1}{Z}, \quad Y_1 = \frac{1}{Z_1}, \quad Y_2 = \frac{1}{Z_2}, \quad Y_n = \frac{1}{Z_n}$$

这里的 Y 是阻抗的倒数，称为导纳。其中 G 为电导，B 为电纳，Y、G 和 B 的单位均是西门子（S）。

当并联支路的数目较多时，利用导纳法求解具有一定的优越性。

试一试

RLC 并联电路，试写出其导纳的表达式，若 $Y = G + jB = G + j(B_C \quad B_L)$，其中 B_C 为容纳，B_L 为感纳，请确定它们与容抗和感抗的关系，阻抗角和导纳角的关系如何？

> **要点提示：**
>
> （1）RLC 串联电路的复阻抗 $Z = R + jX = R + j(X_L - X_C)$。
>
> （2）欧姆定律：
>
> 相量形式：$\dot{U} = \dot{I}Z$；有效值关系：$U = I|Z|$。
>
> （3）阻抗三角形、电压三角形和功率三角形是相似三角形，应用这些三角形可以方便电路的求解。
>
> （4）RLC 串联电路的电路性质可由下列情况判断：
>
> ①当 $X_L > X_C$ 时，电路呈感性；
>
> ②当 $X_L < X_C$ 时，电路呈容性；
>
> ③当 $X_L = X_C$ 时，电路呈电阻性，电路发生谐振。
>
> （5）阻抗串、并联电路：
>
> n 个阻抗串联，则阻抗：$Z = Z_1 + Z_2 + \cdots\cdots + Z_n$；
>
> n 个阻抗并联，则阻抗：$\dfrac{1}{Z} = \dfrac{1}{Z_1} + \dfrac{1}{Z_2} + \cdots + \dfrac{1}{Z_n}$；
>
> 导纳：$Y = Y_1 + Y_2 + \cdots + Y_n = G + jB$。

5.2 正弦交流电路的功率问题

在直流电路中，直流功率是电压与电流的乘积，但在交流电路中，因电压和电流之间有相位差，交流功率就不能简单地用电压与电流的乘积来计算，下面就来具体分析。

5.2.1 正弦交流电路的功率

实践探究 26 正弦交流电有功功率测试

用函数信号发生器产生 5 个信号——$u_1 \sim u_5$ 的频率分别为 800 Hz、1.6 kHz、3.2 kHz、6.4 kHz、12.8 kHz，峰值为 1 V 的正弦信号（若输出电流较小，使用时可接信号源电流放大器）。

图 5-7（a）中电流表可用图 5-7（b）中 1 Ω电阻和示波器 2 替代。从图 5-7（c）中可

见，双踪示波器 2 通道测试的是 R_2 的电压，又因 $R_2 = 1\,\Omega$，故示波器 2 通道测试电压可视为 R_2 的电流，且因 $1\,\Omega$ 阻值很小，在与其他元器件串联时电压可忽略不计，因此，可将 $1\,\Omega$、示波器 2 通道的组合看成一个电流表，示波器 2 通道测量的值即为电流值（这一电流可视为该电路的输入电流）。

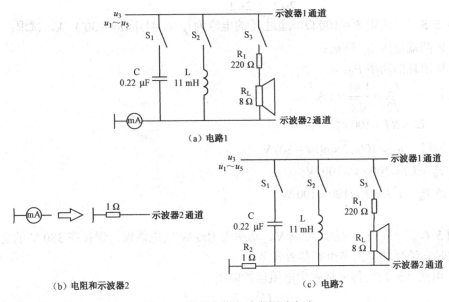

图 5-7　正弦交流电功率测试电路

按图 5-7（c）所示连接电路，断开开关 S_1、S_2，接通 S_3，R_1 串联 R_L 作为负载。输入 u_3，观察比较示波器 1 通道测试的 u_3 的电压和示波器 2 通道显示的回路电流的相位和大小关系。观察扬声器的情况。

现象：图 5-7（c）测试的结果为扬声器发声，双踪示波器 1、2 通道显示的波形如图 5-8 所示。

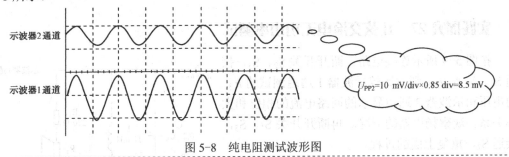

图 5-8　纯电阻测试波形图

1. 有功功率

因 S_1、S_2 断开，仅接通了 S_3，此测试电路可看成纯电阻电路。扬声器发声，说明负载电阻在吸收功率，即电能以声能的形式消耗掉了。电阻元件上所吸收的功率，是实际做功的功率，所以称为**有功功率**，用 P 表示，即

$$P = U_R I_R = I_R^2 R = \frac{U_R^2}{R} \tag{5-17}$$

有功功率的单位和直流功率一样为瓦特（W）、毫瓦（mW）和千瓦（kW）。

从图 5-8 可见，示波器 2 通道测试电路的输入电流和示波器 1 通道测试的输入电压 u_3 相位相同，且是负载所在支路的电流、电压，因此负载支路的有功功率为：

$$P = U_3 I = \frac{2}{2\sqrt{2}} \times \frac{0.0085}{2\sqrt{2}} = 0.002\ 1\ \text{W} \tag{5-18}$$

实例 5-5　一电阻 $R = 100\ \Omega$，通过 R 的电流为 $i_R = 1.41\sin(\omega t - 30°)$ A。试求：

（1）R 两端电压 U_R 和 u_R；

（2）R 消耗的功率 P_R。

解（1）$I = \dfrac{I_m}{\sqrt{2}} = \dfrac{1.41}{\sqrt{2}} = 1\ \text{A}$

$\qquad\quad U = RI = 100 \times 1 = 100\ \text{V}$

所以 $\quad u_R = 100\sqrt{2}\sin(\omega t - 30)\ \text{V}$

（2）$P_R = UI = 100 \times 1 = 100\ \text{W}$

$\qquad$ 或 $P_R = I^2 R = 1^2 \times 100 = 100\ \text{W}$

实例 5-6　一只额定电压为 220 V、功率为 100 W 的电烙铁，误接在 380 V 的交流电源上，问此时它消耗功率为多少？是否安全？

解　由式（5-17）得电烙铁中电阻丝的阻值

$$R = \frac{U^2}{P} = \frac{220^2}{100} = 484\ \Omega$$

当误接在 380 V 电源上时，电烙铁的功率为：

$$P' = \frac{380^2}{484} \approx 298.3\ \text{W}$$

此时不安全，电阻丝将烧断。

实践探究 27　正弦交流电无功功率测试

按图 5-9 所示连接电路。断开开关 S_2、S_3，接通 S_1。输入 u_3，观察比较示波器 1 通道测试的 u_3 的电压和示波器 2 通道显示的回路电流的相位和大小关系。观察扬声器的情况。再断开开关 S_1、S_3，接通 S_2，重复上面的过程。

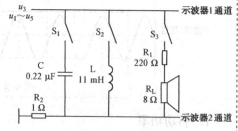

图 5-9　无功功率测试电路

现象： 断开开关 S_2、S_3，接通 S_1 的现象为扬声器无声，双踪示波器 1、2 通道显示的波形如图 5-10 所示。

断开开关 S_1、S_3，接通 S_2 的现象为扬声器无声，双踪示波器 1、2 通道显示的波形如图 5-11 所示。

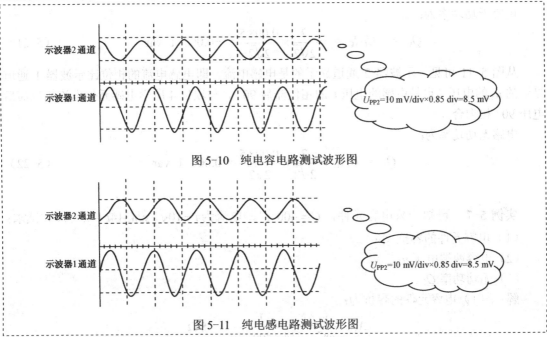

图 5-10 纯电容电路测试波形图

图 5-11 纯电感电路测试波形图

2. 无功功率

（1）断开图 5-9 中的开关 S_2、S_3，接通 S_1 的测试电路可看成纯电容电路，而断开开关 S_1、S_3，接通 S_2 的测试电路可看成纯电感电路。无论是纯电容电路还是纯电感电路，扬声器都无声，这也说明负载所在支路没有电流通过，电流从电容（电感）支路流过。由项目 3 学过的电容、电感特性知道，电容、电感是储能元件，因此电容或电感电路的电能没有变为其他形式的能量消耗掉，能量在电源与电容或电感之间来回转换。也就是说，电容或电感时而存储电能或磁能，时而释放电能或磁能，它们并不消耗能量，故其有功功率为零。

电容或电感元件上的电压有效值与电流有效值的乘积称为容性（感性）无功功率，用 Q_C（Q_L）表示，其值为：

$$Q_C = -U_C I_C = -I_C^2 X_C = -\frac{U_C^2}{X_C} \tag{5-19}$$

$$Q_L = U_L I_L = I_L^2 X_L = \frac{U_L^2}{X_L} \tag{5-20}$$

容性无功功率为负值，是因为它与电感转换能量的过程相反，电感吸收能量的同时，电容释放能量，反之亦然。

从量纲上看，Q_C（Q_L）是 U、I 之积，单位也应是瓦特，但为了与有功功率区别，把无功功率的单位改为乏尔（var），简称乏，工程中常用千乏（kvar）。

$$1\,\text{kVar} = 10^3\,\text{Var}$$

（2）从图 5-10 可见，示波器 2 通道显示的是电容电流，即电容电流的相位比示波器 1 通道显示的 u_3 的电压（也是电容的电压）的相位超前 90°，与项目 4 所学电容元件电流相位超前电压 90° 相吻合。

电容无功功率为：

$$Q_C = -U_C I_C = -\frac{2}{2\sqrt{2}} \times \frac{0.008\,5}{2\sqrt{2}} = -0.002\,1 \text{ var} \tag{5-21}$$

从图 5-11 可见，示波器 2 通道显示的是电感电流，即电感电流的相位比示波器 1 通道显示的 u_3 的电压（也是电感的电压）的相位滞后 90°，与项目 4 所学电感元件电流相位滞后电压 90° 相吻合。

电感无功功率为：

$$Q_L = U_L I_L = \frac{2}{2\sqrt{2}} \times \frac{0.008\,5}{2\sqrt{2}} = 0.002\,1 \text{ var} \tag{5-22}$$

实例 5-7 已知一只电容元件，$C = 400\,\mu\text{F}$，电流为 $i = 10\sqrt{2}\sin(314t - 45°)$ A 。试求：

（1）电容元件的容抗 X_C；

（2）电容两端电压 u；

（3）无功功率 Q_C。

解 （1）电容元件的容抗为：

$$X_C = \frac{1}{\omega C} = \frac{1}{314 \times 400 \times 10^{-6}} \approx 8\,\Omega$$

（2）电容元件上电压有效值为：

$$U = X_C I_C = 8 \times \frac{10\sqrt{2}}{\sqrt{2}} = 80 \text{ V}$$

又因为电容元件的电流相位超前电压 90°，因此此电压初相角为：

$$-45° - 90° = -135°$$

则电容两端电压的瞬时值表达式为：

$$u = 80\sqrt{2}\sin(314t - 135°) \text{ V}$$

（3）根据式（5-19）得无功功率为：

$$Q_C = -UI = -80 \times 10 = -800 \text{ var}$$

实例 5-8 在电压为 110 V，频率 $f = 50$ Hz 的电源上，接入电感 $L = 0.0127$ H 的线圈（电阻不计）。试求：

（1）线圈的感抗 X_L；

（2）关联方向下线圈中的电流 I；

（3）线圈的无功功率 Q_L。

解 （1）$X_L = 2\pi f L = 2 \times 3.14 \times 50 \times 0.012\,7 = 4\,\Omega$。

（2）$I = \dfrac{U}{X_L} = \dfrac{110}{4} = 27.5$ A 。

（3）$Q_L = U_L I_L = 110 \times 27.5 = 3\,025$ Var 。

实践探究 28　正弦交流电视在功率测试

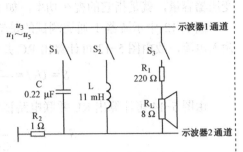

图 5-12　视在功率测试电路

按图 5-12 所示连接电路。断开开关 S_2，接通 S_1、S_3。输入 u_3，观察比较示波器 1 通道测试的 u_3 的电压和示波器 2 通道显示的电流相位和大小关系，观察扬声器的情况。再断开开关 S_1，接通 S_2、S_3，重复上面的测试。

现象： 断开开关 S_2，接通 S_1、S_3，测试现象为扬声器有声；双踪示波器 1、2 通道显示的波形如图 5-13 所示。

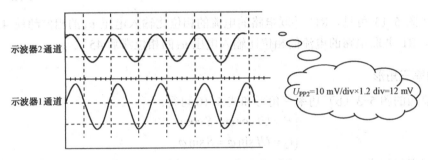

图 5-13　RC 并联测试波形图

断开开关 S_1，接通 S_2、S_3，测试现象为扬声器有声；双踪示波器 1、2 通道显示的波形如图 5-14 所示。

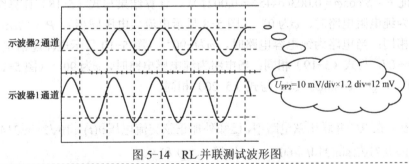

图 5-14　RL 并联测试波形图

3. 视在功率

（1）断开开关 S_2，接通 S_1、S_3 的测试电路可看成是 RC 并联电路，而断开开关 S_1，接通 S_2、S_3 的测试电路可看成 RL 并联电路。两测试电路扬声器均有声，说明负载有电流通过；扬声器发声大小与图 5-7（c）电路中的扬声器发声大小相同，说明有功功率大小没变。

（2）各种电源设备都是为其在一定的电压值 U 和电流值 I 下运行而设计和制造的，为了表明设备容量的大小，在交流电路中，把电路端口电压有效值与电流有效值的乘积称为电路的**视在功率**，用字母 S 表示，即

$$S = UI \tag{5-23}$$

视在功率也称功率容量，其单位用伏安（V·A）或千伏安（kV·A）表示。通常所说的

变压器容量，就是指它的视在功率，如 100 kV·A 的变压器等。

图 5-12 中示波器 1 通道测试的是输入电压，即电路端口电压，示波器 2 通道显示的是输入电流，故由图 5-13 可计算出 RC 并联电路视在功率为

$$S = U_3 I = \frac{2}{2\sqrt{2}} \times \frac{0.012}{2\sqrt{2}} = 0.003 \text{ V·A} \tag{5-24}$$

由图 5-14 可计算出 RL 并联电路视在功率为

$$S = U_3 I = \frac{2}{2\sqrt{2}} \times \frac{0.012}{2\sqrt{2}} = 0.003 \text{ V·A} \tag{5-25}$$

由计算值可见，视在功率值比有功功率大，说明视在功率没有全部转化为有功功率。这一点还可以从 RC（RL）并联电路的电流大于 R 支路的电流（前者是 4.4 mA、后者是 3 mA）看出。

（3）从图 5-13 可见，RC 并联电路的电流的相位比输入电压 u_3 的相位超前 45°。从图 5-14 可见，RL 并联电路的电流的相位比输入电压 u_3 的相位滞后 45°。

4. 功率三角形

应用前面的图 5-3（b）功率三角形和式 5-10 可得：

$$\begin{cases} P = UI\cos\varphi = S\cos\varphi \\ Q = UI\sin\varphi = S\sin\varphi \end{cases} \tag{5-26}$$

实践探究得到式（5-18）、式（5-21）、式（5-24）是 RC 电路的 P、Q 和 S 数据；式（5-18）、式（5-22）、式（5-25）是 RL 电路的 P、Q 和 S 数据；而 P、Q 和 S 三者之间呈三角形关系，其值可由式（5-26）计算。

可以验证 $P = S\cos\varphi = 0.003\cos45° = 0.0021$ W，计算结果与式（5-18）计算结果相同。

当电路为纯电阻电路时，φ 为 0°（图 5-8 显示电流、电压同相），$P = UI\cos\varphi = UI$，与式（5-17）相同；当电路为纯电容电路时，φ 为 -90°（图 5-10 显示电流超前电压 90°），$Q = UI\sin\varphi = -UI$，与式（5-19）相同；当电路为纯电感电路时，φ 为 90°（图 5-11 显示电压超前电流 90°），$Q = UI\sin\varphi = UI$，与式（5-20）相同。

实例 5-9 在 RC 并联正弦电路中，已知外加正弦交流电压 $u(t) = 10\sqrt{2}\sin(314t + 30°)$ V，总电流为 $i(t) = 0.71\sqrt{2}\sin(314t + 60°)$ A，计算 P、Q 和 S。

解 因为 $\varphi = \psi_u - \psi_i = 30° - 60° = -30°$

由式（5-26）可得

$P = UI\cos\varphi = 10 \times 0.71 \times \cos(-30°) = 6.1$ W

$Q = UI\sin\phi = 10 \times 0.7 \times \sin(-30°) = -3.5$ var

$S = UI = 10 \times 0.71 = 7.1$ V·A

5. 功率因数

由上面的分析知道，电源提供的总功率一部分被电阻消耗（有功功率），一部分被电容器与电源交换（无功功率）。正因为电容的存在，使电源功率存在了比例分配问题，因此，在交流电路中，将有功功率与视在功率的比值，称为功率因数，用 λ 表示，即

$$\lambda = \cos\varphi = \frac{P}{S} \tag{5-27}$$

功率因数的大小反映了电源功率的利用率。当视在功率一定时，功率因数越大，用电设备的有功功率也越大，电源的利用率就越高。

由式（5-18）、式（5-24）的计算值，可计算出本 RC 并联电路的功率因数为：

$$\lambda = \frac{P}{S} = 0.002\ 1/0.003 = 0.7$$

此结果与视在功率实践探究得到的 $\cos\varphi = \cos45° = 0.71$（图 5-13 中输入电流相位比输入电压 u_3 相位超前 45°）的结果相同。

探究迁移

读者可换其他频率再做上述测试。可测得有功功率大小不变，输入电流变了（因为频率变了，容抗随之改变），即视在功率改变了，从而改变了功率因数。也再次说明电容的存在改变了电源功率的分配比例。

5.2.2　功率因数的提高

在交流电路中，负载从电源接受有功功率 $P = UI\cos\varphi$，显然其与功率因数有关。目前供电系统中的负载，就其性质来说，多属于感性负载。例如，厂矿使用的异步电动机、照明用的荧光灯等，都是感性负载。由于感性负载中的电流滞后电压，使得功率因数总小于 1。这将给供电系统带来一些不良后果。因此，下面将介绍提高功率因数的经济价值和提高功率因数的方法。

1．提高功率因数的意义

电力系统通常要求有较高的功率因数，原因如下。

1）提高电源设备的利用率

我们知道，发电机或变压器在运行时不能超过其额定电压和额定电流的数值，也就是其视在功率有一个确定的值。在这种情况下，负载的功率因数越小，发电机发出的有功功率就越小，电源的利用率就越低。因此为了充分利用电源设备的容量，应该设法提高负载网络的功率因数。

2）降低线路损耗，提高输电效率

功率因数过低，在线路上将会引起较大的电压降和功率损失。由公式 $P = UI\cos\varphi$ 可知，当要求电源电压和输送的有功功率 P 一定时，$\cos\varphi$ 越低，输电线上的电流越大。电流越大，线路的电压和功率损失就越大，输电效率也就越低。

因此，提高功率因数对科学地使用电能有着重要的意义。

2．提高功率因数的方法

功率因数不高的原因，主要是由于大量感性负载的存在。因此要提高功率因数，通常是在广泛应用的感性负载电路中，加入容性负载。利用电容负载的超前电流来补偿感性电流，以达到提高 $\cos\varphi$ 的目的。简单地说，要提高功率因数，就要使 φ 减小，较简便的方法是在

感性负载的两端并联适当大小的电容器，称为并联补偿。

实践探究 29　交流电路功率因数测试

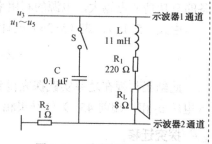

图 5-15　功率因数测试电路

提高功率因数的实验电路如图 5-15 所示，当开关 S 断开时，此电路就相当于实际感性负载电路。

按图 5-15 所示连接电路，断开开关 S。输入 u_3，观察示波器 2 通道显示的总电流的振幅及与示波器 1 通道显示的总电压的相位关系。观察扬声器的情况。

接通开关 S。输入 u_3，观察示波器 2 通道显示的总电流的振幅及与示波器 1 通道显示的总电压的相位关系。观察扬声器的情况。

现象： 断开开关 S 的测试结果如图 5-16 所示，且扬声器有声。

接通开关 S 的测试结果如图 5-17 所示，且扬声器发声大小几乎没变。

注意： 图 5-15 是为了探究感性负载电路功率因数问题而搭接的，实际上一般电子电路无须提高功率因数，而电力系统中则对功率因数有规定和要求。由于电力系统电压太高，出于安全的考虑，这里用电子电路搭建。

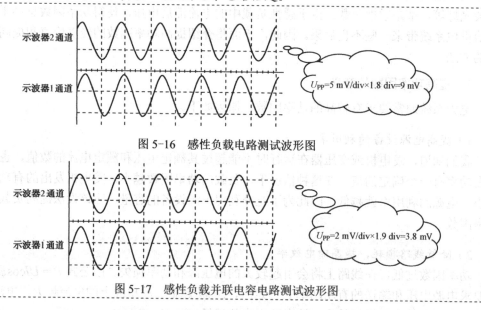

图 5-16　感性负载电路测试波形图

$U_{PP}=5\ mV/div×1.8\ div=9\ mV$

$U_{PP}=2\ mV/div×1.9\ div=3.8\ mV$

图 5-17　感性负载并联电容电路测试波形图

（1）当开关 S 断开时，此电路是 RL 串联电路。从图 5-16 可见，总电流振幅约为 4.5 mA（9 mA/2），总电流在相位上超前总电压约 45°，则功率因数为：

$$\lambda_1 = \cos\varphi_1 = \cos 45° \approx 0.7$$

（2）从图 5-17 可见，总电流振幅约为 1.9 mA（3.8 mA/2），比只有感性负载时的总电流值小。因为电容、电感虽然都是储能元件，但两者的储能与释放能量的过程并不同步，电容充电时，电感则在释放能量，致使两者的电流方向相反，即电容电流补偿了负载中的无功电流，使总电流减小，进而使视在功率减小。

开关 S 接通时，扬声器发声大小几乎没变，说明有功功率没变。根据式 $\lambda = \dfrac{P}{S}$，可知功率因数提高了。

还可以从功率角 φ 来讨论。

从图 5-17 知：总电流在相位上与总电压相位几乎相同（超前约 4°），则功率因数为

$$\lambda_2 = \cos\varphi_2 = \cos 4° \approx 0.998$$

从两次测试的计算数据可以看出，在感性负载的两端并联适当大小的电容器，φ 减小了，功率因数提高了。

经过推导可以得到所要并联的电容为：

$$C = \frac{P}{\omega U^2}(\tan\varphi_1 - \tan\varphi_2) \tag{5-28}$$

> ❗ **注意**：并联补偿电容以后，对原负载的工作状态没有影响。提高功率因数只意味着原来感性负载与电源之间的能量交换改变为大部分能量在感性负载与电容之间进行，这样既降低了无功功率，减小了电源的负担，也减少了线路的损耗。

实例 5-10　已知电动机的功率 $P = 20\ kW$，$U = 220\ V$，$f = 50\ Hz$，功率因数 $\cos\varphi_1 = 0.707$（感性），试求：要使电路的功率因数提高到 0.92，需要并联多大的电容？

解　$\cos\varphi_1 = 0.707 \Rightarrow \varphi_1 = 45°$

$\cos\varphi_2 = 0.92 \Rightarrow \varphi_2 = 23.1°$

$C = \dfrac{P}{\omega U^2}(\tan 45° - \tan 23.1°) = 0.0013\ (1 - 0.426) = 746\ \mu F$

> ❗ **要点提示：**
>
> （1）功率：
>
> ① 有功功率：$P = UI\cos\varphi = U_R I = I^2 R$，单位为瓦特（W）。
>
> ② 无功功率：$Q = UI\sin\varphi = U_X I = I^2 X$，单位为乏尔（var）。
>
> ③ 视在功率：$S = UI$ 单位为伏安（V·A），也可以写成 $S = \sqrt{P^2 + Q^2}$。
>
> ④ 功率因数：$\lambda = \cos\varphi = \dfrac{P}{S}$，无量纲。
>
> （2）提高功率因数的较简便的方法是在感性负载的两端并联适当大小的电容器，称为并联补偿。并联的电容为 $C = \dfrac{P}{\omega U^2}(\tan\varphi_1 - \tan\varphi_2)$。

📁 **探究迁移**

读者可换其他频率再做上述测试。但必须事先计算并调换 C 的值，才能达到较好的补偿作用。

 知识梳理与总结

1．复阻抗

（1）复阻抗 Z 定义为相量电压与相量电流之比：

$$Z = \frac{\dot{U}}{\dot{I}} = \frac{U}{I} \angle \psi_u - \psi_i = |Z| \angle \varphi \quad \text{其中：} \quad |Z| = \frac{U}{I}, \quad \varphi = \psi_u - \psi_i$$

RLC 串联电路阻抗可以用电路参数表示：

$$Z = R + j\left(\omega L - \frac{1}{\omega C}\right) = |Z| \angle \varphi, \quad X_L = \omega L, \quad X_C = \frac{1}{\omega C}$$

其中： $|Z| = \sqrt{R^2 + (X_L - X_C)^2}$, $\quad \varphi = \arctan \frac{X_L - X_C}{R}$

（2）阻抗、电压、功率三角形是相似三角形，利用它们可以方便地求解正弦交流电路。

（3）电路性质可由 φ 确定：① $\varphi > 0$，电路呈感性；② $\varphi < 0$，电路呈容性；③ $\varphi = 0$，电路呈阻性。

（4）阻抗串联相加，导纳并联相加。

（5）阻抗串联分压，阻抗并联分流。

2．功率

（1）交流电路的功率有：有功功率 P（W）；无功功率 Q（var）；视在功率 S（V·A）。

（2）功率三角形 P、Q 和 S 三者之间呈三角形关系，即

$$S = \sqrt{P^2 + Q^2}, \quad \varphi = \arctan \frac{Q}{P}, \quad P = S\cos\varphi, \quad Q = S\sin\varphi$$

（3）功率因数 $\lambda = \cos\varphi$，λ 大，电源功率的利用率高。通常为了提高功率因数可在感性负载的两端并联适当大小的电容器，即 $C = \frac{P}{\omega U^2}(\tan\varphi_1 - \tan\varphi_2)$ 称为并联补偿。

测试与练习题 5

一、填空题

1．RLC 串联的正弦电路，$R = 20\,\Omega$，$\omega L = 30\,\Omega$，阻抗角 φ 为 $45°$，则 $X_C = $_____。

2．RLC 串联的正弦电路中，已知 $S = 500\,VA$，$Q = 300\,var$，则 $P = $_____。

3．RLC 串联的正弦电路中，已知 $P = 400\,W$，总电压 $U = 500\,V$，$\cos\varphi = 0.8$，在关联参考方向下，$I = $_____，$U_R = $_____。

4．已知电阻 $R = 20\,\Omega$，其电压 $u_R = 100\sqrt{2}\sin(\omega t + 60°)\,V$，则电阻消耗的功率 $P_R = $_____。

5．已知 $R = 400\,\Omega$，外接正弦电压，其功率为 $100\,W$，则电压最大值 U_m 为_____。

6．一个 $110\,V$、$50\,W$ 的电器，误接到 $220\,V$ 电源上，则其消耗的功率为_____。此

时电路会发生_____情况。

7. 一电容元件在 u_C、i_C 为关联参考方向时，$u_C = 220\sin(314t + 30°)\,\text{V}$，$i_C = 10\sin(314t + \psi_i)\,\text{A}$，求电容 $C =$_____，电流的初相 $\psi_i =$____，无功功率 $Q_C =$_____。

8. 一电感元件接在电压为 220 V，$f = 50\,\text{Hz}$ 的电源上，接入电感 $L = 0.02\,\text{H}$ 的线圈（电阻不计），则 $X_L =$_____，$Q_L =$_____。

9. 提高功率因数后，负载消耗的功率_____。

二、判断题

1. RLC 串联正弦电路中，当 ω 从 $0 \to \infty$ 时，阻抗的模 $|Z|$ 也将从 $0 \to \infty$。 （ ）

2. RLC 串联的正弦电路呈感性，在关联参考方向下，总电压 $\dot{U}$ 一定超前 $\dot{U}_R$。 （ ）

3. RLC 串联的正弦电路中，电路呈容性，U_L 大于 U_C。 （ ）

4. RLC 串联的正弦电路中，总电压 $U = 100\,\text{V}$，$R = 100\,\Omega$，则有功功率 $P = \dfrac{U^2}{R} = 100\,\text{W}$。

（ ）

5. 在工频正弦交流电路中，只要电路的参数（R、L、C）确定，电流和电压之间的相位差就确定。 （ ）

6. 在 RLC 串联的交流电路中，电流的计算公式为 $I = \dfrac{U}{Z} = \dfrac{U}{R + X_L + X_C}$。 （ ）

7. 在阻抗 Z_1 和 Z_2 并联的交流电路中，电流的计算公式为 $I = \dfrac{U}{Z} = \dfrac{U}{\dfrac{Z_1 Z_2}{Z_1 + Z_2}}$。 （ ）

8. 现有一吸尘器（感性负载），额定电压为 220 V，额定功率为 660 W，则可知额定电流为 3 A。 （ ）

9. 已知一电感线圈的电压为 60 V，电流为 2 A，它消耗的功率为 0.12 kW。 （ ）

10. 已知某电路的导纳为 $Y = (1 - j0.2)S$，可判断这个电路时容性。 （ ）

三、选择题

1. 阻抗 Z_1、Z_2 相串联时，有（   ）。

　　A. $|Z| = |Z_1| + |Z_2|$ 　　B. $Z = |Z_1 + Z_2|$ 　　C. $|Z| = |Z_1 + Z_2|$ 　　D. $Z = Z_1 + Z_2$

2. 图 5-18 所示电路中，已知 V_1 的读数为 8 V，V_2 读数为 3 V，V_3 读数为 9 V，则 V 的读数为（   ）。

　　A. 20 V 　　　　B. 10 V 　　　　C. 5.6 V 　　　　D. 12 V

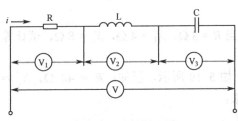

图 5-18　选择题 2 图

3. RLC 串联正弦电路中，已知：总电压 $U = 10$ V，$U_R = 6$ V，$U_L = 4$ V，则该电路呈（　　）。

    A. 阻性　　　　　　　　B. 容性　　　　　　　　C. 感性　　　　　　　　D. 容性或感性

4. RLC 串联正弦电路中，已知：关联参考方向下，总电压超前电流 $45°$，$U_L = 20$ V，$U_C = 10$ V，则 U_R 为（　　）。

    A. 30 V　　　　　　　B. 8 V　　　　　　　C. 10 V　　　　　　　D. $10\sqrt{2}$

5. RLC 串联正弦电路中，已知：$R = 3$ Ω，$X_L = 5$ Ω，$X_C = 8$ Ω，则电路的性质为（　　）。

    A. 感性　　　　　　　B. 容性　　　　　　　C. 阻性　　　　　　　D. 不能确定

6. RLC 串联正弦电路已呈感性，增大电容 C，则电路（　　）。

    A. 感性增强　　　　　B. 阻性减弱　　　　　C. 容性增强　　　　　D. 性质不变

7. RLC 串联正弦电路，下列公式（　　）是正确的。（多项选择）

    A. $u = u_R + u_L + u_C$　　　　　　B. $u = Ri + X_L i + X_C i$　　　　C. $U = U_R + U_L + U_C$

    D. $U = U_R + j(U_L - U_C)$　　　E. $\dot{U} = \dot{U}_R + \dot{U}_L + \dot{U}_C$　　　F. $\dot{U} = \dot{U}_R + j(\dot{U}_L + \dot{U}_C)$

8. 已知 $R = 10$ Ω，其上电压为 50 V，则此电阻消耗的功率为（　　）。

    A. 250 W　　　　　　B. 500 W　　　　　　C. 2 500 W　　　　　D. 25 W

9. 已知 $R = 10$ Ω，外接正弦电压，其功率为 1000 W，则电压有效值 U_R 为（　　）。

    A. 100 V　　　　　　B. 50 V　　　　　　C. 70.7 V　　　　　　D. 200 V

10. 电感元件通过正弦电流时的有功功率为（　　）。

    A. $p = ui = 0$　　　B. $P = 0$　　　　C. $P = I_L^2 X_L$　　　　D. $P = i^2 X_L$

11. 电容元件通过正弦电流时的平均功率为（　　）。

    A. $U_C I$　　　　　B. $i^2 X_C$　　　　C. $I^2 X_C$　　　　D. 0

12. 正弦电流通过电阻元件时，下列关系中（　　）是正确的。

    A. $P = Ri^2$　　　　B. $P = U_m I_m$　　　C. $P = \dfrac{u^2}{R}$　　　D. $P = \dfrac{U^2}{R}$

13. 已知 RC 并联电路，其中 R 为 10 Ω，X_C 为 10 Ω，其复阻抗为（　　）。

    A. 5 Ω　　　　　　B. 10 Ω　　　　　　C. 5–j5 Ω　　　　　D. 5+j5 Ω

14. 在正弦电流电路中，负载的功率因数越大，则（　　）。

    A. 电压、电流的相位差越接近 $90°$　　　　　B. 电压、电流的有效值越大

    C. 负载的储能越大　　　　　　　　　　　D. 电源设备容量的利用率越高

15. 交流电路中负载消耗的功率为有功功率 $P = UI\cos\varphi$。在负载两端并联电容，使电路的功率因数提高，此时负载所消耗的功率将（　　）。

    A. 增大　　　　　　B. 减小　　　　　　C. 不变　　　　　　D. 不能确定

四、计算题

1. RLC 串联电路中，当 $R = 3$ Ω，$X_L = 4$ Ω，$X_C = 8$ Ω，试计算复阻抗为多少？该电路的性质是什么？

2. 有 RLC 串联电路，如 5-19 所示，已知：$R = 40$ Ω，$X_L = 80$ Ω，$X_C = 40$ Ω，$u = 100\sqrt{2}\sin(\omega t + 60°)$ V，试求：

    (1) $\dot{I}$、$\dot{U}_R$、$\dot{U}_L$、$\dot{U}_C$；

    (2) P、Q、S。

3．在图 5-20 中，已知 $u_R = 100\sqrt{2}\sin(314t - 60°)\text{ V}$，$R = 50\ \Omega$，试求 i_R，并计算出该电阻消耗的功率。

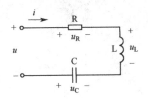

图 5-19　计算题 2 图

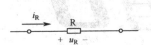

图 5-20　计算题 3 图

4．已知流过 100 μF 电容的电流为 $i_C = 10\sqrt{2}\sin(10^3 t + 60°)\text{ mA}$，在关联参考方向的情况下，试求：（1）$u_C$ 为多少？（2）电容元件的无功功率 Q_C 为多少？

5．一高压电缆的 $C = 10$ μF，外加电压 $u = 6\,600\sqrt{2}\sin 314t\text{V}$，求在关联方向下的电流及无功功率。

6．已知 $u_L = 110\sqrt{2}\sin(314t + 30°)\text{ V}$，$L = 0.127$ H，在关联参考方向的情况下试求：（1）电感的感抗 X_L；（2）$\dot{I}_L$ 和 i_L；（3）电感元件的无功功率为多少？

7．$L = 0.1$ H 的电感，通 $i_L = 10\sqrt{2}\sin(314t + 30°)\text{ A}$ 的电流，当 u_L、i_L 为关联参考方向的情况下试求：（1）计算 U_L；（2）电感元件的无功功率为多少？

8．一只电容元件接在电压为 220 V，频率 $f = 50$ Hz 的电源上，接入电容 $C = 31.8$ μF，试求：（1）电容的容抗 X_C；（2）关联方向下电容中的电流 I；（3）电容的无功功率 Q_C。

9．一台功率 $P = 1.1$ kW 的单相交流电动机接到 220 V 的工频交流电源上，其电流为 10 A，求电动机的功率因数。

10．已知 RC 并联电路，其中 $R = 20\ \Omega$，$X_C = 20\ \Omega$，其复阻抗为多少？

11．已知 RL 并联电路，其中 $R = 10\ \Omega$，$X_L = 10\ \Omega$，其复阻抗为多少？

12．RC 串联电路，已知 $R = 30\ \Omega$，$X_C = 40\ \Omega$，电路外加电压 $u = 100\sqrt{2}\sin(\omega t - 60°)$ V，试求：（1）电路阻抗 Z、复阻抗 $|Z|$，阻抗角 φ；（2）电流 I 和 $\dot{I}$；（3）电容的电压 U_C 和 $\dot{U}_C$。

13．RL 串联电路，已知 $R = 80\ \Omega$，$X_L = 60\ \Omega$，电路外加电压 $u = 100\sqrt{2}\sin(\omega t + 60°)$ V，试求：（1）电路阻抗 Z、复阻抗 $|Z|$，阻抗角 φ；（2）电流 I 和 $\dot{I}$；（3）电感的电压 U_L 和 $\dot{U}_L$。

14．电路如图 5-21 所示，已知 $U = 220$ V，$R_1 = R_2 = 6\ \Omega$，$X_C = 8\ \Omega$，$X_L = 8\ \Omega$。试求 I 及输入阻抗 $|Z|$。

15．图 5-22 电路中，$Z_1 = 4 + j4\ \Omega$，$Z_2 = Z_3 = 1 - j1\ \Omega$，$I_1 = 2\angle 0°$，求总电压 $\dot{U}$。

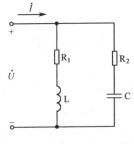

图 5-21　计算题 14 图

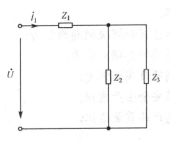

图 5-22　计算题 15 图

项目 **6**

滤波与谐振电路的分析与测试

教学导引：利用 RLC 元件进行简单的串并联组合就可以实现很多电路功能，如滤波、谐振等。本项目通过实验探究高通滤波器、低通滤波器、带通滤波器的电路结构和工作原理，理解滤波器的作用；通过电路分析建立串、并联谐振的概念，通过实验探究串联谐振、并联谐振电路的特性特点。教学载体为"任务 3　音箱二分频器的试制"和"任务 4　音箱三分频器的试制"。本项目的教学目标如下。

知识目标：

掌握高通、低通和带通滤波器的电路结构和工作原理；

掌握电路谐振的概念、条件、特征和应用；

了解选择性与通频带的关系。

技能目标：

熟练使用常用电工仪表测量电压、电流等基本参数；

能对照实验测试电路绘制电路原理图；

会按照原理图进行实用电路的分析与安装；

掌握谐振电路特性曲线的测试分析方法；

能制作音箱二分频器并进行电路的分析与测试；

能制作音箱三分频器并进行电路的分析与测试。

素质目标：

培养分析和解决问题的能力；

提高思辨和研究能力；

提高项目实施能力；

增强安全生产意识；

提高产品质量意识。

6.1　滤波电路的分析与测试

通过实践测试分析，理解滤波器的概念，掌握高通滤波器、低通滤波器和带通滤波器的电路组成和工作原理，然后通过制作音箱分频器，加深对滤波器应用的理解。

滤波器是频率选择电路，只允许输入信号中的某些频率成分通过，而阻止其他频率成分到达输出端。也就是所有的频率成分中，只有选中的频率信号通过滤波器到达输出端。

6.1.1　高通滤波器

高通滤波器允许输入信号中较高频率的成分通过，同时阻止较低频率的信号。

1. RC 串联高通滤波器

实践探究 30　RC 串联高通滤波电路测试

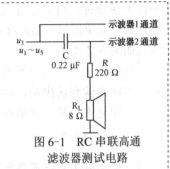

图 6-1　RC 串联高通滤波器测试电路

用函数信号发生器产生 5 个信号——$u_1 \sim u_5$ 的频率分别为 800 Hz、1.6 kHz、3.2 kHz、6.4 kHz、12.8 kHz，峰值为 1 V 的正弦信号（若输出电流较小，使用时可接信号源电流放大器）。实验电路如图 6-1 所示，双踪示波器 1 通道测试电路的总电压，2 通道测试电阻 R 和 R_L 的电压，反映电路总电流。

在面包板上搭接出图 6-1 所示电路。输入端依次输入 u_1、u_2、u_3、u_4 和 u_5，记录双踪示波器 1、2 通道波形相位差和幅值大小及扬声器声音变化（示波器 1 通道波形的相位表示电压相位，而 2 通道波形的相位表示电流相位）。

现象：示波器 2 通道的波形幅值随着输入信号频率的增大而增大，扬声器的声音也随着频率的增大而增大。幅值和扬声器声音变化见表 6-1。

表 6-1　RC 高通滤波器测试数据

输入信号	u_1	u_2	u_3
1、2 通道波形相位关系			
相位差 $\varphi_u - \varphi_i$	−76°	−63°	−45°
2 通道波形幅值/mV	约 240	约 450	约 707
扬声器声音	最小	较小	中
输入信号	u_4	u_5	
1、2 通道波形相位关系			

续表

输入信号	u_4	u_5	
相位差 $\varphi_n - \varphi_1$	$-27°$	$-14°$	
2 通道波形幅值/mV	约 890	约 970	
扬声器声音	较大	最大	

从表 6-1 看出，双踪示波器 2 通道波形与 1 通道波形频率相同，但示波器 2 通道的波形总是超前 1 通道的波形，即电流总是超前电压，其角度大小取决于电阻值和容抗值的大小。扬声器声音变化与示波器 2 通道的波形振幅相对应，利用表 6-1 的数据，将频率作为横坐标，将 2 通道波形幅度值作为纵坐标，就可简单近似画出此高通滤波器的响应曲线，如图 6-2 所示。

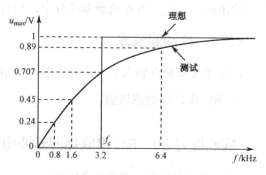

图 6-2　高通滤波器的理想和实际频率响应曲线

从曲线上可看出频率大于 3.2 kHz 的电压可较多地传输到输出端，而小于 3.2 kHz 频率的电压则衰减得厉害，这就是高通滤波器的作用，即将大于某一频率的电压传输到输出端，滤掉小于该频率的电压。频率 3.2 kHz 称为高通滤波器的截止频率 f_c。

1）截止频率和滤波器带宽

滤波器的输出电压是最大值的 0.707 倍时所对应的频率称为滤波器的**截止频率**，它是描述滤波器允许或阻止某些频率成分通过的界限。对于 RC 串联高通滤波器，若要 $\left| \dot{U}_o / \dot{U}_i \right| = 0.707$，则容抗应等于电阻，即 $\dfrac{1}{2\pi f C} = R$，所以，RC 串联高通滤波器的截止频率可表示为：

$$f_c = \frac{1}{2\pi RC} \tag{6-1}$$

其中，R 为电路中的等效电阻。对于高通滤波器，认为所有高于 f_c 的频率成分可以通过滤波器，而所有低于 f_c 的频率成分被滤波器阻止。

通过滤波器的频率范围称为**带宽**，理想高通滤波器的带宽为 $f_c \rightarrow \infty$。

2）RC 串联电路电压与电流关系

为了更好地理解电路原理，并且通过电路分析巩固之前我们所学的知识，我们以下题为例来说明。

实例 6-1　图 6-1 的原理图绘于图 6-3 中。已知 $R = (220+8)\ \Omega = 228\ \Omega$，$C = 0.22\ \mu F$，若取输入电压为 u_3 时，此时信号源频率 $f_3 = 3.2$ kHz，幅值 $U_{im} = 1$ V，试计算：

（1）RC 串联电路的阻抗 Z；

（2）电路电流 $\dot{I}$；

（3）输出电压 $\dot{U}_o$；

解　（1）由于是 RC 串联电路，其阻抗 $Z = R - j\dfrac{1}{\omega C}$，

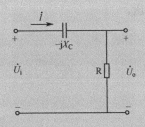

图 6-3　RC 高通滤波器电路原理图

$R = 228\ \Omega$

$$X_C = \frac{1}{\omega_3 C} = \frac{1}{2\pi f_3 C} = \frac{1}{6.28 \times 3.2 \times 10^3 \times 0.22 \times 10^{-6}}\ \Omega$$

$$= 226.2\ \Omega$$

所以

$$Z = R - jX_C = |Z| \angle \varphi = \sqrt{R^2 + (-X_C)^2}\ \arctan\frac{-X_C}{R}$$

$$= \sqrt{228^2 + 226.2^2}\ \arctan\frac{-226.2}{228} \approx 228\sqrt{2}\angle-45°\ \Omega$$

（2）设输入电压 $\dot{U}_{im} = 1\angle 0°$ V，$Z \approx 228\sqrt{2}\angle-45°\ \Omega$，则电路电流

$$\dot{I}_m = \frac{\dot{U}_{im}}{Z} = \frac{1\angle 0°}{228\sqrt{2}\angle-45°}\ \text{A} \approx 2.19\sqrt{2}\times10^{-3}\angle45°\ \text{A}$$

（3）输出电压 $\dot{U}_o = \dot{I}R$ 或用分压公式：

$$\dot{U}_{om} = \frac{R}{Z}\dot{U}_{im} \approx \frac{228}{228\sqrt{2}\angle-45°}\ 1\angle 0°\ \text{V} = 0.707\angle45°\ \text{V}$$

可见，$|U_{om}/U_{im}| = 0.707$，即 $f_3 = 3.2$ kHz 是截止频率。依此思路，可以计算 $f_1 = 800$ Hz、$f_2 = 1.6k$ Hz、$f_4 = 6.4$ kHz、$f_5 = 12.8$ kHz 时的输出电压，其结果与图 6-2 的频率响应情况一致。

在图 6-1 中输入 u_3 时，阻抗角 $\varphi = -45°$，即电压滞后电流 45°。由电阻和电容组成的电路中，阻抗角为负值，即电压滞后电流一定的角度，当电阻值与电容值一定时，该角度绝对值的大小随着频率增大而减小，该理论推导与测试结果完全一致。

实例 6-2　有一 RC 串联电路组成的高通滤波器，如图 6-3 所示，已知 $R = 158$ kΩ，$C = 0.01$ μF，试求高通滤波器的截止频率。

解　由 RC 高通滤波器截止频率表达式得：

$$f_c = \frac{1}{2\pi RC} = \frac{1}{2\pi \times 158 \times 10^3 \times 0.01 \times 10^{-6}} = 100\ \text{Hz}$$

2．RL 高通滤波器

实践探究 31　RL 高通滤波电路测试

用函数信号发生器产生 5 个信号——$u_1 \sim u_5$ 的频率分别为 800 Hz、1.6 kHz、3.2 kHz、6.4 kHz、12.8 kHz，峰值为 1 V 的正弦信号（若输出电流较小，使用时可接信号源电流放大器）。实验电路如图 6-4 所示，双踪示波器 1 通道测试电路的总电压，2 通道测试电感 L

的电压。

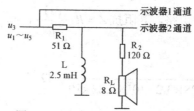

图 6-4　RL 高通滤波器测试电路

在面包板上搭接出图 6-4 所示电路。输入端依次输入 u_1、u_2、u_3、u_4 和 u_5，记录示波器 2 通道幅值和扬声器声音变化。

现象： 示波器 2 通道的波形幅值随着输入信号频率的增大而增大，扬声器的声音也随着频率的增大而增大。幅值和扬声器声音变化见表 6-2。

表 6-2　RL 高通滤波器测试数据

输入信号	u_1	u_2	u_3	u_4	u_5
2 通道波形幅值/mV	约 240	约 430	约 600	约 670	约 740
扬声器声音	最小	较小	中	较大	最大

从表 6-2 看出，双踪示波器 2 通道的波形幅值随着输入信号频率的增大而增大，扬声器的声音也随着频率的增大而增大，则说明随着频率的增大，电感 L 获得能量越来越大，其频率响应曲线与图 6-2 基本一致，则说明图 6-4 所示的电路也具备高通滤波器的特性，但示波器 2 通道的电压 u_{o2} 与示波器 u_{o1} 的关系比较复杂，这里不做过多介绍，有兴趣的读者可以参考相关书籍。

6.1.2　低通滤波器

1. RL 串联低通滤波器

实践探究 32　RL 串联低通滤波电路测试

用函数信号发生器产生 5 个信号——$u_1 \sim u_5$ 的频率分别为 800 Hz、1.6 kHz、3.2 kHz、6.4 kHz、12.8 kHz，峰值为 1 V 的正弦信号（若输出电流较小，使用时可接信号源电流放大器）。在面包板上搭接出图 6-5 所示电路，双踪示波器 1 通道测试电路的总电压，2 通道测试电阻 R 和 R_L 的电压，也反映电路中的总电流。

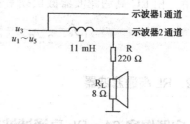

图 6-5　RL 低通滤波器测试电路

在图 6-5 所示电路的输入端依次输入 u_1、u_2、u_3、u_4 和 u_5，记录示波器 1、2 通道波形相位差和幅值大小及扬声器声音变化。

现象： 示波器 2 通道的波形幅值随着输入信号频率的增大而减小，扬声器的声音也随着频率的增大而减小。幅值和扬声器声音变化见表 6-3。

表 6-3　RL 串联低通滤波器测试数据

输入信号	u_1	u_2	u_3
1、2 通道波形相位关系	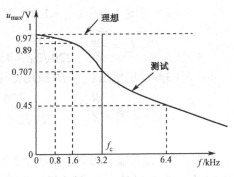		
相位差 $\varphi_u-\varphi_i$	14°	27°	45°
2 通道波形幅值/mV	约 970	约 890	约 707
扬声器声音	最大	较大	中
输入信号	u_4	u_5	u_3
1、2 通道波形相位关系			
相位差 $\varphi_u-\varphi_i$	63°	76°	
2 通道波形幅值/mV	约 450	约 240	
扬声器声音	较小	最小	

　　从表 6-3 看出，双踪示波器 2 通道的波形与 1 通道的波形频率相同，但 2 通道的波形总是滞后 1 通道的波形，即电流总是滞后电压，其角度大小取决于电阻值和感抗值的大小。扬声器声音变化与示波器 2 通道的波形振幅相对应，利用表 6-3 的数据，将频率作为横坐标，将 2 通道的波形幅度值作为纵坐标，就可近似画出此低通滤波器的频率响应曲线，如图 6-6 所示。

图 6-6　低通滤波器的理想和实际频率响应曲线

　　从曲线上可看出频率小于 3.2 kHz 的电压可较多地传输到输出端，而大于 3.2 kHz 频率的电压则衰减得严重，这就是低通滤波器的作用，即将小于某一频率的电压传输到输出端，滤掉大于该频率的电压。频率 3.2 kHz 称为低通滤波器的截止频率 f_c。

　　1）截止频率和滤波器带宽

　　类似于 RC 串联高通滤波器对截止频率的分析，对于 RL 串联低通滤波器，若要 $\left|\dot{U}_o/\dot{U}_i\right|=$ 0.707，则感抗应等于电阻，即 $2\pi f L=R$，所以，RL 串联低通滤波器的截止频率可表示为：

$$f_c=\frac{R}{2\pi L} \tag{6-2}$$

其中，R 为电路中的等效电阻值。对于低通滤波器，认为所有低于 f_c 的频率成分可以通过滤波器，而所有高于 f_c 的频率成分被滤波器阻止。理想低通滤波器的带宽为 $0 \sim f_c$。

2）RL 串联电路电压与电流关系

同样，这里将图 6-5 的原理图绘于图 6-7 中，并忽略负载 R_L 的影响，进行分析。

实例6-3 图 6-5 的原理图绘于图 6-7 中。忽略负载 R_L 的影响 $R = 220\ \Omega$，$L = 11\ mH$，若取输入电压为 u_3 时，此时信号源频率 $f_3 = 3.2\ kHz$，幅值 $U_{im} = 1\ V$，试计算：

（1）RL 串联电路的阻抗 Z；

（2）电路电流 $\dot{I}$；

（3）输出电压 $\dot{U}_o$；

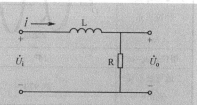

图 6-7　RL 低通滤波器电路原理图

解　（1）由于是 RL 串联电路，其阻抗 $Z = R + j\omega L$，代入电路参数计算，即

$$R = 220\,\Omega$$
$$X_L = \omega_3 L = 2\pi f_3 L = 6.28 \times 3.2 \times 10^3 \times 11 \times 10^{-3} = 221.1\,\Omega$$

所以

$$Z = R + jX_L = |Z| \angle \varphi = \sqrt{R^2 + (X_L)^2}\ \arctan \frac{X_L}{R}$$
$$= \sqrt{220^2 + 221.1^2}\ \arctan \frac{221.1}{220} \approx 220\sqrt{2} \angle 45°\ \Omega$$

（2）设输入电压 $\dot{U}_{im} = 1 \angle 0°$ V，$Z \approx 220\sqrt{2} \angle 45°\ \Omega$，则电路电流

$$\dot{I}_m = \frac{\dot{U}_{im}}{Z} = \frac{1 \angle 0°}{220\sqrt{2} \angle -45°}\ A \approx 2.27\sqrt{2} \times 10^{-3} \angle 45°\ A$$

（3）输出电压 $\dot{U}_o = \dot{I}R$ 或用分压公式

$$\dot{U}_{om} = \frac{R}{Z}\dot{U}_{im} \approx \frac{220}{220\sqrt{2} \angle -45°} 1 \angle 0°\ V = 0.707 \angle 45°\ V$$

可见，$|U_{om}/U_{im}| = 0.707$，即 $f_3 = 3.2\ kHz$ 是截止频率。依此思路，可以计算 $f_1 = 800\ Hz$、$f_2 = 1.6\ kHz$、$f_4 = 6.4\ kHz$、$f_5 = 12.8\ kHz$ 时的输出电压，其结果与图 6-6 的频率响应情况一致。

在图 6-5 中输入 u_3 时，阻抗角 $\varphi = 45°$，即电压超前电流 45°。由电阻和电感组成的电路中，阻抗角为正值，即电压超前电流一定的角度，当电阻值与电感值一定时，该角度绝对值的大小随着频率增大而增大，该理论推导与测试结果完全一致。

2．RC 低通滤波器

实践探究 33　RC 低通滤波电路测试

用函数信号发生器产生 5 个信号——$u_1 \sim u_5$ 的频率分别为 800 Hz、1.6 kHz、3.2 kHz、6.4 kHz、12.8 kHz，峰值为 1 V 的正弦信号（若输出电流较小，使用时可接信号源电流放大器）。在面包板上搭接出图6-8所示电路，双踪示波器1通道测试电路的总电压，2通道测试电容C的电压。在图6-8所示电路的输入端依次输入u_1、u_2、u_3、u_4和u_5，记录示波器2通道幅值和扬声器声音变化。

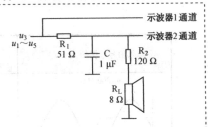

图6-8　RC低通滤波器测试电路

现象：示波器2通道的波形幅值随着输入信号频率的增大而减小，扬声器的声音也随着频率的增大而减小。幅值和扬声器声音变化见表6-4。

表6-4　RC低通滤波器测试数据

输入信号	u_1	u_2	u_3	u_4	u_5
2通道波形幅值/mV	约740	约670	约600	约430	约240
扬声器声音	最大	较大	中	较小	最小

从表6-4看出，双踪示波器2通道的波形幅值随着输入信号频率的增大而减小，扬声器的声音也随着频率的增大而减小，则说明随着频率的增大，电容C获得能量越来越小，其频率响应曲线与图6-6基本一致，则说明图6-8所示的电路也具备低通滤波器的特性，但示波器2通道的电压u_{o2}与示波器u_{o1}的关系比较复杂，这里不做过多介绍，有兴趣的读者可以参考相关书籍。

6.1.3　带通滤波器

实践探究 34　带通滤波电路测试

用函数信号发生器产生5个信号——$u_1 \sim u_5$的频率分别为800 Hz、1.6 kHz、3.2 kHz、6.4 kHz、12.8 kHz，峰值为1 V的正弦信号（若输出电流较小，使用时可接信号源电流放大器）。

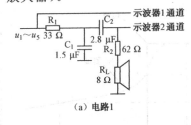
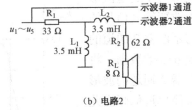

（a）电路1　　　　　　　　　　（b）电路2　　　　　　　　　　（c）电路3

图6-9　带通滤波电路

（1）按图6-9（a）所示连接电路。

（2）输入u_3，观察双踪示波器1、2通道的波形振幅，听扬声器的声音大小。

（3）依次输入u_2、u_1，观察示波器2通道的变化，听扬声器声音大小的变化。

（4）依次输入u_4、u_5，观察示波器2通道的变化，听扬声器声音大小的变化。

现象：测试结果见表6-5（不考虑相移）。

表6-5　测试参考数据

输入信号（振幅为1V）	示波器2通道的波形峰峰值	扬声器声音变化（与输入 u_3 时的声音比较）
u_1(800 Hz)	1 V	变化不大
u_2(1.6 kHz)	1.35 V	变大
u_3(3.2 kHz)	1 V	声响大
u_4(6.4 kHz)	0.8 V	变小（贴近听得到）
u_5(12.8 kHz)	0.4 V	几乎听不见

双踪示波器2通道波形与1通道波形同相，说明带通滤波器不改变输入信号的相位。扬声器声音变化与示波器2通道的波形振幅相对应，利用表6-5的数据，将频率作为横坐标，将示波器2通道的波形峰峰值作为纵坐标，就可简单近似画出此带通滤波器的响应曲线，如图6-10所示。

从曲线上可看出在800 Hz和3.2 kHz之间频率的电压可传输到输出端，而大于3.2 kHz和小于800 Hz频率的电压则衰减严重，这就是**带通滤波器**的作用，即将某一频率范围内的电压传输到输出端，滤掉该频率范围外的电压。频率800 Hz和3.2 kHz分别为带通滤波器的两个截止频率 f_{c1}，f_{c2}（截止频率对应电压值1 V约为输出电压最大值

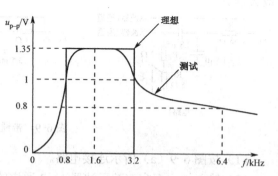

图6-10　带通滤波器的理想和实际频率响应

1.35 V 的 0.7 倍）。

1．带通滤波器的主要参数

表征带通滤波器性质的主要参数有带宽、中心频率、品质因数等。两个截止频率确定了带通滤波器的**带宽** BW。

$$BW = f_{c_2} - f_{c_1} = 3.2 \times 10^3 - 800 = 2.4 \text{ kHz} \tag{6-3}$$

在此范围内的电流以及电压均等于或大于响应曲线最大值的 70.7%。

带通滤波器还有一个重要参数就是**中心频率** f_0，它是通带的几何中心，对应幅度特性曲线幅值的最大值。

$$f_0 = \sqrt{f_{c_1} f_{c_2}} = \sqrt{800 \times 3.2 \times 1\,000} \approx 1.6 \text{ kHz} \tag{6-4}$$

品质因数是中心频率与带宽的比，用字母 Q 表示，它表明了带宽与频率在横轴上的位置无关，同时也表明幅度特性曲线的形状与频率无关。

$$Q = \frac{f_0}{BW} \tag{6-5}$$

2．带通滤波器的构成

如图 6-9（a）所示的带通滤波电路由 RC 低通滤波器（R_1、C_1）和 RC 高通滤波器（R_2、C_2）构成。由此可知一个低通滤波器和一个高通滤波器组合可以构成一个带通滤波器，如图 6-11 所示。必须考虑第二个滤波器对第一个滤波器产生的负载效应。

如果低通滤波器的截止频率 f_{cl} 高于高通滤波器的截止频率 f_{ch}，那么响应曲线将会重叠。所以，f_{ch} 到 f_{cl} 这一频率范围外的所有信号都会被滤除，如图 6-12 所示。

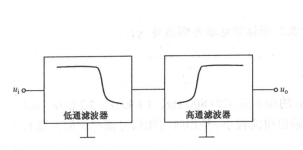

图 6-11　低通滤波器和高通滤波器组合形成带通滤波器　　图 6-12　低通滤波器和高通滤波器重叠的响应曲线

实例 6-4　用一个 $f_c = 3$ kHz 的高通滤波器和一个 $f_c = 4.5$ kHz 的低通滤波器构成一个带通滤波器。假设不考虑负载效应，通带的带宽是多少？

解　$BW = f_{cl} - f_{ch} = 4.5 - 3 = 1.5$ kHz

RC 滤波电路所实现的频率特性，也可由相应的 RL 电路来实现，如图 6-9（b）所示。在低频率应用的条件下，由于电容器比电感器价格低廉、性能更好，并有一系列量值的各类电容器可供选用，RC 滤波器得到了更广泛的应用。

图 6-9（c）是由 L、C 组成的带通滤波器，后续音箱三分频器试制中就是采用这种带通

滤波器。

> ⚠️ **要点提示：**
>
> （1）高通滤波器：
>
> $$RC\ \text{串联高通滤波器的截止频率：}\ f_c = \frac{1}{2\pi RC}$$
>
> （2）低通滤波器：
>
> $$RL\ \text{串联低通滤波器的截止频率：}\ f_c = \frac{R}{2\pi L}$$
>
> （3）带通滤波器：
>
> ① 一个低通滤波器和一个高通滤波器组合可以构成一个带通滤波器。
>
> ② 带通滤波器主要有带宽、中心频率、品质因数等参数。
>
> $$\text{BW} = f_{cl} - f_{ch}, \quad f_0 = \sqrt{f_{c_1} f_{c_2}}, \quad Q = \frac{f_0}{\text{BW}}$$

6.2 谐振电路的分析与测试

"谐振"是正弦交流电路中可能发生的一种特殊现象。其广泛应用于无线电工程、测量技术等许多电路中，但在某些特殊场合其又会破坏系统的正常工作。因此，对谐振现象的研究是有实际意义的。

6.2.1 串联谐振的概念与特点

想一想：

什么是谐振现象？发生谐振的条件是什么？谐振时电路有哪些特点？

实践探究 35 串联谐振电路测试

用函数信号发生器产生 5 个信号 $u_1 \sim u_5$ 的频率分别为 800 Hz、1.6 kHz、3.2 kHz、6.4 kHz、12.8 kHz，峰值为 1 V 的正弦信号（若输出电流较小，使用时可接信号源电流放大器）。

测试 1

（1）在面包板上搭接图 6-13（a）所示电路。

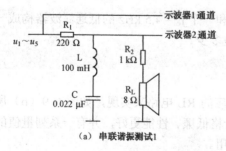

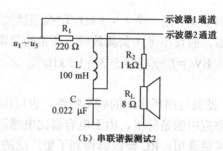

图 6-13　谐振电路

---

(2) 输入 u_3，观察示波器1、2的波形振幅，听扬声器的声音大小。

(3) 依次输入 u_2、u_4，观察示波器2显示的波形振幅的变化，听扬声器声音大小的变化。

现象：测试1的结果见表6-6。

表6-6 测试1参考数据

输入信号/kHz	LC两端的电压（示波器2通道测得电压峰值）/V	扬声器声音变化（与输入 u_3 时的声音比较）
u_2（1.6）	1.7	变大
u_3（3.2）	0.12	很小
u_4（6.4）	1.7	变大

> ❗ **注意**：电容不要用磁片电容或独石电容（手一捏容量就变），可用涤纶或CBB电容。要使谐振频率达到要求值，电容值需要调试（一是元器件有误差，二是实际电路的谐振频率比只用 L、C 计算的理想谐振频率要低一些），因此以标称值为223的电容为基本元器件，再并联一个标称值472以内的电容做调试（备用102、152、222、332、472几种），使电路谐振于3.2 kHz。

本实验通过调试须并联标称值222的电容。

提示：关于电容的标称可参见3.1.2。

测试2

(1) 改变示波器的测量位置，如图6-13（b）所示。

(2) 输入 u_3，观察示波器2的波形振幅及与示波器1的相位关系。

(3) 依次输入 u_2、u_1，观察示波器2显示的波形振幅的变化。

(4) 依次输入 u_4、u_5，观察示波器2显示的波形振幅的变化。

现象：测试2的结果见表6-7。

表6-7 测试2参考数据

输入信号/kHz	电容电压（示波器2通道测得电压峰值）/V
u_1（0.8）	0.8
u_2（1.6）	1.0
u_3（3.2）	8（电容电压相位滞后输入电压90°）
u_4（6.4）	0.3
u_5（12.8）	0.06

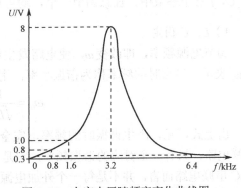

图6-14 电容电压随频率变化曲线图

利用表6-7的数据，以频率为横坐标，电容电压为纵坐标，就可近似画出此电路电容电压随频率变化的曲线图，如图6-14所示。

从图 6-14 可见，当频率为 3.2 kHz 时，电容电压值最大，约为电源电压峰值（1V）的 8 倍，而离 3.2 kHz 越远的频率，电压值越小。由表 6-7 知，频率为 3.2 kHz 时，此时示波器 2 显示的电容电压在相位上滞后示波器 1 显示的输入电压 90°，因电容元件的电压滞后电流 90°，故输入电压与电流同相。由表 6-6 可知，频率为 3.2 kHz 时，电容和电感串联后的总电压最小。这是因为当频率为 3.2 kHz 时，根据电路参数计算出的容抗和感抗值分别为：

$$X_L = 2\pi f L = 2 \times 3.14 \times 3.2 \times 10^3 \times 100 \times 10^{-3} \approx 2 \text{ k}\Omega$$

$$X_C = \frac{1}{2\pi f C} = \frac{1}{2 \times 3.14 \times 3.2 \times 10^3 \times 22 \times 10^{-9}} \approx 2 \text{ k}\Omega$$

容抗和感抗值相等，电流相同，电压大小相等、方向相反，故电容和电感串联后的总电压为零，但实际上电感元器件有直流电阻，要损耗一部分电压，所以测试值为一个很小的电压。离开这个频率点，电容和电感串联后的总电压增大。

1. 谐振电路的概念

上述发生在频率为 3.2 kHz 时的特殊现象就是要讨论的谐振现象。

将 $X = X_L - X_C = 0$，此时电路中的电抗等于零，相当于"纯电阻"电路，电路的总电压和总电流出现了同相位的情况，电路的这种状态称为**谐振状态**，所表现出的一些特殊现象称为**谐振现象**。由于图 6-13（a）为 LC 串联电路，所以此电路出现的谐振又称**串联谐振**。

注意：谐振现象一定是发生在同时具有电感和电容的交流电路中。

2. 谐振条件及谐振频率

对于串联谐振，上面已经指出了它的条件是：

$$X_L = X_C \qquad 或 \qquad \omega L = \frac{1}{\omega C} \tag{6-6}$$

也就是说产生串联谐振的条件是：电路的感抗等于容抗。为满足谐振这一条件，可以在 L、C、f 三个参数中，任意调节一个，均可达到谐振。

1）L、C 固定

调节电源频率，即改变 ω，使电路发生谐振。把发生谐振时的角频率称为谐振角频率，用 ω_0 表示，谐振时的频率称为谐振频率，用 f_0 表示。由下式得到谐振角频率及谐振频率：

$$\omega_0 = \frac{1}{\sqrt{LC}} \qquad 或 \qquad f_0 = \frac{1}{2\pi\sqrt{LC}} \tag{6-7}$$

由上式可见，产生谐振时的频率，完全由电路的有关参数（L、C）决定。每一个 RLC 串联电路，只有一个对应的谐振频率，它是电路本身固有的，因此又称电路的**固有频率**。对 RLC 串联电路而言，并不是每一个外加电源频率都能发生谐振。只有当外加电源频率等于电路的固有频率，即 $f = f_0$ 时，电路才会发生谐振。

实例 6-5 电路如图 6-13（a）所示，计算其谐振频率。

解 由式（6-7）得

$$f_0 = \frac{1}{2\pi\sqrt{LC}} = \frac{1}{2\pi\sqrt{0.1 \times 0.022 \times 10^{-6}}} \approx 3.2\ \text{kHz}$$

2）电源频率一定

改变电容或电感，也能改变电路的固有频率 f_0，使固有频率 f_0 等于电源频率，电路就会出现谐振现象。调节 L 或 C，使电路谐振的过程称为调谐。通常收音机的输入回路，就是通过改变 C 的大小，来选择不同电台的串联谐振回路。

实例 6-6 RLC 串联电路，已知 $L = 400\ \mu\text{H}$，C 为可变电容，变化范围为 $12\sim290\ \text{pF}$，$R = 10\ \Omega$，若外加信号源频率为 $500\ \text{kHz}$，则电容量应为多少时才能使电路发生谐振。

解 因为

$$f_0 = \frac{1}{2\pi\sqrt{LC}}$$

可得

$$C = \frac{1}{(2\pi f_0)^2 L}$$

将有关数据代入，求得

$$C = \frac{1}{(2 \times 3.14 \times 500 \times 10^3)^2 \times 400 \times 10^{-6}} = \frac{1}{3.94 \times 10^9} = 253.8\ \text{pF}$$

3. 串联谐振电路的特征

串联谐振回路具有以下几个特点：

（1）阻抗最小，且为纯电阻。

因为谐振时，$X = 0$，所以

$$|Z| = \sqrt{R^2 + X^2} = R \tag{6-8}$$

为最小，且为纯电阻。

（2）电压、电流同相位，电流最大。

谐振时，因阻抗最小为 R，则谐振电流最大，且为：

$$I_0 = U/R \tag{6-9}$$

（3）电感与电容两端电压大小相等、相位相反，即 $U_L = U_C$。其有效值等于电源电压有效值的 Q 倍。

$$U_L = U_C = QU_S \tag{6-10}$$

式中，Q 称为电路的**品质因数**（在测试实验中，当频率为 $3.2\ \text{kHz}$ 时，电容电压值约为电源电压峰值的 8 倍）。它是电路中感抗或容抗与电路电阻的比值，即

$$Q = \frac{\omega_0 L}{R} = \frac{1}{\omega_0 C R} = \frac{\rho}{R} \tag{6-11}$$

式中，$\rho = \omega_0 L = \frac{1}{\omega_0 C} = \sqrt{\frac{L}{C}}$ 称为**特性阻抗**，单位为 Ω。它的大小只与 L、C 有关，与谐振频率无关。ρ 是衡量电路特征又一个重要参数。

电路的 Q 值一般在 50～200 之间。由于谐振时电感或电容两端电压比电源电压高 Q 倍，所以串联谐振电路又称**电压谐振**。在无线电技术中，常利用电压谐振这一特性。但在电力系统中，由于电源本身电压很高，所以不允许发生电压谐振，以免在线圈或电容器两端产生高电压，引起电气设备损坏或造成人身伤亡事故等。

4. 谐振电路的选择性

串联谐振电路常被用作选频电路。RLC 串联电路中，会同时有几个不同频率的电源共同作用，如图 6-15 所示。这种情况就相当于收音机中的接收电路，各地不同频率的广播电台发射的无线电波，在接收电路的线圈中产生感应电动势 e_1、e_2、e_3。

如果调节电容 C，使电路对频率为 f_1 的信号 e_1 谐振，那么对 e_1 而言，电路呈现的阻抗最小，在电路中产生的电流最大，在电容两端就得到了一个较高的输出电压。这时，就收到了频率为 f_1 的电台。而其他电台因未发生谐振，在电容两端输出的电压就很小，这样就达到了收听频率为 f_1 的电台的目的。利用谐振在不同频率中选择所需信号的能力，称为电路的选择性。

选择性的好坏如何判别呢？这要从它的谐振曲线来分析。

串联谐振回路中电流有效值大小随电源频率变化的曲线，称为电流谐振曲线，如图 6-16 所示。从图中可见，当 $\omega = \omega_0$ 时，回路电流最大，电路发生谐振。谐振曲线越陡，选择性越好。

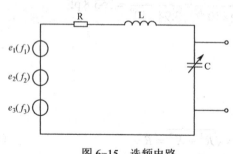

图 6-15　选频电路

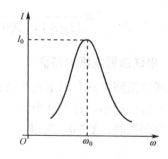

图 6-16　谐振曲线

为使电流谐振曲线更具有普遍意义和直观性，采用 I/I_0 作纵坐标，以 ω/ω_0 作横坐标，图 6-17 示出了不同 Q 值的电流谐振曲线。

从图 6-17 中可以清楚地看到，较大的 Q 值对应的曲线较尖锐，较尖锐的谐振曲线意味着选择性好。因而 Q 值越大，曲线越尖锐，选择性越好。Q 值越小，曲线越平滑，选择性越差。

5. 谐振电路的通频带

曲线越尖锐，选择性越好，抑制其他信号干扰的能力就越强。但是，实际信号都具有一定的频率范围。例如，音乐的频率大约在 16 Hz～15 kHz 的范围内，如果曲线太尖锐，那么就会抑制一部分频率，致使音乐失真，不好听。从这个角度来说，谐振曲线应具有一定的宽度，才能使信号通过该电路时不产生幅度失真。

实际应用中，把回路电流 $I \geqslant 0.707I_0$ 的频率范围称为回路的通频带，用 BW 表示，如图 6-18 所示。图中 f_1 为通频带的下边界频率，f_2 为通频带的上边界频率。回路通频带为

$$\mathrm{BW} = f_2 - f_1 \qquad (6\text{-}12)$$

通频带还可以通过回路参数求出：

$$BW = f_0/Q \tag{6-13}$$

从式（6-13）可看出，Q 值越大，曲线越尖锐，通频带越窄。

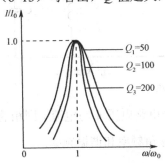

图 6-17　Q 对电流谐振曲线的影响

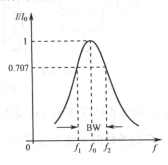

图 6-18　通频带

从上面的分析可知，提高回路选择性和提高通频带是矛盾的。因此，Q 值的选择应保证在一定的通频带的前提下，尽可能提高回路的选择性。

> ❗ **注意**：图 6-18 所示的串联谐振电路通频带曲线与带通滤波器的响应曲线相似，因此，串联谐振电路的另一很重要的应用就是带通滤波器。

实例 6-7　RLC 串联电路，已知 $L = 2 \times 10^{-4}$ H，$C = 8 \times 10^{-10}$ F，$R = 10\ \Omega$，试求电路通频带。

解　由式（6-7）、式（6-11）、式（6-13）可得

$$f_0 = \frac{1}{2\pi\sqrt{LC}} = \frac{1}{2 \times 3.14\sqrt{2 \times 10^{-4} \times 8 \times 10^{-10}}} = 398\ \text{kHz}$$

$$Q = \frac{\omega_0 L}{R} = \frac{2\pi \times 398 \times 10^3 \times 2 \times 10^{-4}}{10} \approx 50$$

$$BW = \frac{f_0}{Q} = \frac{398 \times 10^3}{50} = 7.96\ \text{kHz}$$

试一试

（1）试定性绘出 RLC 串联电路的阻抗 $|Z| = \sqrt{R^2 + (\omega L - \dfrac{1}{\omega C})}$ 随频率变化的关系。

（2）试定性绘出 RLC 串联电路的阻抗角 $\varphi = \arctan\dfrac{\omega L - \dfrac{1}{\omega C}}{R}$ 随频率变化的关系。

6.2.2　并联谐振的概念与特点

串联谐振主要应用于电源内阻低的情况下。对于内阻高的电源，谐振电路的品质因数就大大降低，使电路选择性变坏。而并联谐振电路，就是能与高内阻电源配合的一种谐振电路，它具有阻抗高的特性。

1. 并联谐振电路分析

图 6-19（a）是并联谐振测试电路，图 6-19（b）是并联谐振原理电路，其中忽略了线圈

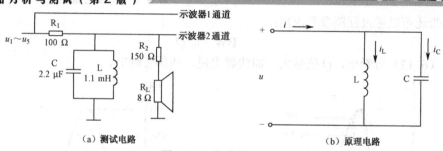

图 6-19　并联谐振电路

的损耗电阻，为理想情况下的 LC 并联电路。根据谐振电路电压 u 与电流 i 同相的要求，则满足 $\dfrac{1}{\omega L} = \omega C$ 的条件时电路发生谐振，因此可得其谐振角频率和谐振频率：

$$\omega_0 = \frac{1}{\sqrt{LC}} \quad \text{或} \quad f_0 = \frac{1}{2\pi\sqrt{LC}} \tag{6-14}$$

　　然而，电感线圈与电容器并联构成的 LC 实际并联谐振电路，一般情况下，需要考虑电感线圈的损耗，所以，电感支路的阻抗 $Z = R + j\omega L$，此时并联谐振电路如图 6-20 所示。

　　根据谐振电路电压 u 与电流 i 同相的要求，则满足：

$$\frac{\omega L}{R^2 + (\omega L)^2} = \omega C \tag{6-15}$$

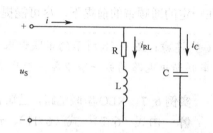

图 6-20　考虑线圈损耗的并联谐振电路

的条件时，电路发生谐振。

　　实际应用的并联谐振电路，线圈本身的电阻很小，在高频电路中，一般都能满足 $R \ll \omega_0 L$ 的条件，所以 f_0 近似为：

$$f_0 \approx \frac{1}{2\pi\sqrt{LC}} \tag{6-16}$$

与串联谐振频率近似于相等。

2. 并联谐振电路的特征

　　为了减轻读者的负担，这里不再进行理论推证，直接给出并联谐振电路的特征，应当注意到串联谐振电路与并联谐振电路不同。

　　（1）谐振阻抗 $Z_0 = \dfrac{L}{CR}$ 为最大（串联谐振，$Z_0 = R$ 为最小），并且 Z_0 呈纯电阻性。

　　可见，R 越小，Z_0 越大；当 R 为零时，是理想的 LC 并联谐振电路，此时 Z_0 为无穷大，电路的总电流为零，不消耗能量，电磁能量在电容与电感之间进行交换。

　　（2）特性阻抗为 $\rho = \sqrt{\dfrac{L}{C}}$（串联谐振，$\rho = \sqrt{\dfrac{L}{C}}$）。

　　（3）元件上电流有 $I_{L0} \approx QI_0$ 和 $I_{C0} = QI_0$（串联谐振，$U_{L0} = U_{C0} = QU_S$），称为电流谐振。

（4）品质因数为$Q = \dfrac{\omega_0 L}{R} = \sqrt{\dfrac{L}{C}}\Big/R = \dfrac{\rho}{R}$（串联谐振，$Q = \dfrac{\rho}{R}$）。

3. 并联谐振电路应用举例

并联谐振电路主要用于构成选频器、振荡器、抑制干扰信号等电路。

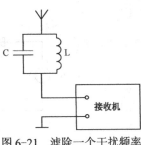

图6-21　滤除一个干扰频率

用并联谐振回路滤除干扰频率，其作用原理如图6-21所示。当某个干扰信号频率等于并联回路谐振频率，则该回路对于这个干扰信号呈现出很大的阻抗，也就是说该并联谐振回路将阻止这个干扰信号进入接收机。

❗ **要点提示：**

（1）串联谐振。

　①谐振角频率及谐振频率：

$$\omega_0 = \frac{1}{\sqrt{LC}} \qquad 或 \qquad f_0 = \frac{1}{2\pi\sqrt{LC}}$$

　②谐振时，阻抗最小，电流最大，电压有：

$$U_L = U_C = QU_S$$

故串联谐振电路又称电压谐振。

（2）并联谐振。

　①谐振角频率及谐振频率：

$$\omega_0 \approx \frac{1}{\sqrt{LC}} \qquad 或 \qquad f_0 \approx \frac{1}{2\pi\sqrt{LC}}$$

　②谐振时，阻抗最大，电流一定时电压最大，电流有：

$$I_L = I_C = QI_S$$

故并联谐振电路又称电流谐振。

（3）谐振电路的特性。

Q值越大，曲线越尖锐，选择性越好，而通频带越窄。

---

*6.3　非正弦周期波的概念与分析

实际工程中我们经常会遇到非正弦信号。例如，通信技术中，由语言、音乐、图像等转换过来的信号，自动控制及电子计算机、数字通信中大量使用的脉冲信号，都是非正弦信号。非正弦信号可分为周期和非周期两种。这里介绍非正弦周期电流电路的知识。

1. 非正弦周期波的概念

按非正弦周期性变化的信号称为非正弦信号。在电路分析时，常见的非正弦周期信号有方波、锯齿波、三角波等。非正弦周期电压、电流统称为非正弦周期波（量）。

产生非正弦周期波的原因通常有两种：一种是电源电压为非正弦电压，如脉冲信号发生器产生矩形脉冲电压；另一种是电路中存在非线性元器件，如图 6-22（a）所示的半波整流

电路。电源电压是正弦波，但由于二极管的单向导电性，电流是非正弦的，如图 6-22（b）所示。

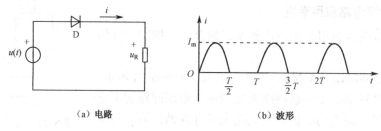

（a）电路 　　　　　　　　　　　　（b）波形

图 6-22　非线性元件形成的非正弦电流

在分析正弦交流电路时，我们知道几个同频率的正弦量之和还是一个同频率的正弦量。但是，几个不同频率的正弦量叠加的结果却是非正弦量。并且，电气电子工程上常见的非正弦周期波 $f(t)$ 可以分解为无穷多个不同频率的正弦波。

$$f(t) = A_0 + A_{1m}\sin(\omega t + \psi_1) + A_{2m}\sin(2\omega t + \psi_2) + \cdots + A_{km}\sin(k\omega t + \psi_k) + \cdots \qquad (6\text{-}17)$$

式中，A_0 为 $f(t)$ 直流分量或恒定分量，也称零次谐波；$A_{1m}\sin(\omega t + \psi_1)$ 为频率与 $f(t)$ 的频率相同，称为基波或一次谐波；$A_{km}\sin(k\omega t + \psi_k)$ 为频率为基波频率的 k 倍，称为 k 次谐波。

$k \geq 2$ 的各次谐波统称为高次谐波。其中，1、3、5 次等谐波称为奇次谐波，2、4、6 次等谐波称为偶次谐波。非正弦周期波的展开式中应包含无穷多项，但一般条件下频率越高的谐波，其幅值越小。在实际工程计算中，一般取前几项而忽略其余高次的谐波项。

2．非正弦周期电路的计算举例

1）非正弦周期电压作用于 RLC 串联电路，求电路中的电流

实例 6-8　某电压 $u = [40 + 180\sin\omega t + 60\sin(3\omega t + 45°)]$ V，接于 RLC 串联电路，已知：$R = 10\ \Omega$，$L = 0.05$ H，$C = 50\ \mu$F，$\omega = 314$ rad/s。试求：电路中的电流 i。

解　已知非正弦周期电压 u 含有直流 U_0、基波 u_1 和三次谐波 u_3 三个分量，应用叠加原理，可以将这三个分量看成三个电源共同作用于电路，分别计算各个电源单独作用于电路时的谐波阻抗 Z_0、Z_1、Z_3，算出电流 I_0、i_1、i_3，再求 i。具体求解过程如下。

（1）U_0 单独作用于电路时，由于电容相当于开路，$I_0 = 0$ A。

（2）基波 $u_1 = 180\sin\omega t$ V 单独作用于电路时，因为

$$\dot{U}_{1m} = 180\angle 0°\ \text{V}$$

$$Z_1 = R + j\left(\omega L - \frac{1}{\omega C}\right) = 10 + j\left(314 \times 0.05 - \frac{1}{314 \times 50 \times 10^{-6}}\right) = 49\angle -78.2°\ \Omega$$

所以

$$\dot{I}_{1m} = \frac{\dot{U}_{1m}}{Z_1} = \frac{180\angle 0°}{49\angle -78.2°} = 3.67\angle 78.2°\ \text{A}$$

（3）三次谐波 $u_3 = 60\sin(3\omega t + 45°)$ V 单独作用于电路时，因为

$$\dot{U}_{3m} = 60\angle 45°\ \text{V}$$

$$Z_3 = R + j\left(3\omega L - \frac{1}{3\omega C}\right) = 10 + j\left(3 \times 314 \times 0.05 - \frac{1}{3 \times 314 \times 50 \times 10^{-6}}\right) = 27.7\angle 68.9°\ \Omega$$

所以

$$\dot{I}_{3\text{m}} = \frac{\dot{U}_{3\text{m}}}{Z_3} = \frac{60\angle 45°}{27.7\angle 68.9°} = 2.17\angle -23.9° \text{ A}$$

（4）由电流 I_0、i_1、i_3 叠加求得总电流 i。

$$I_0 = 0 \text{ A}, \quad \dot{I}_{1\text{m}} = 3.67\angle 78.2° \text{ A}, \quad \dot{I}_{3\text{m}} = 2.17\angle -23.9° \text{ A}$$

所以

$$i = [0+3.67\sin(\omega t+78.2°)+2.17\sin(3\omega t-23.9°)] \text{ A}$$

（1）求解非正弦周期电流电路时，特别要注意以下两点。

① 电容、电感对不同谐波分量的容抗、感抗不同，即阻抗 $Z_k = R_k + \text{j}\left(k\omega L - \dfrac{1}{k\omega C}\right)$，因此要分别计算。

② 叠加时要用瞬时关系式叠加。

（2）上述分析方法可归结为如下三个步骤：

① 从展开式 $u = U_0 + u_1 + u_2 + u_3 + \cdots$ 中取谐波若干项。

② 分别计算 U_0、u_1、u_2、u_3、……单独作用于电路时的谐波阻抗 Z_k。注意频率对元件电抗的影响，$X_{Lk} = k\omega L$，$X_{Ck} = \dfrac{1}{k\omega C}$。对直流，电感相当于短路，电容相当于开路。

③ 分别算出电流 I_0、i_1、i_2、i_3、……，叠加 $I_0 + i_1 + i_2 + i_3 + \cdots$，得总电流 i。

2）非正弦周期波的有效值和平均功率

这里直接通过例题学习非正弦周期波有效值和平均值的计算，不赘述。

实例 6-9 求非正弦周期电压 $u = 100 + 70.7\sin(314t+30°) - 61.6\cos(942t+51°) + \cdots \text{ V}$ 的有效值。

解 因为

$$U = \sqrt{U_0^2 + U_1^2 + U_2^2 + \cdots}$$

所以

$$U = \sqrt{100^2 + \left(\frac{70.7}{\sqrt{2}}\right)^2 + \left(\frac{61.6}{\sqrt{2}}\right)^2} = 120 \text{ V}$$

实例 6-10 某非正弦电路的电压和电流

$$u = 60 + 40\sqrt{2}\sin(\omega t+50°)+30\sqrt{2}\sin(3\omega t+30°)+16\sqrt{2}\sin(5\omega t+0°) \text{ V}$$

$$i = 30 + 20\sqrt{2}\sin(\omega t-10°)+15\sqrt{2}\sin(3\omega t+60°)+8\sqrt{2}\sin(5\omega t-45°) \text{ mA}$$

试求该电路吸收的功率。

解 应用公式

$$P = U_0 I_0 + U_1 I_1 \cos\varphi_1 + U_2 I_2 \cos\varphi_2 + \cdots$$

所以

$$P = U_0 I_0 + U_1 I_1 \cos\varphi_1 + U_3 I_3 \cos\varphi_3 + U_5 I_5 \cos\varphi_5$$

$$= 60\times30\times10^{-3}+40\times20\times10^{-3}\cos60°\ +30\times15\times10^{-3}\cos(-30°)+16\times8\times10^{-3}\cos(45°)$$
$$=1.8 + 0.4 + 0.39 + 0.09$$
$$=2.68 \text{ W}$$

上述分析方法可归结为两点：

（1）非正弦周期电量的有效值

$$I = \sqrt{I_0^2+I_1^2+I_2^2+\cdots} \tag{6-18}$$

或

$$U = \sqrt{U_0^2+U_1^2+U_2^2+\cdots} \tag{6-19}$$

（2）非正弦周期量的平均功率

$$P = P_0+P_1+P_2+\cdots = U_0I_0 + U_1I_1\cos\varphi_1 + U_2I_2\cos\varphi_2+\cdots \tag{6-20}$$

实践探究 36　不同频率信号叠加测试

用函数信号发生器产生 5 个信号 $u_1\sim u_5$ 的频率分别为 800 Hz、1.6 kHz、3.2 kHz、6.4 kHz、12.8 kHz，峰值为 1 V 的正弦信号（若输出电流较小，使用时可接信号源电流放大器）。在面包板上搭接出图 6-23 所示电路，双踪示波器 1 通道测试基波 u_1 的波形，2 通道测试叠加后的波形。

在图 6-23 所示电路中，$R_2 = 2.2$ kΩ，第二个输入端依次输入 u_2、u_3、u_4 和 u_5，记录示波器 2 通道波形和扬声器声音的变化。$R_2 = 220$ Ω，第二个输入端依次输入 u_2、u_3、u_4 和 u_5，记录示波器 2 通道波形和扬声器声音的变化。

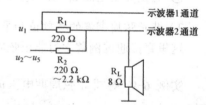

图 6-23　不同频率信号叠加测试电路

现象： 当 $R_2 = 2.2$ kΩ，示波器 2 通道的波形和扬声器的声音与 u_1 单独作用时没有发生大的变化，而当 $R_2 = 220$ Ω 时，示波器 2 通道的波形和扬声器的声音发生较大变化，$R_2 = 2.2$ kΩ 时波形和扬声器声音变化见表 6-8，$R_2 = 220$ Ω 时波形和扬声器声音变化见表 6-9。

表 6-8　不同频率信号叠加测试数据（$R_2 = 2.2$ kΩ）

输入信号	u_2	u_3	u_4	u_5
示波器 2 通道波形	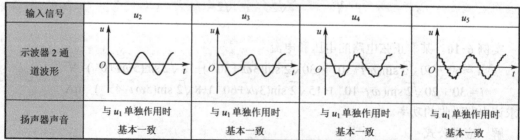			
扬声器声音	与 u_1 单独作用时基本一致	与 u_1 单独作用时基本一致	与 u_1 单独作用时基本一致	与 u_1 单独作用时基本一致

当 $R_2 = 2.2$ kΩ 时，由于电阻值大，$u_2\sim u_5$ 依次输入，在 R_2 上的衰减比较大，所以 $u_2\sim u_5$ 是作为 u_1 的高次谐波而叠加在 u_1 上的，所以对原来的状态影响不大，但当 $R_2 = 220$ Ω 时，

在 R_2 上的衰减比较小，相当于两个不同频率的信号的叠加，所以变化较大。

表6-9　不同频率信号叠加测试数据（$R_2 = 220\ \Omega$）

输入信号	u_2	u_3	u_4	u_5
示波器2通道波形				
扬声器声音	低沉	较低沉	较尖	非常尖

任务3　音箱二分频器的试制

在播放音乐时，由于扬声器单元自身的能力和结构限制，用一个扬声器难以覆盖全部频段，如果把全频段信号不加分配地直接送入喇叭（扬声器）单元，则单元频响范围之外的那部分"多余信号"会对正常频段内的信号还原产生不利影响。因为这个原因，需要将音频频段划分为几段，不同频段用不同扬声器进行播放，音箱分频器可将功放输出的不同频段的声音信号区分开来，送到相应频段的扬声器中再进行重放。音箱二分频器用以将输入的音乐信号分离成高音、低音两部分，然后分别送入相应的高、低音扬声器中重放。

由于扬声器不能在整个音频范围（20 Hz～20 kHz）内获得比较均匀的重放频响特性，所以，只能用两只扬声器（高、低音）或三只扬声器（高、中、低音）采取类似"接力"的办法来获得良好的音响效果。因此，需要设置分频器把音频全频带分成两个或三个频段，分别送到不同的扬声器去放音。本任务是试制音箱二分频器。

1. 电路分析

图6-24 所示电路是音箱二分频器电路，它由高、低音两个通道构成。T 型高通滤波器构成的高音通道只让高频信号通过而阻止低频信号；T 型低通滤波器构成的低音通道正好相反，只让低音通过而阻止高频信号。

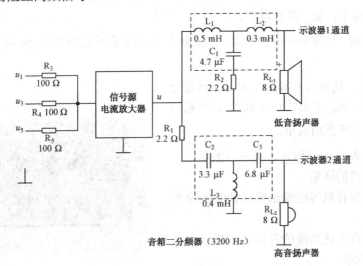

图6-24　音箱二分频器电路

L_1、L_2、C_1组成 T 型低通滤波器，分析时，求出扬声器两端的电压$U_{R_{L1}}$与输入电压 U 的比值，此比值是关于频率f的函数，令比值等于 0.707（滤波器的输出电压是最大值的 0.707 倍时所对应的频率称为滤波器的截止频率），求出截止频率，由于计算过程复杂，此处不介绍具体的计算过程，通过计算截止频率约为 3.2 kHz。

L_3、C_2、C_3组成 T 型高通滤波器，分析时，求出扬声器两端的电压$U_{R_{L2}}$与输入电压 U 的比值，此比值是关于频率f的函数，其求截止频率，通过计算截止频率也约为 3.2 kHz。

2. 试制与测试

音箱二分频器的 PCB 板图如图 6-25 所示，为了使音箱效果更好，避免噪声的干扰，整个 PCB 板都铺地，为了清楚地显示各元器件的连接关系，图 6-25 不包含所有的地线和铺地，也就是说图 6-25 中的元器件悬空的引脚都是接地的。

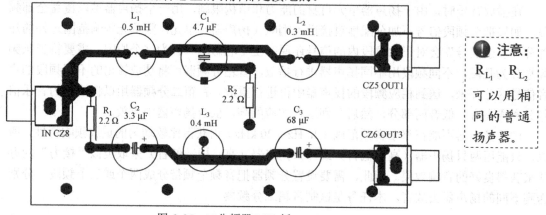

图 6-25　二分频器 PCB 板

用函数信号发生器产生 5 个信号——$u_1 \sim u_5$的频率分别为 800 Hz、1.6 kHz、3.2 kHz、6.4 kHz、12.8 kHz，峰值为 1 V 的正弦信号（若输出电流较小，使用时可接信号源电流放大器）。

（1）输入u_1，其频率是低音范围。示波器 1 通道信号振幅较大，R_{L_1}声音较大。示波器 2 通道信号振幅很小，R_{L_2}声音很小。

（2）再输入u_3，其频率在中音范围。示波器 1、2 通道信号振幅均较小，扬声器R_{L_1}、R_{L_2}声音均较小。

（3）输入u_5，其频率是高音范围。示波器 2 通道信号振幅大，R_{L_2}声音大。示波器 1 通道信号振幅很小，R_{L_1}声音均很小。

（4）同时输入u_1、u_3和u_5，观察示波器波形并听扬声器声音的区别。

（5）可以用收音机等的输出实际音源做输入试听。

试制完成具有上述功能的音箱二分频器的实物如图 6-26 所示。

图 6-26　音箱二分频器

任务4 音箱三分频器的试制

在任务3中，完成了二分频器的试制。为了更有效地修饰扬声器的不同特性，让扬声器更好地发挥其作用，使播放出来的声音或音乐高、中、低音层次分明，获得合拍、明朗、舒适、宽广、自然的音质效果。在音箱电路中采用三分频器将输入的声音或音乐信号分离成高音、中音、低音三部分，然后分别送入相应的高、中、低音扬声器中重放。

音箱三分频器是将音频全频带分成三个频段，分别送到高、中、低扬声器去放音。本项目是试制音箱三分频器。

1．电路分析

用函数信号发生器产生5个信号 $u_1 \sim u_5$ 的频率分别为 800 Hz、1.6 kHz、3.2 kHz、6.4 kHz、12.8 kHz，峰值为 1 V 的正弦信号（若输出电流较小，使用时可接信号源电流放大器）。

图 6-27（a）所示电路是音箱三分频器电路，图 6-27（b）是测试用图，图 6-27（c）是印制电路板图。音箱三分频器是由高、中、低音三个通道构成。高音通道只让高频信号通过而阻止低频信号；低音通道正好相反，只让低音通过而阻止高频信号；中音通道则是一个带通滤波器，除了一低一高两个分频点之间的频率可以通过，高频成分和低频成分都将被阻止。

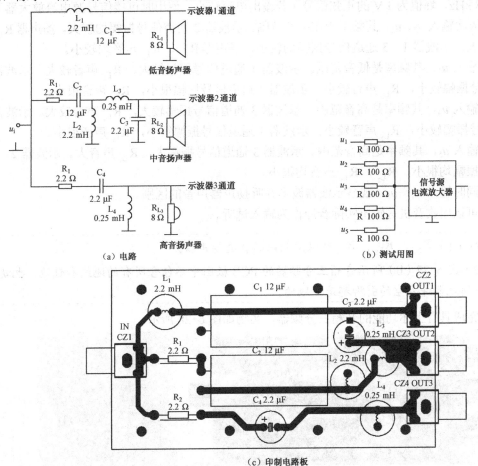

（a）电路   （b）测试用图

（c）印制电路板

图 6-27 音箱三分频器电路图

L_1、C_1 构成低通滤波器。当频率较低时，因 L_1 的感抗值很小，C_1 容抗值很大，因而，电容的分压大，又因低音喇叭与 C_1 并联，即输出取自电容两端，故而输出电压较大。随着频率增高，L_1 的感抗值变大，C_1 容抗值变小，输出电压变小，从而阻止了高频信号通过。低通的分频点为 $1/(2\pi\sqrt{L_1C_1})\approx 980$ Hz。

C_4、L_4 构成高通滤波器。当频率较高时，因 C_4 的容抗值很小，L_4 感抗值很大，因而，电感的分压大，又因高音喇叭与 L_4 并联，即输出取自电感两端，故而输出电压较大。随着频率减小，C_4 的容抗值变大，L_4 感抗值变小，输出电压变小，从而阻止了低频信号通过。高通的分频点为 $1/(2\pi\sqrt{L_4C_4})\approx 6.8$ kHz。

C_2、L_2、L_3、C_3 构成带通滤波器。C_2 和 L_2 决定了带通滤波器的低频分点，即 $f_{ch}=1/(2\pi\sqrt{L_2C_2})\approx 980$ Hz，与低音通道 980 Hz 相对应。L_3、C_3 决定了带通滤波器的高频分点，即 $f_{cl}=1/(2\pi\sqrt{L_3C_3})\approx 6.8$ kHz，与高音通道 6.8 kHz 相对应。

2．试制与测试

在电路板上焊电路元件，并自行制作外壳，完成音箱三分频器的试制工作。

用函数信号发生器产生 5 个信号——$u_1\sim u_5$ 的频率分别为 800 Hz、1.6 kHz、3.2 kHz、6.4 kHz、12.8 kHz，峰值为 1 V 的正弦信号（若输出电流较小，使用时可接信号源电流放大器）。

（1）依次输入 u_3、u_2，其频率均在中音范围。示波器 2 通道信号振幅均较大，扬声器 R_{L_2} 声音均较大。示波器 1、3 通道信号振幅均较小，扬声器 R_{L_1}、R_{L_3} 声音均较小。

（2）输入 u_1，其频率是低音范围。示波器 1 通道信号振幅较大，R_{L_1} 声音较大。示波器 2 通道信号振幅较小，R_{L_2} 声音较小。示波器 3 通道信号振幅很小，R_{L_3} 声音很小。

（3）输入 u_4，其频率是高音范围。示波器 3 通道信号振幅较大，R_{L_3} 声音较大。示波器 2 通道信号振幅较小，R_{L_2} 声音较小。示波器 1 通道信号振幅很小，R_{L_1} 声音很小。

（4）输入 u_5，其频率是高音范围。示波器 3 通道信号振幅大，R_{L_3} 声音大。示波器 2、1 通道信号振幅均很小，R_{L_2}、R_{L_1} 声音均很小。

（5）同时输入 $u_1\sim u_5$，观察示波器波形并听扬声器声音的区别。

（6）可以用收音机等输出实际音源作为输入试听。

注意：（1）R_{L_1}、R_{L_2}、R_{L_3} 可以用相同的普通扬声器。

（2）图 6-27（b）所示音箱三分频器的 PCB 板图中不包含所有的地线和铺地，也就是说图中的元器件悬空的引脚都是接地的。

试制完成具有上述功能的音箱三分频器，实物如图 6-28 所示。

图 6-28　音箱三分频器

知识梳理与总结

1. 高通滤波器

RC 和 RL 电路都可构成高通滤波器，简单 RC 高通滤波器截止频率为：

$$f_c = \frac{1}{2\pi RC}$$

2. 低通滤波器

RC 和 RL 电路都可构成高通滤波器，简单 RL 低通滤波器截止频率为：

$$f_c = \frac{R}{2\pi L}$$

3. 带通滤波器

（1）带通滤波器可由一个低通滤波器和一个高通滤波器组合而成，也可以由串、并联谐振电路构成。

（2）带通滤波器主要有带宽、中心频率、品质因数等参数。

$$\mathrm{BW} = f_{c1} - f_{ch}, \quad f_0 = \sqrt{f_{c1} f_{c2}}, \quad Q = \frac{f_0}{\mathrm{BW}}$$

4. 谐振电路

谐振概念：在含有电容元件和电感元件的交流电路中，电路中的电流与电源电压在关联参考方向下，出现同相位的情况，这种现象称为谐振。

发生在串联电路中的谐振叫串联谐振。发生在并联电路中的谐振叫并联谐振。

现将串、并联谐振回路的比较列于表 6-10 中。

表 6-10　串、并联谐振回路的比较表

	串联谐振电路	并联谐振电路
电路形式		
谐振条件	$X_L = X_C$　或　$\omega L = \dfrac{1}{\omega C}$	$\dfrac{\omega L}{R^2 + (\omega L)^2} = \omega C$
谐振角频率及谐振频率	$\omega_0 = \dfrac{1}{\sqrt{LC}}$ 或 $f_0 = \dfrac{1}{2\pi\sqrt{LC}}$	$\omega_0 \approx \dfrac{1}{\sqrt{LC}}$ 或 $f_0 \approx \dfrac{1}{2\pi\sqrt{LC}}$ （线圈损耗电阻 R 很小）
L、C 的电流或电压	$U_L = U_C = QU_S$，故又称电压谐振	$I_L \approx I_C = QI_S$，故又称电流谐振
谐振阻抗	最小 $Z_0 = R$	最大 $Z_0 = \dfrac{L}{RC}$
特征阻抗	$\rho = \sqrt{\dfrac{L}{C}}$	$\rho = \sqrt{\dfrac{L}{C}}$
品质因数	$Q = \dfrac{\omega_0 L}{R} = \dfrac{1}{\omega_0 CR} = \dfrac{\rho}{R}$	$Q = \dfrac{\omega_0 L}{G} = \dfrac{\omega_0 L}{R} = \dfrac{\rho}{R}$
通频带	$\mathrm{BW} = \dfrac{f_0}{Q}$	$\mathrm{BW} = \dfrac{f_0}{Q}$

测试与练习题 6

一、填空题

1. 滤波器的输出电压是最大值的 0.707 倍时所对应的频率称为滤波器的_____。

2. RC 电路构成的高通或低通滤波器，其截止频率为_____，RL 电路构成的高通或低通滤波器，其截止频率为_____。

3. 理想高通滤波器的通频带是_____，理想低通滤波器的通频带是_____。

4. 带通滤波器可以由一个_____和一个_____构成，而且_____的截至频率必须大于_____的截至频率。

5. 带通滤波器的下限截至频率是 f_{c1}，上限截至频率是 f_{c2}，那么带宽 BW 等于_____，中心频率 f_0 等于_____，品质因数 Q _____。

6. RLC 串联电路谐振的条件是_____，谐振频率为_____。

7. 正弦交流电路谐振时，电路的总电压与总电流的相位关系是_____。

8. RLC 串联后接到正弦交流电上，当 $X_L = X_C$ 时电路发生_____现象，电路阻抗 $Z =$ _____；电容及电感两端电压为电源电压的_____倍，故此谐振电路又称_____。

9. 某 RLC 串联电路，$\omega = 314$ rad/s 时，感抗是容抗的 3 倍，则此电路的固有角频率 $\omega_0 =$ _____rad/s。

10. 某 RLC 串联电路的固有频率为 $\omega_0 = 1000$ rad/s，如将电感增加为原来的 4 倍，电容减小为原来的一半，则固有频率为 $\omega_0' =$ _____。

11. 某 RLC 串联谐振电路 $R = 1$ kΩ，$L = 1$ mH，$C = 0.4$ pF，则此电路的特性阻抗 $\rho =$ _____，品质因数 $Q =$ _____。

二、判断题

1. RLC 串联谐振电路中，若调节 R 值的大小，可以使电路改变为感性或容性。　（　　）

2. RLC 串联谐振电路中，若 R、L 不变，增大 C，则电路的固有谐振频率将增大。　（　　）

3. RLC 串联谐振电路中，若 R、C 不变，增大 L，则电路品质因数将减小。　（　　）

4. RLC 串联谐振电路中，其品质因数 Q 是电容或电感上的电压与电源电压的比值。
　　　　　　　　　　　　　　　　　　　　　　　　　　　　　　　　（　　）

三、选择题

1. 在串联 RC 或 RL 电路中，电阻两端的电压（　　）。
   A. 与电源电压同相　　　　　　　　B. 滞后于电源电压 90°
   C. 与电流同相　　　　　　　　　　D. 滞后于电流 90°

2. 在串联 RL 电路中，电感两端的电压（　　）。
   A. 与电源电压同相　　　　　　　　B. 超前于电阻电压 90°
   C. 与电流同相　　　　　　　　　　D. 滞后于电源电压 90°

3. 串联 RC 电路中，输入电压的幅值不变，当频率增大时，阻抗的模将（　　）。
   A. 增大　　　　B. 减小　　　　C. 不变　　　　D. 不确定

4. 串联 RL 电路中，输入电压的幅值不变，当频率增大时，阻抗的模将（　　　）。

　　A. 增大　　　　B. 减小　　　　C. 不变　　　　D. 不确定

5. 串联 RL 电路中，输入电压的幅值不变，若使电流下降，频率应（　　　）。

　　A. 增大　　　　B. 减小　　　　C. 不变　　　　D. 不确定

6. 串联 RC 电路中，输入电压的幅值不变，当频率减小时，电压、电流相位差的绝对值将（　　　）。

　　A. 增大　　　　B. 减小　　　　C. 不变　　　　D. 不确定

7. 串联 RL 电路中的电阻电压逐渐变得大于电感电压时，电压、电流相位差的绝对值将（　　　）。

　　A. 增大　　　　B. 减小　　　　C. 不变　　　　D. 不确定

8. 在串联 RC 电路中，电阻两端电压的有效值为 10 V，电容两端电压的有效值也为 10 V，电源电压的有效值为（　　　）。

　　A. 20 V　　　B. 14.14 V　　　C. 28.28 V　　　D. 10 V

9. RLC 串联谐振电路，如增大 R，则品质因数 Q 将（　　　）。

　　A. 增大　　　　B. 减小　　　　C. 不变

10. 欲使 RLC 串联谐振电路的品质因数增大，可以（　　　）。

　　A. 增加 R　　　B. 增加 C　　　C. 增加 L

11. 对已处于谐振状态的 RLC 串联电路，若增加 R，则（　　　）。

　　A. 谐振频率改变　　　　　　B. 谐振电流减小

　　C. 电路停止谐振　　　　　　D. 品质因数增大

四、计算题

1. 有一 RC 串联电路组成的高通滤波器，如图 6-29 所示，已知 $R = 220\ \Omega$，$C = 0.22\ \mu F$，试求高通滤波器的截止频率。

2. 有一 RL 串联电路组成的低通滤波器，如图 6-30 所示，已知 $R = 220\ \Omega$，$L = 11\ mH$，试求低通滤波器的截止频率。

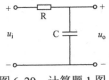　　　　　　　　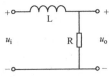

图 6-29　计算题 1 图　　　　　　　　图 6-30　计算题 2 图

3. 在 RL 串联电路中，若电阻 R 两端电压有效值 $U_R = 8\ V$，电感 L 两端电压有效值 $U_L = 6\ V$，则 RL 两端的电压有效值 U 为多少？

4. RC 串联电路中，已知 $R = 8\ \Omega$，$X_C = 6\ \Omega$，电路外加电压 $u = 10\sqrt{2}\sin(\omega t - 60°)$ V，试求：

　　（1）电路阻抗 Z、复阻抗 $|Z|$，阻抗角 φ；

　　（2）电流 I 和 $\dot{I}$；

　　（3）电阻的电压 U_R 和 $\dot{U}_R$；

　　（4）电感的电压 U_C 和 $\dot{U}_C$。

5. RL 串联电路中，已知 $R = 60\ \Omega$，$X_L = 80\ \Omega$，电路外加电压 $u = 220\sqrt{2}\sin(\omega t + 30°)$ V，试求：

（1）电路阻抗 Z、复阻抗 $|Z|$，阻抗角 φ；

（2）电流 I 和 $\dot{I}$；

（3）电阻的电压 U_R 和 $\dot{U}_R$；

（4）电感的电压 U_L 和 $\dot{U}_L$。

6. RC 串联电路如图 6-31 所示。已知：

$R = 5\ \Omega$，$X_C = 5\ \Omega$，外施电压为 $u = 220\sqrt{2}\sin(\omega t + 20°)$ V，试求：电流的瞬时值、有效值。

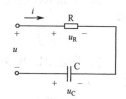

图 6-31　计算题 6 图

7. 收音机磁性天线中，$L = 300\mu\text{H}$ 的电感与一个可变电容组成串联电路。在中波段需要从 550 kHz 调到 1.6 MHz。试求：可变电容 C 的数值范围。

8. RLC 串联电路，电源电压 $u_S(t) = \sqrt{2}\sin(1000t + 30°)$ V，当 $C = 8\ \mu\text{F}$ 时电路发生谐振，求谐振频率及电感 L。

9. RLC 串联电路，$C = 25\ \mu\text{F}$，$L = 160\ \text{mH}$，$R = 10\ \Omega$。试求：f_0、Q。

项目 7

三相交流电路的分析与测试

教学引引：介绍输配电系统和安全用电的基本常识。提出三相正弦交流电路测试任务，对三相电路的电压、电流和功率进行测试，分析三相电路的星形与三角形连接的特点，并讲授家庭配电线路的设计方法。教学载体为"任务 5　家庭配电线路设计与安装"。本项目的教学目标如下。

知识目标：

了解对称三相正弦量的产生和应用；

掌握电源及负载的连接方式及对称三相电源和对称三相负载的线、相电压的关系，线、相电流的关系；

会计算对称三相电路的线、相电压和线、相电流；

会计算对称三相电路的功率。

技能目标：

会使用万用表、电压表、电流表测试三相电路的线、相电压，线、相电流；

会使用功率表测量三相电路的功率；

掌握设计与制作家庭配电线路的方法。

素质目标：

增强安全生产意识；

培养环境保护、节能意识；

提高服务意识；

提高动手能力和工程实践能力。

7.1 安全用电

7.1.1 安全用电常识

电能是现代社会的重要能源之一。电能由发电厂产生，并通过电力网传输到用户。如图 7-1 所示，发电、输电、配电、用电作为电力系统中的重要环节，一方面，高压输配电可以减少电能的损耗，另一方面，发电和用电设备的材料、结构和安全运行条件却限制电压不能太高，于是升压、降压变压器被用来解决这对矛盾，发电厂发出的电能经过变压器升压后进行传输，高压传输到区域变电所后经过变压器降压配电，配送的电能到工厂或社区经过变压器降压至市电额定电压 380 V 或 220 V。

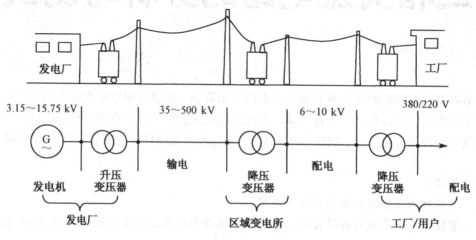

图 7-1 输电线路实例

电力系统中输电线的额定电压是有国家标准的，常用的标准有 10 kV、35 kV、110 kV、220 kV、330 kV、500 kV 等。从我国现在的情况来看，输送距离在 200～300 km 时采用 220 kV 的电压输电；输送距离在 100 km 左右时采用 110 kV 的电压输电；输送距离在 50 km 左右时采用 35 kV 的电压输电；输送距离在 15～20 km 时采用 10 kV 的电压输电，有的则用 6 600 V。输电电压在 110 kV 以上的线路，称为超高压输电线路，我国有 500 kV 的超高压输电线路，输电电压为 1 000 kV（交流）和 ±800 kV（直流）的输电线路，称为特高压输电线路，它具有输电距离远、容量大、损耗低和节约土地资源等特点。

电能给人们带来福音的同时也可能给人身带来伤害，最常见的伤害是触电。触电指人体某些部位接触带电体使电流流过人体。平时要注意用电安全，防止触电事故的发生。根据大量触电事故资料的分析和实验，证实电击所引起的伤害程度与人体电阻的大小、通过人体电流的大小、电压的高低和电流的频率、触电时间的长短有关。人体的电阻越大，触电电压越低，通入的电流越小，伤害程度也就越轻。

研究表明：当人的皮肤完好且干燥时，人体电阻大约为 $10^4 \sim 10^5\ \Omega$；当皮肤破损时，人体电阻大约为 800～1 000 Ω。如果人体通过电流超过 1 mA、50 Hz 交流电流或 5 mA 直流电流时，就有麻、痛的感觉。通过 10 mA 左右的电流自己尚能摆脱电源。若通过 50 Hz、20～

25 mA 交流电流时，则感到麻木、剧痛，且不能自己摆脱电源。超过 50 mA，就很危险了。若有 50 Hz、100 mA 交流电流通过人体，则会造成呼吸窒息，心脏停止跳动，直到死亡。除了通过人体电流的大小对人产生不同的伤害之外，触电时间也是重要的影响因素。触电电流越大，时间越长，就越危险。考虑到电压与电流的关系，在制定安全措施时，要规定安全电压，在一般情况下，按 30 mA 来限定电流，由人体电阻情况确定的安全电压应在 40 V 以下，规定为 36 V。但该安全电压是相对于一般情况的，若在潮湿环境中，安全电压降低为 24 V 甚至 12 V；而人体部分浸水时，安全电压在 2.5 V 以下。

1. 触电类型

为了掌握安全用电常识，这里先介绍几种触电类型。

（1）**单相触电**是人体接触火线，电流通过人体流入零线或大地，如图 7-2 所示。如果人体与地面的绝缘较好，危险性可以大大减小。

（2）**两相触电**是人体的不同部位同时接触两相电源带电体，电流流过人体，如图 7-3 所示，这种情况最为危险。

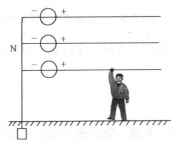

图 7-2　单相触电

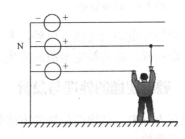

图 7-3　两相触电

（3）若雷电流入大地或架空电力线（特别是高压线）断落到地面时，会在导线触地点周围形成强电场，不同位置形成电位差。当人畜跨进这个区域，电流会从接触高电位的脚流入，从接触低电位的脚流出，从而形成**跨步触电**，如图 7-4 所示。

如果遇到这种情况，人应该将双脚并在一起或用单脚着地跳出危险区。

（4）接触电压触电或触漏电。电力线落地后，除存在跨步电压外，如人体直接碰及带电导线，将会产生接触电压的直接触电，这是十分危险的。还有一种情况是触漏电，用电器的绝缘损坏使用电器漏电，人体触碰漏电电器，相当于单相触电。大多数触电事故属于这一种。还有一种情况是电器接线错误或不当造成触电。

近年来，触漏电事故随着家用电器的使用增多而日趋上升，应给予重视。

2. 防止触电的措施

为了防止触电事故，通常采取如下防止触电的措施。

（1）安装有效的漏电保护开关。

（2）采取保护接地或保护接零。即将电气设备的金属外壳与接地装置实行良好的金属性连接，称为**保护接地**；将电气设备的金属外壳接到零线上，则称为**保护接零**。采用保护接零措施后，当电气设备绝缘损坏时，火线电流经外壳产生的短路电流使熔断器熔断，切断电源，从而防止人身触电。

（3）保证良好绝缘。

（4）严格按照电气操作制度操作。

在生活中三孔插座与三极插头应用非常广泛。单相电气设备使用此种插座、插头，能够保证人身安全，如图7-5所示，给出了正确的接线方法。可以看出，由于设备外壳与保护零线相连，即使人体触及带电外壳，也不会有触电的危险。

图 7-4　跨步触电

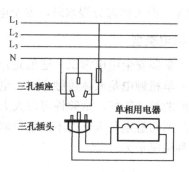

图 7-5　三孔插座与三极插头接地

除了采取防触电的安全技术以外，人们还要有安全用电意识，懂得安全用电常识，遵守安全用电操作规程，避免触电事故的发生。

7.1.2　触电现场的处理与急救

当发现有人触电，必须用最快的方法使触电者脱离电源。然后根据触电者的具体情况进行相应的现场救护。

1. 立即切断电源

切断电源的方法一是关闭电源开关、拉闸或拔去插销；二是用干燥的木棒、竹竿、扁担等不导电的物体挑开电线，使触电者尽快脱离电源，如图7-6所示。急救者切勿直接接触伤员，防止自身触电。

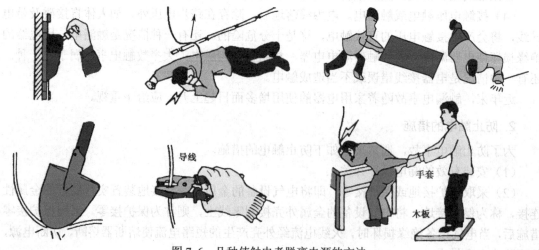

图 7-6　几种使触电者脱离电源的方法

2．紧急救护

当触电者脱离电源后，应立即检查全身情况，特别是呼吸和心跳。发现呼吸、心跳停止时，应立即就地抢救，同时拨打 120 求救。

当触电者神志清醒，呼吸心跳均存在时，让其就地平卧，暂时不要站立或走动，防止继发休克或心衰，同时给予严密观察。

当触电者有呼吸无心跳，可采取胸外心脏按压法救护。救护方法的口诀是：病人仰卧硬地上，松开领口解衣裳；当胸放掌不鲁莽，中指应该对凹膛；掌跟用力向下按，压下一寸至半寸；压力轻重要适当，过分用力会压伤；慢慢压下突然放，一秒一次最恰当。

当触电者有心跳无呼吸，可采取口对口人工呼吸法救护。救护方法的口诀是：病人仰卧平地上，鼻孔朝天颈后仰；首先清理口鼻腔，然后松扣解衣裳；捏鼻吹气要适当，排气应让口鼻畅；吹二秒来停三秒，五秒一次最恰当。

当触电者呼吸心跳均停止，可以同时采取口对口人工呼吸法和胸外心脏按压法救护，应先口对口吹气两次（约 5 s 内完成），再做胸外心脏按压 15 次（约 10 s 内完成），如此交替进行。

急救时遇到触电者还有外伤、灼伤等，应当与电击伤同时处理。还要注意，现场抢救中，不要随意移动伤员，不要轻易放弃抢救。触电者呼吸心跳停止后恢复较慢，有的长达 4 小时以上，因此抢救时要有耐心。

> **要点提示** 安全用电的知识：
> （1）一般情况下，安全电压为 36 V 以下，安全电流为 10 mA 以下。
> （2）触电类型：单相触电、两相触电、跨步触电。
> （3）防触电的措施：保护接地和保护接零。
> （4）发现有人触电，要立即断电，紧急救护。

7.2 三相交流电路的分析与测试

三相正弦交流电路是电力系统发电、输电与供电的专用电路，工业用交流电动机也多为三相电动机，单相交流电是三相交流电的一相。1891 年，世界第一台三相交流发电机在德国劳芬发电厂投入运行，并建成了第一条从劳芬到法兰克福的三相交流输电线路。由于三相电路比单相电路输送同等能量的电力运行成本低，三相电动机比单相电动机运行可靠、效率高，因此目前世界上的电力系统几乎无一例外地都采用三相制。

三相电路最基本的特点是电源为三相电源。常用的对称三相电源由三个电压有效值相等、频率相同、初相互差120°的正弦电源组成，工程上称 A、B、C 三相，一般由三相发电机产生。

7.2.1 对称三相电源的必要条件

三相发电机有三个绕组，它们构成对称三相电源，其中每一个电源称为一相。如图 7-7

所示，u_A、u_B、u_C是三个正弦电压源，A、B、C三相电压的瞬时值表达式分别为：

$$\begin{cases} u_A = U_m \sin \omega t \\ u_B = U_m \sin(\omega t - 120°) \\ u_C = U_m \sin(\omega t + 120°) \end{cases} \quad (7\text{-}1)$$

其中，u_A比u_B超前120°，u_B比u_C超前120°，u_C又比u_A超前120°。对称三相电源的波形图与相量图分别如图7-8（a）和7-8（b）所示。

从波形图和相量图可以看出，对称三相电源的必要条件是：

$$\dot{U}_A + \dot{U}_B + \dot{U}_C = 0 \qquad (7\text{-}2)$$

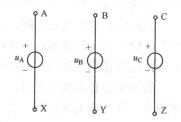

图 7-7　三相电源

三相电源每相电压依次到达最大值的先后次序称为三相电源的相序。式（7-1）及图7-8所示三相电源的相序为A—B—C，即A相超前B相，B相又超前C相，称为正序。反之，任意颠倒两相，如 A—C—B 的相序则为负序。三相电动机就是通过调整相序来改变其旋转方向的。

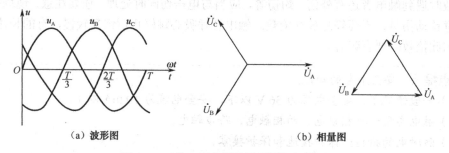

　（a）波形图　　　　　　　　　　　　　（b）相量图

图 7-8　对称三相电源的波形图与相量图

相序是相对确定量，但A相一经确定，滞后A相120°的便为B相，超前A相120°的就是C相。工程中为了便于区分，以黄、绿、红三色表示A、B、C三相。

7.2.2　三相电源的分析与测试

三相电源有两种特定的连接方式，即星形连接和三角形连接。这样的连接便于电源向负载供电。下面通过测试分析研究三相电源星形连接与三角形连接的特点。

1. 星形连接

三相电源的星形连接，也称Y形连接，是将三个电源的相尾 X、Y、Z 连接为一个节点 N，节点 N 称为电源的中性点，简称中点。中性点向外的引出线称为中线，将三个电源的相头 A、B、C 向外引出的三根输电线称为相线（俗称火线），如图7-9（a）所示。

电压很高，注意安全操作，用万用表测量时，交流电压挡应从500 V开始往下调，以防被测电压超量限损坏万用表，为了读数准确，万用表的指针最好在被测量限的2/3以上。

图7-9（b）中，A、B、C为三相电源Y形连接的相线的连接插孔，N为三相电源Y形连接的中线的连接插孔。

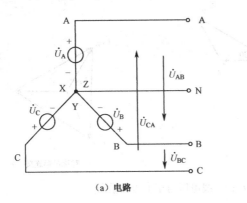

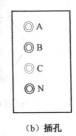

（a）电路　　　　　　（b）插孔

图 7-9　星形连接电源

用电压表依次测试相线间的电压 U_{AB}、U_{BC}、U_{CA} 和相线与中点之间的电压 U_{AN}、U_{BN}、U_{CN}，填入表 7-1 中。

表 7-1　Y 形接法线、相电压

相线间的电压/V			相线与中线之间的电压/V		
U_{AB}	U_{BC}	U_{CA}	U_{AN}	U_{BN}	U_{CN}
220	220	220	127	127	127

先定义三相电路的电压，然后再对其电压进行分析。

相电压是相线与中线之间的电压，即每一相电源的电压，分别记为 $\dot{U}_{AN}$、$\dot{U}_{BN}$、$\dot{U}_{CN}$。

线电压是相线与相线之间的电压，用 $\dot{U}_{AB}$、$\dot{U}_{BC}$、$\dot{U}_{CA}$ 表示。由基尔霍夫电压定律可知，线电压为对应的相电压之差，如果三相电源对称，则由图 7-10（a）得到线电压与相电压有效值关系为：

$$\begin{cases} U_{AB} = 2U_{AN}\cos 30° = \sqrt{3}U_{AN} \\ U_{BC} = 2U_{BN}\cos 30° = \sqrt{3}U_{BN} \\ U_{CA} = 2U_{CN}\cos 30° = \sqrt{3}U_{CN} \end{cases} \tag{7-3}$$

对称星形连接的电源，线电压 U_L 是相电压 U_P 的 $\sqrt{3}$ 倍，即 $U_L = \sqrt{3}U_P$。由相量图可看出，三个线电压之间的相位差仍为 120°，它们分别比相应的相电压各超前 30°。相电压对称，线电压也一定对称，线电压的相量图构成等边三角形，如图 7-10（b）所示。

2. 三角形连接

如果把三相电源的首尾依次相连接构成一个回路，然后从三个连接点 A、B、C 依次引出相线，如图 7-11（a）所示，则为**三角形连接**的三相电源。三角形连接也称为 △连接。若三相电源对称而且连接正确，则 $\dot{U}_A + \dot{U}_B + \dot{U}_C = 0$，在电源开路时，三角形回路中不会产生环流。由图 7-11（b）可见，**三角形连接的电源线电压与相电压相等**，即

$$\dot{U}_{AB} = \dot{U}_A; \quad \dot{U}_{BC} = \dot{U}_B; \quad \dot{U}_{CA} = \dot{U}_C \tag{7-4}$$

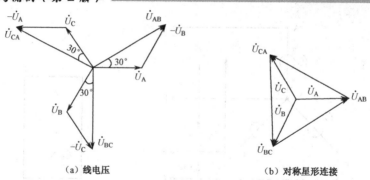

（a）线电压　　　　　　　　　　　　（b）对称星形连接

图 7-10　线电压与相电压相量图

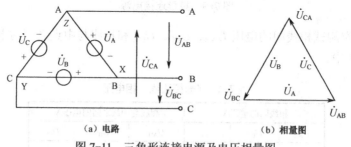

（a）电路　　　　　　　　　　　　　（b）相量图

图 7-11　三角形连接电源及电压相量图

由于实际的三相电源不可能做到绝对的对称，所以一般三相发电机都不接成三角形，而三相变压器常根据需要接成星形或三角形。

> ⓘ **要点提示**　三相电源有两种连接方法：
> （1）对称星形连接的电源，线电压 U_L 是相电压 U_P 的 $\sqrt{3}$ 倍，即 $U_L = \sqrt{3}\,U_P$。
> （2）对称三角形连接的电源，线电压 U_L 等于相电压 U_P，即 $U_L = U_P$。
> （3）为了保证安全，三相电的测量均应由老师指导，在实验台上操作。

7.2.3　三相负载的分析与测试

三相电路中的负载也有星形连接和三角形连接两种接法，当 A、B、C 三相的负载阻抗相等时称为对称三相负载。由对称三相电源和对称三相负载构成对称三相供电电路。根据电源与负载是星形或三角形连接的组合，三相供电电路有多种结构。工业和民用供电一般采用三相四线制供电系统。

电源与负载都接成星形，由三条线路将其连接，即构成Y—Y连接，如图 7-12 所示。由于电源与负载之间经三条输电线相连，故称三相三线制。如果用一条中线把电源的中性点 N 与负载的中性点 N′ 相连，则构成三相四线制，即 Y_0—Y_0 连接，如图 7-13 所示。一般来说，高压输电线路采用三相三线制，而低压供电线路采用三相四线制。

三相负载星形连接时，各相负载的电压称为相电压，流经各相负载的电流称为**相电流**，分别用 $\dot{I}_{AN'}$、$\dot{I}_{BN'}$、$\dot{I}_{CN'}$ 表示；流过线路的电流 $\dot{I}_A$、$\dot{I}_B$、$\dot{I}_C$ 称为**线电流**；显然，星形连接时，线电流等于相电流。当电路接有中线时，由基尔霍夫电流定律可知**中线电流**为：

$$\dot{I}_N = \dot{I}_A + \dot{I}_B + \dot{I}_C \tag{7-5}$$

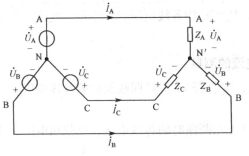

图 7-12　Y—Y连接三相电路

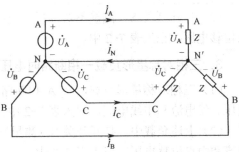

图 7-13　Y_0—Y_0 连接三相电路

若三相电流对称，则中线电流为零，因此可以将中线去掉，变为三相三线制，而且对电路并无影响。

Y_0—Y_0 连接的三相电路有两种电压，相线之间的电压为线电压，相线对中线的电压为相电压。我国工业与民用的三相四线制供电线路，其线电压为 380 V，相电压为 220 V。

实践探究 37　三相负载的星形连接

1. 三相对称星形负载的电压、电流测量

为了安全和调节方便，将三相电源输出端接上三相调压器，调压器的输出电压是三相电源输出电压的一部分，即 $U_{A'N'} < U_{AN}$、$U_{B'N'} < U_{BN}$、$U_{C'N'} < U_{CN}$。在测试的过程中，必须严格遵守安全操作规程。

（1）按图 7-14 连接线路。调节三相调压器使输出端获得线电压 $U_L = 220$ V。合上开关 S 和 $S_1 \sim S_6$，测量对称星形负载在三相四线制（有中性线）时的各线电压、相电压、线（相）电流和中线电流，记入表 7-2 中。

（2）打开开关 S，测量对称星形负载在三线制（无中性线）时的各线电压、相电压、线电流和中点位移电压，记入表 7-2 中。

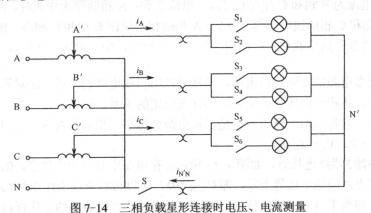

图 7-14　三相负载星形连接时电压、电流测量

2. 三相不对称星形负载的电压、电流测量

（1）A 相一只灯泡断开（S_1 打开），测量不对称星形负载在四线制时的各线电压、相电压、线电流和中线电流，记入表 7-2 中。

（2）打开开关 S，测量不对称星形负载在三线制时的各线电压、相电压、线电流和中点位移电压，记入表 7-2 中。

3．三相对称星形负载一相断路时电压、电流的测量

（1）三相对称星形负载，将 A 相断路（S_1、S_2 打开），测量四线制时的各线电压、相电压、线电流和中线电流，记入表 7-2 中。

（2）上述负载中，打开开关 S，测量三线制 A 相断路时的各线电压、负载相电压、线电流和中点位移电压，记入表 7-2 中。

表 7-2　三相星形负载的电压、电流

项目 分类		线电压/V			相电压/V			相（线）电流/A			中性线电流 $I_{N'N}$/A	中点位移电压 $U_{N'N}$/V
		U_{AB}	U_{BC}	U_{CA}	$U_{A'N}$	$U_{B'N}$	$U_{C'N}$	I_A	I_B	I_C		
对称负载	有中线	220	220	220	127	127	127	0.168	0.168	0.168	0	
	无中线	220	220	220	127	127	127	0.168	0.168	0.168		
负载不对称	有中线	220	220	220	127	127	127	0.083	0.168	0.168	0.083	
	无中线	220	220	220	154	114	114	0.094	0.157	0.157		28.9
A 相断路	有中线	220	220	220	127	127	127	0	0.168	0.168	0.168	
	无中线	220	220	220	127	127	127	0	0.153	0.153		63.8

现象：（1）对称负载有中线和无中线时，线电压为 220 V，相电压为 127 V，相、线电流均相等，中线电流为各相（线）电流之和。

（2）不对称负载有中线时，线电压为 220 V，相电压为 127 V，但各相（线）电流不同，中线电流为各相（线）电流之和；不对称负载无中线时，线电压仍为 220 V，各相电压、各相（线）电流不同，中点电压位移。

（3）A 相断路（负载上断开）有中线时，A 相没有电流。A 相、B 相和 C 相的线电压为 220 V，A 相、B 相和 C 相的相电压为 127 V，但各相（线）电流与负载阻抗的大小有关，并且中线电流为 B 相和 C 相的相（线）电流之和；A 相断路无中线时，A 相仍没有电流。A 相、B 相和 C 相的线电压为 220 V，A 相的相电压比 B 相和 C 相高，B 相和 C 相的相电压为两相负载阻抗串联分压，其相（线）电流相同，中点电压严重位移。

三相电路是多电源的正弦交流电路，仍然可以用正弦电路的分析方法对其进行计算。在对称三相电路中，各相的电压、电流之间都存在固定的关系，只要求得一相，由对称关系即可得到其他两相。对称三相电路的条件是三相电源对称和三相负载对称，三相负载对称条件是 $R_A = R_B = R_C = R$，$X_A = X_B = X_C = X$。

当负载与电源都为Y连接时，如图 7-15 所示，在电路中有两个中性点，如果三相电路对称，则两个中性点之间的电压等于零，即 $\dot{U}_{N'N} = 0$，所以可将负载中性点 N' 与电源中性点 N 用短路线短接，相当于没有中线阻抗的三相四线制电路，此时各相的工作保持相对独立，线与相的电压、电流分别组成对称系统，因此可按单相电路计算。首先绘出一相电路图，如图 7-16 所示。由一相电路图计算可得 A 相线电流有效值为：

$$I_A = \frac{U_A}{Z} \tag{7-6}$$

而相电压与相电流的相位差为：

$$\varphi_A = \arctan \frac{X}{R} \qquad (7\text{-}7)$$

由对称关系得到：

$$\begin{cases} I_B = I_C = I_A \\ \varphi_B = \varphi_C = \varphi_A \end{cases} \qquad (7\text{-}8)$$

在三相四线制电路中，如果中线有阻抗 Z_N，则在三相对称的情况下，由于中线的电流等于零，因此绘一相电路图时，要将 Z_N 去掉，与对称无中线三相电路相同。

若电源接成三角形，星形负载接在线电压上，则可先求出相电压，然后再求负载的电流。

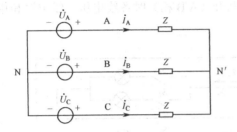

图 7-15　负载与电源 Y 连接的三相电路

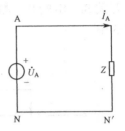

图 7-16　一相电路图

实例 7-1　如图 7-17（a）所示对称星形电路，已知线电压为 380 V，负载的电阻 $R = 8\,\Omega$，感抗 $X = 6\,\Omega$，求负载的相电压和电流的有效值。

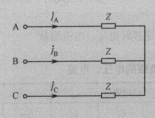

（a）对称星形电路

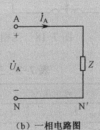

（b）一相电路图

图 7-17　例 7-1 图

解　设电源为星形连接，与星形负载构成 Y—Y 连接的对称三相电路，可画出一相电路图，如图 7-17（b）所示。则 A 相的相电压为：

$$U_A = \frac{U_{AB}}{\sqrt{3}} = \frac{380}{\sqrt{3}} = 220 \text{ V}$$

每相的阻抗为：

$$Z = \sqrt{R^2 + X^2} = \sqrt{8^2 + 6^2} = 10\,\Omega$$

由一相电路图可以求得：

$$I_A = \frac{U_A}{Z} = \frac{220}{10} = 22 \text{ A}$$

由对称关系可知：

$$I_B = I_C = I_A = 22\,A$$

实践探究 38 三相负载的三角形连接

先定义**相电流**为流过负载的电流，**线电流**为相线上的电流。然后再对三相对称三角形负载电压、电流进行测量。

（1）按图 7-18 连接线路，调节三相调压器使其输出线电压为 220 V，开关 $S_1 \sim S_6$ 都闭合，测定三相负载对称时各电压、线电流和相电流，记入表 7-3 中。

（2）开关 S_1、S_2 断开，测定一相负载断开（A′B′相）时各线电压、线电流和相电流，记入表 7-3 中。

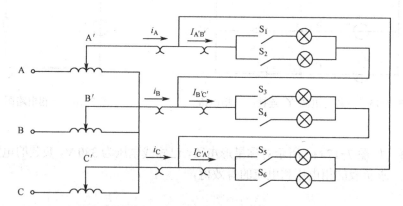

图 7-18 三相负载三角形连接时电压、电流测量

表 7-3 三相三角形负载的电压、电流

项目 分　类	线电压/V			线电流/A			相电流/A		
	$U_{A'B'}$	$U_{B'C'}$	$U_{C'A'}$	I_A	I_B	I_C	$I_{A'B'}$	$I_{B'C'}$	$I_{C'A'}$
对称负载	220	220	220	0.404	0.404	0.404	0.233	0.233	0.233
A′B′相断开	220	220	220	0.233	0.233	0.233	0	0.233	0.233

现象：

（1）对称负载，线、相电压相同均为 220 V，线电流 $I_L = I_A = I_B = I_C$ 是相电流 $I_P = I_{A'B'} = I_{B'C'} = I_{C'A'}$ 的 $\sqrt{3}$ 倍。

（2）A′B′相断开，该相没有电流，而其线、相电压相同仍为 220 V，B′C′和 C′A′相的相电压和相电流没受影响，但线电流等于相电流。

当负载接成三角形时，每相负载的相电压等于线电压；流过负载的相电流分别用 $\dot{I}_{AB}$、$\dot{I}_{BC}$、$\dot{I}_{CA}$ 表示。在图 7-19 所示电流的方向下，由基尔霍夫电流定律可知各相的线电流为对应的相电流之差，在三相电路对称的情况下，由图 7-20（a）所示相量图的分析可得线电流与相电流有效值关系为：

$$\begin{cases} I_{A} = 2I_{AB}\cos 30° = \sqrt{3}I_{AB} \\ I_{B} = 2I_{BC}\cos 30° = \sqrt{3}I_{BC} \\ I_{C} = 2I_{CA}\cos 30° = \sqrt{3}I_{CA} \end{cases} \qquad (7\text{-}9)$$

对称负载三角形连接时，线电流是相电流的 $\sqrt{3}$ 倍，即 $I_{L} = \sqrt{3}I_{P}$。由相量图可看出，三个线电流之间的相位差仍为 120°，并且比相应的相电流各滞后 30°。若相电流对称，则线电流也一定对称，线电流的相量图构成等边三角形，如图 7-20（b）所示。

当负载是三角形连接时，如图 7-19 所示。此时不论电源如何连接，都可以先求出负载端某一相的线电压，如 A 相电流有效值为：

$$I_{AB} = \frac{U_{AB}}{Z} \qquad (7\text{-}10)$$

相电流与相电压的相位差为：

$$\varphi_{A} = \arctan\frac{X}{R} \qquad (7\text{-}11)$$

由对称关系可得：

$$\begin{cases} I_{BC} = I_{CA} = I_{AB} \\ \varphi_{B} = \varphi_{C} = \varphi_{A} \end{cases} \qquad (7\text{-}12)$$

而各相的线电流的有效值为：

$$I_{A} = I_{B} = I_{C} = \sqrt{3}I_{AB} \qquad (7\text{-}13)$$

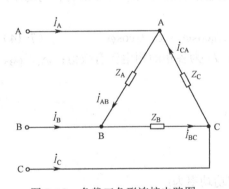

图 7-19　负载三角形连接电路图

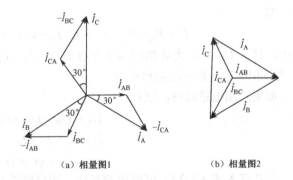

（a）相量图1　　　　（b）相量图2

图 7-20　负载三角形连接电流相量图

实例 7-2　如图 7-19 所示三角形连接的对称三相电路，已知线电压有效值为 380 V，各相负载阻抗 $Z = 45\ \Omega$，求各相的相电流与线电流的有效值。

解　对称三相电路可以先求出一相，然后根据对称关系求得其他两相。三角形电路的相电压等于线电压，由此可得到 A 相相电流的有效值为：

$$I_{AB} = \frac{U_{AB}}{Z} = \frac{380}{45} = 8.44\ A$$

而

$$I_{BC} = I_{CA} = I_{AB} = 8.44\ A$$

由线电流与相电流的关系可知 A 相线电流的有效值为：

$$I_A = \sqrt{3}I_{AB} = 14.6 \text{ A}$$

而

$$I_B = I_C = I_A = 14.6 \text{ A}$$

> 🛈 **要点提示** 三相负载的连接：
>
> （1）Y形连接：对称电路采用三相三线制，不对称电路采用三相四线制。
>
> 　　对称Y形连接有：$I_L = I_P$，$U_P = \dfrac{1}{\sqrt{3}} U_L$，线电压超前相应的相电压30°。
>
> （2）△形连接：对称和不对称电路均采用三相三线制。
>
> 　　对称△形连接有：$U_L = U_P$，$I_P = \dfrac{1}{\sqrt{3}} I_L$，线电流滞后相应的相电流30°。

7.3 三相电路功率的分析与测试

三相交流电路实质上是三个单相交流电路的组合，三相电路的功率也分为有功功率、无功功率和视在功率。

1．有功功率

交流电路的有功功率是电路中消耗的功率，三相电路的有功功率为各相的有功功率之和，即

$$P = P_A + P_B + P_C = U_A I_A \cos\varphi_A + U_B I_B \cos\varphi_B + U_C I_C \cos\varphi_C \qquad (7-14)$$

式中，U_A、U_B、U_C 为各相的相电压有效值；I_A、I_B、I_C 为各相的相电流有效值；φ_A、φ_B、φ_C 为各相电压与相电流的相位差。

如果三相电路对称，则有：

$$U_A = U_B = U_C = U_P$$
$$I_A = I_B = I_C = I_P$$
$$\varphi_A = \varphi_B = \varphi_C = \varphi$$

将其代入式（7-14）可以得到对称三相电路的有功功率为：

$$P = 3U_P I_P \cos\varphi \qquad (7-15)$$

考虑电路在星形连接时线电压 $U_L = \sqrt{3} U_P$，线电流 $I_L = I_P$；在三角形连接时 $U_L = U_P$，$I_L = \sqrt{3} I_P$。所以对称三相电路的有功功率也可以由线电压和线电流求出，即：

$$P = \sqrt{3} U_L I_L \cos\varphi \qquad (7-16)$$

应注意，式（7-15）与式（7-16）只能用于对称三相电路的功率计算，两式中 $\cos\varphi$ 的 φ 角都是相电压与相电流的相位差，即每相的阻抗角。

2．无功功率

无功功率表示了负载与电源之间进行能量交换的大小，三相电路的无功功率为各相无功功率之和，即：

$$Q = Q_A + Q_B + Q_C$$

$$= U_A I_A \sin\varphi_A + U_B I_B \sin\varphi_B + U_C I_C \sin\varphi_C \qquad (7\text{-}17)$$

如果三相电路对称，则不论电路是星形连接还是三角形连接，其三相电路的无功功率均为

$$Q = 3 U_P I_P \sin\varphi = \sqrt{3}\, U_L I_L \sin\varphi \qquad (7\text{-}18)$$

其中，φ 角仍为相电压与相电流的相位差。

3．视在功率

在三相电路中，不论三相电路对称与否，其视在功率仍为：

$$S = \sqrt{P^2 + Q^2} \qquad (7\text{-}19)$$

式中，P 为三相电路的有功功率；Q 为三相电路的无功功率。

如果三相电路对称，则三相电路的**视在功率**可表示为：

$$S = 3 U_P I_P = \sqrt{3}\, U_L I_L \qquad (7\text{-}20)$$

在计算不对称三相电路的视在功率时，应注意由于视在功率不满足能量守恒，所以

$$S \neq S_A + S_B + S_C$$

实例 7-3　有一台三相电动机，其每相的等效电阻 $R = 29\,\Omega$，等效感抗 $X_L = 21.8\,\Omega$，三相对称电源的线电压 $U_L = 380\,\text{V}$。试求：

（1）电动机接成星形时的有功功率和无功功率；

（2）电动机接成三角形时的有功功率和无功功率。

解　（1）电动机接成星形时，相电压为：

$$U_P = \frac{U_L}{\sqrt{3}} = 220\,\text{V}$$

每相的阻抗为：

$$Z = \sqrt{R^2 + X_L^2} = \sqrt{29^2 + 21.8^2} = 36.3\,\Omega$$

线电流等于相电流，即：

$$I_L = I_P = \frac{U_P}{Z} = \frac{220}{36.3} = 6.06\,\text{A}$$

电路的功率因数角为阻抗角，即：

$$\varphi = \arctan\frac{X_L}{R} = \arctan\frac{21.8}{29} = 43.0°$$

电动机的有功功率为：

$$P_Y = \sqrt{3}\, U_L I_L \cos\varphi = \sqrt{3} \times 380 \times 6.06 \times \cos 43.0° = 3190\,\text{W} = 3.19\,\text{kW}$$

电动机的无功功率为：

$$Q_Y = \sqrt{3}\, U_L I_L \sin\varphi = \sqrt{3} \times 380 \times 6.06 \times \sin 43.0° = 2395\,\text{var} = 2.395\,\text{kvar}$$

（2）电动机接成三角形时，相电压为：

$$U_P = U_L = 380\,\text{V}$$

相电流为：

$$I_P = \frac{U_P}{Z} = \frac{380}{36.3} = 10.47\,\text{A}$$

而线电流 $I_L = \sqrt{3}\,I_P$，即：

$$I_L = \sqrt{3}\,I_P = \sqrt{3} \times 10.47 = 18.13 \text{ A}$$

电动机的有功功率为：

$$P_\triangle = \sqrt{3}\,U_L I_L \cos\varphi = \sqrt{3} \times 380 \times 18.13 \times \cos 43.0° = 9\,521 = 9.521 \text{ kW}$$

电动机的无功功率为：

$$Q_\triangle = \sqrt{3}\,U_L I_L \sin\varphi = \sqrt{3} \times 380 \times 18.13 \times \sin 43.0° = 7\,157.8 = 7.158 \text{ kvar}$$

由此例的计算结果可见，电动机接成三角形相比于接成星形时，线电流、有功功率与无功功率都大了三倍。实际中较大功率的三角形连接电动机，为了减小启动电流，启动时常把三角形连接变为星形连接，启动以后再变回三角形连接。

实例 7-4 一台星形连接的三相电动机，其功率为 3.3 kW，接在线电压为 380 V 的对称三相电源上，线路电流为 6.1 A。求这台电动机的功率因数和每相的阻抗。

解 电动机的线电压、线电流和功率已知，由式（7-16）可得该电动机的功率因数为：

$$\cos\varphi = \frac{P}{\sqrt{3}\,U_L I_L} = \frac{3.3 \times 10^3}{\sqrt{3} \times 380 \times 6.1} = 0.82$$

电动机的每相阻抗为：

$$Z = \frac{U_P}{I_P} = \frac{U_L / \sqrt{3}}{I_L} = \frac{220}{6.1} = 36 \ \Omega$$

而阻抗角为：

$$\varphi = \arccos 0.82 = 35°$$

4．三相电路功率的测量

三相电路有功功率测量方法有一功率表法、三功率表法和二功率表法，这些方法的选用要针对三相电路的情况。

一功率表法应用于对称三相电路中，由于各相负载消耗的功率相等，只要一只单相功率表测量任一相功率乘以 3 即为三相总功率。

三功率表法应用于不对称三相电路中，用三只单相功率表同时测量各相功率后相加得三相总功率。

二功率表法应用于三线制（即无中性线）不对称三相电路中。可以证明，不管三相负载连接为星形或三角形，用如图 7-21 所示的方法接入两个功率表，就可测得的三相负载的有功功率 $P = P_1 + P_2$。

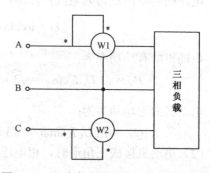

图 7-21 二功率表法测量三相功率的电路

实践探究 39　三相电路有功功率测量

（1）用二功率表法分别测量负载三角形连接在负载对称、一相负载断开（A'B'相）时三相电路的有功功率，记入表 7-4 中。

表 7-4　功率测量 1

分类 ＼ 项目	测量值/W		计算值/W
	P_1	P_2	$P = P_1 + P_2$
三相对称负载三角形连接	77.7	78.7	156.4
A'B'相断开	26.9	78.9	105.8

（2）分别用三功率表法和二功率表法测量负载星形连接在负载对称、一相负载断开（S_1、S_2 断开）时三相电路的有功功率，记入表 7-5 中。

表 7-5　功率测量 2

分类 ＼ 项目	测量值/W					计算值/W	
	三功率表法			二功率表法		三功率表法	二功率表法
	P_1	P_2	P_3	P_4	P_5	$P = P_1 + P_2 + P_3$	$P' = P_4 + P_5$
三相对称负载星形连接	22.5	22.5	22.5	34.1	33.9	67.5	68
负载星形连接 一相负载断开	0	22.5	22.5	0	36.3	45	36.3

现象： 二功率表法应用于三相三线制测得的三相负载的有功功率 $P = P_1 + P_2$ 与三功率表法应用于相同电路测得的功率 $P = P_1 + P_2 + P_3$ 相同。但负载星形连接一相负载断开后二功率表法无法测得负载的实际功率。

任务5　家庭配电线路的设计与安装

人们居家生活离不开电，随着家庭生活水平的不断提高，电器产品的增加，家庭用电越来越多，如居室的照明，风扇、空调和加湿器的使用，电视机、计算机、录音机或音响的使用，电饭煲、电磁炉、电饼铛、热水壶、微波炉的使用，电冰箱、洗衣机的使用等。原有的电路设施容量可能已不能承受，处于超负荷运转，电流过大，导体温度过高，轻则绝缘老化，损坏电线，重则产生火灾，这时需要对家庭配电线路进行适当扩容和改造，这里用一个设计案例来说明这项工作。

1.　任务设计

刘先生为其家庭新购一套三居室的住房，房屋格局如图 7-22 所示，由于该房是 20 世纪 80 年代的老房子，其配电线路很简单，无法满足刘家现在生活的用电需求，在房屋装修之前，刘先生找到装修公司的设计师，希望按表 7-6 中要求对房屋进行电路改造。

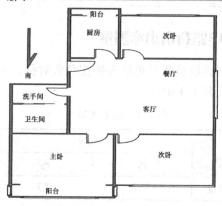

图 7-22　三居室户型图

表 7-6　三居室房屋内所用电器

客厅	主卧（带阳台）	次卧 1	书房（次卧 2）	厨房（带阳台）	卫生间和洗手间
吊灯	吊灯	吸顶灯	吸顶灯	防水灯和吸顶灯	吸顶灯
吊顶射灯	吸顶灯	空调插座	空调插座	冰箱插座	镜前灯、防水灯
立式空调插座	空调插座	床头灯插座	台灯插座	油烟机插座	浴霸双温控
地灯插座	床头灯插座	电视机插座	计算机插座	微波炉插座	热水器插座
电视机插座	按摩椅插座	小夜灯插座	录音机插座	电饭煲插座	吹风机插座
音响插座	小夜灯插座	备用插座	电子琴插座	小厨宝插座	洗衣机插座
备用插座	备用插座		备用插座	其他小家电插座	备用插座

2. 配电线路

三室一厅配电线路如图 7-23 所示。按照用电的类别分为照明、柜式空调、空调、热水器、厨房和卫生间（洗手间）插座、普通插座六路。

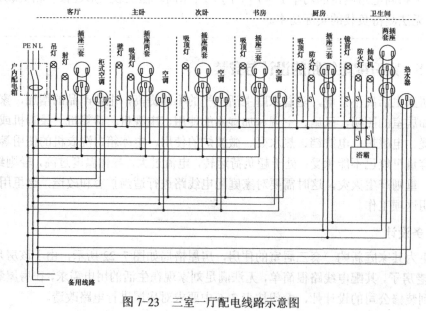

图 7-23　三室一厅配电线路示意图

3. 器材清单

根据配电线路，可以列出三室一厅配电线路器材清单，见表 7-7。

表 7-7　三室一厅配电线路器材清单

序号	名称	规格或类型	数量	说明或要求
1	电能表		1 块	电力公司已为用户安装好。DDY200 单相预付费电能表 220 V，10(40) A，50 Hz
2	漏电保护器		1 个	电力公司已为用户安装好
3	五孔插座		12 套	客厅和书房各 3 套，主、次卧和洗手间各 2 套，普通插座（10 A）
4	六孔插座		3 套	厨房用（20 A）
5	空调插座		4 个	客厅、主卧、次卧和书房用（15～20 A）
6	小厨宝和热水器插座		2 个	小厨宝在厨房，热水器在洗手间（10～15 A）
7	电视机插座		2 个	客厅和次卧
6	音响插座		1 个	客厅
8	电话和电脑插座		2 套	书房和客厅控制
9	双控开关		2 个	客厅吊灯和射灯控制，厨房和阳台控制
10	单控开关		5 个	主卧壁灯和主、次卧、书房、卫生间吸顶灯控制
11	浴霸开关		1 个	吸顶灯、双温控、抽风机控制
12	照明灯	吊灯、射灯、荧光吸顶灯、防水灯、镜前灯、小夜灯	若干	为了节能客厅采用 LED 变色吊灯，所以照明灯功率为 20～60 W
13	导线	进线 BV-2×16+1×6DG32 支线 BV-3×2.5DG20		根据线路敷设长度测算，经验数据是：以 100 m² 的新房为例，4 mm² 的铜芯 BV 电线 200 m，2.5 mm² 的 400 m，1.5 mm² 的 300 m（吊顶再加 100 m），1.5 mm² 的铜芯 BV 双色电线 100 m。电线一扎长度为 100 m±3 m

4．电量的估算

1）常用家用电器的容量范围

常用家用电器的容量范围一般空调器为 600～5 000 W；电暖气为 800～2 500 W；电热水器为 2 000～4 000 W；电熨斗为 500～2 000 W；电饭煲为 500～1 700 W；电磁炉为 300～1 800 W；微波炉为 600～1 500 W；电炒锅为 800～2 000 W；电烤箱为 800～2 000 W；储水式小厨宝功率通常都在 1 500 W 以下，即热式小厨宝功率一般为 3 500～5 500 W；电水壶为 500～1 800 W；电视机为 30～150 W；电冰箱为 70～250 W。具体用电量可以根据电器的说明书上给的功率来计算用电量。家庭总的最高用电量不能超过电能表的容量。

2）电能表的选择

电能表从工作原理上分电子式电能表和机械式电能表两类。

电子式电能表的电能计量采用大规模专用集成电路来实现，用户所消耗的电能，通过对分压器和分流器上的取样信号进行采样和 A/D 变换，经数字乘法器相乘，其输出的数字信号送至数字/频率转换器，经转换器电路输出的脉冲驱动计度器进行电量的累加，并通过电能脉冲指示灯，显示电能消耗速率。

机械式电能表是利用电压和电流线圈在铝盘上产生的涡流与交变磁通相互作用产生电磁力，使铝盘转动，同时引入制动力矩，使铝盘转速与负载功率成正比，通过轴向齿轮传动，由计度器计算出转盘转数从而测定出电能。故电度表主要结构由电压线圈、电流线圈、转盘、转轴、制动磁铁、齿轮、计度器等组成。

电能表按相数分单相和三相，一般民用单相电能表，将其接于 220 V、50 Hz 的市电以便给用户供电和计量用户的用电量。电能表电流标示方式一般规格有以下几种：

1.5(6) A、2.5(10) A、5(20) A、5(30) A、10(40) A、10(60) A、15(60) A、20(80) A，以及很少用到的 20(100) A。前面是数值是标定电流 I_b，也称额定电流，括号内的为最大负载电流 I_{max}，在使用中负载功率电流不能超过电能表的最大负载电流，否则会造成仪表损坏甚至发生安全事故。

随着人们的生活水平日益提高，各种家用电器的使用越来越普及，在上述单相电能表的规格中，小规格的电能表已经不适合市场的需求，5(20) A、5(30) A、10(40) A 已经成为目前民用的主流规格，单相电能表的最大规格为 20(80) A，而 20(100) A 的电能表已达极限，如果负载经常在 100 A 左右，为了安全起见，建议选装三相四线电能表。

选购电能表要做两件事，一是会看电能表的铭牌，二是会算家庭总的用电量。

铭牌上有产品的型号和技术参数，如 DD862、220 V、50 Hz、5(20) A、1950 r/kWh 等，其中，DD862 是电能表的型号，DD 表示单相电能表，数字 862 为设计序号。一般家庭使用就需要选用 DD 系列的电能表，设计序号可以不同。220 V、50 Hz 是电能表的额定电压和工作频率，它必须与电源的规格相符合。5(20) A 是电能表的标定电流和最大电流值，括号外的 5 表示额定电流为 5 A，括号内的 20 表示允许使用的最大电流为 20 A，这样，可以知道这只电能表允许室内用电器的最大总功率为 $P = UI = 220 \times 20 = 4\ 400$ W。

3）空气开关的选择

空气开关，又称低压断路器。其作用是在工作电流超过额定电流、短路、失压等情况下，自动切断电路。

目前，家庭总开关常见的有闸刀开关配瓷插保险（已被淘汰）或空气开关（带漏电保护的小型断路器）。目前家庭使用 DZ 系列的空气开关，常见的有以下型号/规格：C16、C25、C32、C40、C60、C80、C100、C120 等规格，其中 C 表示脱扣电流，即起跳电流，例如 C32表示起跳电流为 32 A，一般安装 6 500 W 热水器要用 C32，安装 7 500 W、8 500 W 热水器要用 C40 的空气开关。

计算负载的功率分为两种，一种是电阻性负载，另一种是电感性负载。对于电阻性负载的计算公式用 $P = UI$，对于荧光灯负载的计算公式用 $P = UI\cos\varphi$。不同电感性负载功率因数不同，统一计算家庭用电器时可以将功率因数 $\cos\varphi$ 取 0.8。也就是说如果一个家庭所有用电器的总功率为 6 000 W，则最大电流是 $I = P/U\cos\varphi = 6\,000/220\times0.8 = 34$ A。但是，一般情况下，家里的电器不可能同时使用，所以加上一个公用系数，公用系数一般为 0.5。所以，一般情况下，计算电流的公式为：

$$I = (P\times公用系数)/U\cos\varphi \tag{7-21}$$

也就是说，这个家庭总的电流值为：

$$I = (6\,000\times0.5)/(220\times0.8) = 17 \text{ A}$$

则空气开关应该选用大于 17 A 的。

4）导线的选择

装修时经常要知道自己的房屋要使用多粗的电线。家用电线规格的选用，应根据家用电器的总功率来计算，然后根据不同规格电线的最大载流能力来选取合适的电线电缆。所需载流能力计算应根据下列公式，即：

$$I_{\max} = P/U\times k \tag{7-22}$$

式中，$I_{\max}$ 为线路需要的最大电流容量，单位为 A；P 为家用电能总功率，单位为 W；U 为家用额定电压，单位为 V；k 为过电压的安全系数，数值一般取 1.2～1.3（即为了安全给电流的余量）。

根据算出的家庭所需载流能力，就可以选择电（导）线了。

一般导线的安全载流量是根据所允许的线芯最高温度、冷却条件、敷设条件来确定的。一般铜导线的安全载流量为 5～8 A/mm²，铝导线的安全载流量为 3～5 A/mm²。如：2.5mm² BVV 铜导线安全载流量的推荐值 2.5×8 A/mm² = 20 A；4 mm² BVV 铜导线安全载流量的推荐值 4×8 A/mm² = 32 A。利用铜导线的安全载流量的推荐值 5～8 A/mm²，计算出所选取铜导线截面积 S 的上下范围为 0.125 I～0.2 I mm²。

国产导线规格常用的有 1、1.5、2.5、4、6、10、16、25、35、50、70、95、120、150、185、240 mm²。不常用的有 0.5、0.75、300、400、500 mm²。为了选取方便，工程上广泛应用的载流量估算口诀：10 下五，100 上二，16、25 四，35、50 三，70、95 两倍半。穿管、温度八、九折，裸线加一半。铜线升级算。其释义参见表 7-8。

表 7-8　载流量估算口诀及其释义

估算口诀	释　义
10 下五	对 1.5、2.5、4、6、10 mm² 的导线，其载流量是其截面积数的 5 倍
100 上二	对 120、150、185 mm² 的导线，其载流量是其截面积数的 2 倍
16、25 四	对 16、25 mm² 的导线，其载流量是其截面积数的 4 倍
35、50 三	对于 35、50 mm² 的导线，其载流量是其截面积数的 3 倍
70、95 两倍半	对于 70、95 mm² 的导线，，其载流量是其截面积数的 2.5 倍
穿管、温度八、九折	若导线穿管或导线明敷在环境温度长期高于 25℃ 的地区，其载流量要下降为原来的 0.8 到 0.9 倍
裸线加一半	若是裸线散热通风良好，载流量可以是原来的 1.5 倍
铜线升级算	该口诀对铝线，要是铜线呢，就升一个档，比如 2.5 mm² 的铜线 ＝4 mm² 的铝线

这里的口诀只能作为估算，不是很准确，所以，估算值一定要留有裕量。国标 GB 4706.1—1992/1998 规定的电线负载电流值（部分）见表 7-9。

表 7-9　GB 4706.1—1992/1998 规定的电线负载电流值（部分）

芯线截面积/mm²	直径/mm	铜允许长期电流/A	铝允许长期电流/A
2.5	1.78	16～25	13～20
4	2.2	25～32	20～25
6	2.78	32～40	25～32

5．电路设计示例

下面举例说明家庭电路的设计方法。

（1）老旧住房进线一般是 2.5 mm² 的铝线，因此，同时开启的家用电器不得超过 13 A（即 2 800 W）。

（2）20 世纪 90 年代前住房进线一般是 4 mm² 的铜线，因此，同时开启的家用电器不得超过 25 A（即 5 500 W），将房屋内的电线更换成 6 mm² 的铜线是没有用处的，因为进入电表的电线是 4 mm² 的。

（3）2000 年前，一般进户线是 4～6 mm²，照明为 1.5 mm²，插座为 2.5 mm²，空调为 4 mm² 专线。

（4）2000 年后，一般进户线为 6～10 mm²，照明为 2.5 mm²，插座为 4 mm²，空调为 6 mm² 专线。

上述数据仅供参考，在住房建设时，建造师会根据当时的规定进行电路设计，如现在北京很多住宅是：进户线为 6～10 mm²，照明为 2.5 mm²，插座为 2.5 mm²，空调为 4 mm² 专线，而老旧小区多数都进行了供配电路改造，提高了电源的带负载能力。

（5）耗电量比较大的家用电器是：空调 5 A（1.2 匹），电热水器 10 A，微波炉 4 A，电饭煲 4 A，洗碗机 8 A，带烘干功能的洗衣机 10 A。如大 3 匹空调耗电约为 3 000 W（约 14 A），那么 1 台空调就需要单独的一条 4 mm² 的铜芯电线供电。这就是柜式空调需要单独走线的原因。

最后需要说明的是，在电源引起的火灾中，有 90% 是由于接头发热造成的，因此所有的接头均要焊接，不能焊接的接触元器件 5～10 年必须更换，比如插座、空气开关等。

实例 7-5 某校的计算机房需要敷设配电线路，该机房有 50 台计算机，每台计算机耗电约为 200～300 W，配电线路的导线应如何选择，线路该怎样敷设？

解 按每台计算机耗电约为 200～300 W，则其电流约为 1～1.5 A，那么 10 台计算机就需要一条 2.5 mm^2 的铜芯（16～25 A）电线供电，50 台计算机就需要五条 2.5 mm^2 的铜芯（16～25 A）电线供电，否则就不安全。

家用电线，最常用的电线类型是 BV 系列普通绝缘电线。BV 系列电线具有抗酸碱、耐油性、防潮、防霉等特性。选择电线时要了解电线型号及名称。

（1）分类和用途：电线用于分布电流，属于布电线类，用字母"B"表示。

（2）导体材料：导体材料是铜，用字母"T"表示，布电线中铜芯导体 T 省略。

（3）绝缘材料：绝缘材料为聚氯乙烯，用字母"V"表示。

（4）电线结构：布电线结构简单，除上面三点，有的还有护套，护套材料为聚氯乙烯，也用字母"V"表示；护套材料为橡胶就用字母"X"表示。没有护套就不用表示。

如：BV 铜芯聚氯乙烯绝缘电线，BLV 铝芯聚氯乙烯绝缘电线，BVR 铜芯聚氯乙烯绝缘软电线等，还有特性电线，如耐火 BV 线用 NH-BV 表示，阻燃 BV 线用 ZR-BV 表示。

6. 设计训练

对如图 7-24 所示的两室一厅配电线路进行设计与制作。

要求：（1）绘制配电线路图。

（2）列出材料清单，元器件按实际规格选用。

（3）按一定比例制作模型，户型图如图 7-24 所示。合计五间小屋，分别为客厅、卧室 1 和 2、卫生间、厨房。

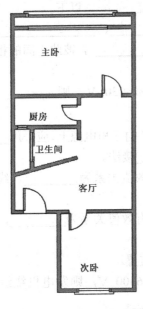

图 7-24 二居室户型图

> ❗ 提示：插座要求如下。
> 空调插座 15～20 A；
> 空调插座距地面 1.8 m；
> 厨房插座 20 A；
> 厨房插座距地面 1.3 m；
> 热水器插座 10～15 A；
> 热水器插座距地面 2.2 m；
> 其余插座 10 A；
> 其余插座距地面 0.3 m。

知识梳理与总结

（1）三相电源对称的条件是三相电压的频率相同、有效值相等、相位互相差120°。三相负载的对称条件是各相负载的电阻和电抗分别相等。

（2）三相电源和三相负载都可以接成星形或三角形，星形对称连接时，线电流等于相电流，线电压为相电压的$\sqrt{3}$倍、相位超前30°；三角形对称连接时，线电压与相电压相等，线电流为相电流的$\sqrt{3}$倍、相位滞后30°。

（3）三相电路的供电方式一般为三相三线制或三相四线制，三相三线制给负载提供的是线电压，而三相四线制给负载提供了线、相两种电压。

（4）对称三相电路的计算可先计算一相的电压和电流，其他两相的电压和电流可由对称关系得到。

（5）不论负载接成星形还是三角形，只要三相电路对称，三相电路功率为：

$$P = 3U_P I_P \cos\varphi = \sqrt{3}\, U_L I_L \cos\varphi$$
$$Q = 3U_P I_P \sin\varphi = \sqrt{3}\, U_L I_L \sin\varphi$$
$$S = 3U_P I_P = \sqrt{3}\, U_L I_L$$

值得注意的是，φ角为相电压与相电流的相位差。

测试与练习题7

一．填空题

1. 我国工业及民用交流电的频率为_____Hz，三相四线制供电线路的相电压为_____V，线电压为_____V。

2. 在一般情况下，安全电压_____以下，安全电流_____以下。

3. 本书介绍了三种触电类型，分别是_____、_____、_____。

4. 对称三相电源的各相电压有效值_____、频率_____，彼此之间的相位差互为_____的三个电压。

5. 对称三相电源星形正序连接时，$u_A = 220\sqrt{2}\sin(\omega t + 30)$ V，则 $u_B =$ _____V，$u_C =$ _____，作星形连接时线电压 $u_{AB} =$ _____。

6. 三根额定电压为220 V的电热丝，接到线电压380 V的三相电源上，应采用_____接法。如果三根电热丝的额定电压为380 V，应采用_____接法。

7. 对称三相负载星形连接时，线电压与相电压之有效值关系为_____，线电压的相位_____相应的相电压30°。

8. 对称三相负载三角形连接时，线电流与相电流之有效值关系为_____，线电流的相位_____相应的相电流30°。

9. 星形连接时，中线不允许安装_____、开关等装置。

10. 一台三相发电机的绕组连接成星形时线电压为6300 V，则发电机绕组的相电压为_____；若将绕组改成三角形连接，线电压为_____。

11. 电路如图 7-25 所示，已知 $R_1 = R_2 = R_3$，若负载 R_1 断开，图中连接的两个电流表，_____表读数不变，_____表读数由原来的_____变为_____。

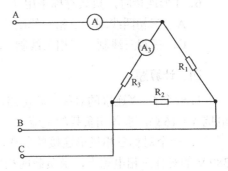

图 7-25　填空题 11 题

二．判断题

1. 对称三相电路总有功功率 $P = \sqrt{3} \, U_l I_l \cos\varphi$ 中的 $\cos\varphi$ 为线电压与线电流夹角的余弦。
　　　　　　　　　　　　　　　　　（　　）

2. 三角形连接时，只能是三相三线制，提供一组电压。　　　　　　　　　　　　　　　　（　　）

3. 负载不对称的三相电路中，必须采用三相四线制连接方式才能正常工作。　（　　）

4. 对于对称三相负载，线电流为相电流的 $\sqrt{3}$ 倍，线电流比相应的相电流滞后 30°。（　　）

5. 三相负载越接近对称，中线电流就越小。　　　　　　　　　　　　　　　　（　　）

6. 负载 Y_0 形连接的三相正弦交流电路中，用电流表测出各相电流相等，则负载对称。
　　　　　　　　　　　　　　　　　（　　）

7. 三相负载 Y_0 连接，如果其中一相发生故障，其他两相也受影响。　　　　（　　）

8. 三相负载△连接，若有一相电路断开，对其他两相工作情况没有影响。　（　　）

9. 某一对称三相负载，无论其是 Y 形或△形连接，在同一电源上取用功率相等。　　（　　）

10. 负载△形连接的三相正弦交流电路中，线电流为相电流的 $\sqrt{3}$ 倍。　　（　　）

11. 对同一三相电源，三相对称负载△连接时的功率是 Y 连接时功率的 3 倍。　　（　　）

三、选择题

1. 电力系统中的三相四线制供电方式提供的电压是（　　　）。
　　A．任意一种电压　　B．相电压　　　　　C．线电压和相电压　　D．线电压

2. 对称三相电源星形正序连接，若相电压 $\dot{U}_A = 220\angle 60°$ V，则线电压 $\dot{U}_{AB}$ 为（　　　）V。

　　A．$220\angle 60°$　　　B．$\dfrac{1}{\sqrt{3}} 220\angle 90°$　C．$\sqrt{3}\, 220\angle 90°$　　　D．$\sqrt{3}\, 220\angle 30°$

3. 三相电路中，下列结论正确的是（　　　）。
　　A．负载作星形连接，必须有中线
　　B．负载作三角形连接，线电流必为相电流的 $\sqrt{3}$ 倍
　　C．负载作星形连接，线电压必为相电压的 $\sqrt{3}$ 倍
　　D．负载作星形连接，线电流等于相电流

4. 电源和负载均为星形连接的对称三相电路中，负载阻抗不变，改为三角形连接，负载电流有效值将（　　　）。
　　A．增大　　　　　　B．减小　　　　　C．不变　　　　　　D．不能确定

5. 测量三相电路功率时，不论电路是否对称（　　　）正确。
　　A．三相四线制用二表法　　　　　　B．三相三线制用二表法
　　C．三相三线制用一表法　　　　　　D．三相四线制用一表法

6．Y形连接时，负载对称采用（　　）供电电路，负载不对称采用（　　）供电电路。

　　A．三相四线制，三相三线制　　　　B．三相三线制，三相四线制

　　C．三相三线制，三相三线制

四、计算题

1．一个Y—Y连接的对称三相电路，已知电源的相电压为 220 V，各相负载电阻 $R = 12\,\Omega$、电抗 $X = 16\,\Omega$，求各相负载的电流。

2．一个对称三相星形连接的负载，其每相电阻 $R = 8\,\Omega$，电抗 $X = 6\,\Omega$，接在线电压为 380 V 的对称三相电源上，求负载的相电压和相电流。

3．有一个三角形连接的负载，接在 380 V 的对称线电压上，每相负载的电阻 $R = 6\,\Omega$、电抗 $X = 8\,\Omega$，求负载的相电流与线电流。

4．一台三相电动机的每相绕组的额定电压为 220 V，电阻 $R = 31.2\,\Omega$，电抗 $X = 18\,\Omega$，若将其接到线电压为 220 V 的对称三相电源上，则此电动机应如何连接？并求电动机的相电流与线电流。

5．有一个三角形连接的三相负载，接在线电压为 380 V 的三相对称电源上，测得线电流为 10 A，三相功率为 4.5 kW。求负载的相电流、功率因数、每相的电阻和电抗。

6．一台三相电动机，其功率为 3.2 kW，功率因数 $\cos\varphi = 0.8$，若该电动机接在线电压为 380 V 的对称三相电源上，求电动机的线电流和无功功率。

7．一个三相对称负载，其每相的电阻 $R = 12\,\Omega$、电抗 $X = 16\,\Omega$，若将其接在线电压为 380 V 的对称三相电源上，求：

（1）负载接为星形时的线电流与功率；

（2）负载接为三角形时的线电流与功率。

8．一台三相电动机，绕组为三角形连接。若将其接到线电压为 380V 的对称三相电源上，其功率为 11.43 kW，功率因数 $\cos\varphi = 0.78$。求电动机的线电流与相电流。

参 考 文 献

[1]　王慧玲．电路基础．2 版．北京：高等教育出版社，2007．

[2]　王慧玲．实用电路分析与测试．北京：电子工业出版社，2012．

[3]　季顺宁．电工电路测试与设计（模块 4.6）．北京：机械工业出版社，2008．